# 数学Ⅲ・C
# 基礎問題精講

五訂版

上園信武　著

Basic Exercises in Mathematics Ⅲ・C

旺文社

# 本 書 の 特 長 と 利 用 法

　本書は，入試に出題される基本的な問題を収録し，教科書から入試問題を解くための橋渡しを行う演習書です。特に，私立大に出題が多い小問集合が確実にクリアできる力をつけられるように以下の事柄に配慮しました。

● 教科書では扱わないが，入試で頻出のものにもテーマをあてました。
● 数学Ⅲ・Cを136のテーマに分け，

　　　　　基礎問→精講→解答→ポイント→演習問題

　で1つのテーマを完結しました（ただし，第7章ベクトルを除く）。

　　◆**基礎問とは**，入試に頻出の基本的な問題（これらを解けなければ合格できない）
　　◆**精講**は基礎問を解くに当たっての留意点と問題テーマの解説
　　◆**解答**はていねいかつ，わかりやすいようにしました
　　◆**ポイント**では問題テーマで押さえておかなければならないところを再度喚起し，テーマの確認
　　◆**演習問題**では基礎問の類題を掲載し，ポイントを確認しながら問題テーマをチェック

● 1つのテーマは1ページもしくは2ページの見開きとし，見やすくかつ，効率よく学習できるように工夫しました。
● 本書で扱うベクトルで，『数学Ⅱ・B＋ベクトル　基礎問題精講　六訂版』のベクトルの内容をより充実させることができます。
＊ 本書では『数学Ⅱ・B＋ベクトル　基礎問題精講　六訂版』を『ⅡBベク』と表記しています。

> **著者から受験生のみなさんへ**
>
> 受験勉強に王道はありません。「できないところを，1つ1つできるようにしていく」この積み重ねのくりかえしです。しかし，効率というものが存在するのも事実です。本書は，そこを考えて作ってありますので，かなりの効果が期待できるはずです。
> 本書を利用した諸君が見事栄冠を勝ちとられることを祈念しています。

**著者
紹介** ●**上園信武**（うえぞの　のぶたけ）
1980年九州大学理学部数学科卒業。鹿児島の県立高校教諭を経て，現在代々木ゼミナール福岡校の講師。また，「全国大学入試問題正解・数学」（旺文社）の解答者。

# 第1章 式と曲線

# 第2章 複素数平面

# 第3章 いろいろな関数

**4**

## 第4章 極　限

## 第5章 微　分　法

基礎問

## 第**1**章 式と曲線

## **1** だ円（Ⅰ）

次の問いに答えよ．

(1) だ円 $C : \dfrac{(x-5)^2}{25} + \dfrac{(y+1)^2}{16} = 1$ の焦点の座標，長軸の長さ，短軸の

長さ，点 $\left(8, \dfrac{11}{5}\right)$ における接線の方程式を求めよ．

(2) 2つの定点 A(1, 3)，B(1, 1) からの距離の和が4となるような点
P($x$, $y$) の軌跡を求め，それを図示せよ．

精講

だ円については，次の知識が必要です．

〈定義〉

2つの定点 A，B からの距離の和が一定の点Pの軌跡，すなわち，

**AP＋BP＝一定**（一定値は長軸の長さ）

〈標準形〉（横長のだ円）

$\dfrac{x^2}{a^2} + \dfrac{y^2}{b^2} = 1$ $(a>b>0)$ で表される図形はだ円で，

- **中心は原点** ・**焦点は** $(\pm\sqrt{a^2-b^2},\ 0)$

  もし忘れたら，Pを $y$ 軸上にとって三平方の定理
  を使うと求められます．

- **長軸の長さ：$2a$，短軸の長さ：$2b$**

- **だ円上の点 $(x_1,\ y_1)$ における接線の方程式は**

  $$\dfrac{x_1 x}{a^2} + \dfrac{y_1 y}{b^2} = 1$$

解　答

(1) $C : \dfrac{(x-5)^2}{5^2} + \dfrac{(y+1)^2}{4^2} = 1$ を $x$ 軸の正方向に $-5$，$y$ 軸の正方向に

1だけ平行移動しただ円 $C'$ は $C' : \dfrac{x^2}{5^2} + \dfrac{y^2}{4^2} = 1$

$C'$ について，焦点は $(\pm 3,\ 0)$，長軸の長さは10，短軸の長さは8

ゆえに，$C$ について，**焦点は $(8,\ -1)$ と $(2,\ -1)$**

**長軸の長さは $10$，短軸の長さは $8$**

また，$C'$ 上の点 $\left(3,\ \dfrac{16}{5}\right)$ における接線は

$$\frac{3x}{25}+\frac{1}{16}\left(\frac{16}{5}y\right)=1 \qquad \therefore\quad 3x+5y=25$$

これを $x$ 軸の正方向に $5$，$y$ 軸の正方向に $-1$ だけ平行移動したものが求める接線だから，$3(x-5)+5(y+1)=25$　◀ⅡBベク **48**

$$\therefore\quad \mathbf{3x+5y=35}$$

(2)　A，B の中点は $(1,\ 2)$ だから　　　　　　◀**注**

求める軌跡はだ円でそれを $x$ 軸の正方向に $-1$，$y$ 軸の正方向に $-2$ だけ平行移動すると A は $\mathrm{A}'(0,\ 1)$，B は $\mathrm{B}'(0,\ -1)$ に移るので，移動後のだ円は $\dfrac{x^2}{a^2}+\dfrac{y^2}{b^2}=1$ $(b>a>0)$ とおける．

$\mathrm{A}'$，$\mathrm{B}'$ は焦点だから，$b^2-a^2=1$ ……①

また，長軸の長さは $4$ だから，$2b=4$ ……②

①，②より　　$b^2=4,\ a^2=3$

よって，求めるだ円は

$$\frac{(x-1)^2}{3}+\frac{(y-2)^2}{4}=1$$

グラフは右図のようになる．

**注**　だ円の中心（焦点の中点）を用意して，それが原点になるように平行移動すると標準形になります．

🟠 **ポイント**

だ円の性質は標準形 $\dfrac{x^2}{a^2}+\dfrac{y^2}{b^2}=1$

になおして考える

**演習問題 1**

正数 $k$ に対して，直線 $l:y=-\dfrac{1}{2}x+k$ とだ円 $C:x^2+4y^2=4$ がある．このとき，次の問いに答えよ．

(1)　だ円 $C$ の焦点の座標，長軸の長さ，短軸の長さを求めよ．

(2)　$l$ と $C$ が接するような $k$ の値と接点の座標を求めよ．

# 2 だ円（II）

> だ円 $\dfrac{x^2}{4}+y^2=1$ の $x>0$, $y>0$ の部分を $C$ で表す．曲線 $C$ 上に点
> $P(x_1, y_1)$ をとり，点Pでの接線と2直線 $y=1$, および, $x=2$ との交点
> をそれぞれ，Q, Rとする．点 $(2, 1)$ をAとし，$\triangle AQR$ の面積を $S$ とお
> く．このとき，次の問いに答えよ．
>
> (1) $x_1+2y_1=k$ とおくとき，積 $x_1y_1$ を $k$ を用いて表せ．
> (2) $S$ を $k$ を用いて表せ．
> (3) 点Pが $C$ 上を動くとき，$S$ の最大値を求めよ．

 精講

(1) 点Pはだ円上にあるので，$x_1{}^2+4y_1{}^2=4$ $(x_1>0,\ y_1>0)$ をみた
　　しています．

(2) $\triangle AQR$ は直角三角形です．

(3) $k$ のとりうる値の範囲の求め方がポイントになります．解答は2つありま
すが，1つは **演習問題1** がヒントになっています．

(1) $x_1{}^2+4y_1{}^2=4$ を変形して
$$(x_1+2y_1)^2-4x_1y_1=4$$
$$\therefore\quad x_1y_1=\dfrac{k^2-4}{4}$$

(2) $P(x_1,\ y_1)$ における接線の方程式は
$$x_1x+4y_1y=4$$
$$\therefore\quad Q\left(\dfrac{4-4y_1}{x_1},\ 1\right),\ R\left(2,\ \dfrac{4-2x_1}{4y_1}\right)$$

よって，
$$AQ=2-\dfrac{4-4y_1}{x_1}=\dfrac{2x_1+4y_1-4}{x_1}$$
$$AR=1-\dfrac{4-2x_1}{4y_1}=\dfrac{2x_1+4y_1-4}{4y_1}=\dfrac{x_1+2y_1-2}{2y_1}$$
$$\therefore\quad S=\dfrac{1}{2}AQ\cdot AR=\dfrac{(x_1+2y_1-2)^2}{2x_1y_1}=\dfrac{2(k-2)^2}{k^2-4}$$

$$= \frac{2(k-2)}{k+2} = 2 - \frac{8}{k+2}$$

(3) **(解Ⅰ)** **(演習問題1の感覚で…)**

$$\begin{cases} x_1{}^2 + 4y_1{}^2 = 4 & \cdots\cdots① \\ x_1 + 2y_1 = k & \cdots\cdots② \end{cases} \text{ より,}$$

$y_1$ を消去して

$$x_1{}^2 + (k - x_1)^2 = 4$$

$$2x_1{}^2 - 2kx_1 + k^2 - 4 = 0$$

(判別式)$\geqq 0$ だから,

$$k^2 - 2(k^2 - 4) \geqq 0 \quad \therefore \quad k^2 - 8 \leqq 0$$

$$\therefore \quad -2\sqrt{2} \leqq k \leqq 2\sqrt{2}$$

また,右図より $1 < \dfrac{k}{2} \quad \therefore \quad 2 < k$

よって, $2 < k \leqq 2\sqrt{2}$

$k$ が最大のとき $S$ は最大だから,$S$ の **最大値は $6 - 4\sqrt{2}$**

**(解Ⅱ)** $\dfrac{x_1{}^2}{4} + y_1{}^2 = 1$ より $\begin{cases} x_1 = 2\cos\theta \\ y_1 = \sin\theta \end{cases} \left(0 < \theta < \dfrac{\pi}{2}\right)$ とおける.

$$\therefore \quad k = x_1 + 2y_1 = 2(\sin\theta + \cos\theta) = 2\sqrt{2}\,\sin\left(\theta + \dfrac{\pi}{4}\right)$$

$\dfrac{\pi}{4} < \theta + \dfrac{\pi}{4} < \dfrac{3\pi}{4}$ だから, $\dfrac{1}{\sqrt{2}} < \sin\left(\theta + \dfrac{\pi}{4}\right) \leqq 1$

$$\therefore \quad 2 < k \leqq 2\sqrt{2}$$

$k$ が最大のとき $S$ は最大だから,$S$ の **最大値は $6 - 4\sqrt{2}$**

---

🔵 **ポイント**

だ円 $\dfrac{x^2}{a^2} + \dfrac{y^2}{b^2} = 1$ 上の点は

$x = a\cos\theta,\ y = b\sin\theta$ とおける

---

だ円 $\dfrac{x^2}{4} + y^2 = 1$ と直線 $y = -\dfrac{1}{2}x + k$ ($k$：定数) は,異なる2

点 P, Q で交わっている.このとき,次の問いに答えよ.

(1) 定数 $k$ のとりうる値の範囲を求めよ.

(2) 線分 PQ の中点 M の軌跡の方程式を求めよ.

# 3 双曲線（Ⅰ）

次の問いに答えよ.

(1) 双曲線 $4x^2-y^2-16x+2y-1=0$ の焦点の座標と漸近線の方程式を求めよ.

(2) 2つの定点 A(1, 2), B(1, 4) からの距離の差が1となる点 P$(x, y)$ の軌跡の方程式を求めよ.

(3) 点 (1, 0) を通り，双曲線 $\dfrac{x^2}{4}-y^2=1$ に接する直線の方程式を求めよ.

**精 講** 双曲線については，次の知識が必要です.

〈**定義**〉

2つの定点 A, B からの距離の差が

一定の点Pの軌跡，すなわち，

$$|\text{AP}-\text{BP}|=\text{一定}$$

（一定値は頂点間の距離）

〈**標準形**〉（主軸 $x$ 軸）

$\dfrac{x^2}{a^2}-\dfrac{y^2}{b^2}=1$ $(a>0,\ b>0)$ で表される図形は，双曲線で

- **中心は原点** ・**頂点は** $(\pm a,\ 0)$
- **焦点は** $(\pm\sqrt{a^2+b^2},\ 0)$（〈**定義**〉では A, B が焦点）
- **漸近線は** $\dfrac{x}{a}\pm\dfrac{y}{b}=0$
- **双曲線上の点** $(x_1,\ y_1)$ **における接線の方程式は**

$$\dfrac{x_1 x}{a^2}-\dfrac{y_1 y}{b^2}=1$$

---

## 解 答

(1) $4x^2-y^2-16x+2y-1=0$ は $4(x-2)^2-(y-1)^2=4^2$

∴ $\dfrac{(x-2)^2}{2^2}-\dfrac{(y-1)^2}{4^2}=1$

ここで，双曲線 $\dfrac{x^2}{2^2}-\dfrac{y^2}{4^2}=1$ の焦点は $(\pm 2\sqrt{5},\ 0)$

漸近線は，$\dfrac{x}{2}\pm\dfrac{y}{4}=0$，すなわち，$y=\pm 2x$

これらを $x$ 軸の正方向に 2，$y$ 軸の正方向に 1 だけ平行移動したものが求める焦点と漸近線だから，

**焦点は $(2\pm2\sqrt{5}$，$1)$，漸近線は $y=2x-3$，$y=-2x+5$**

(2) AB の中点は $(1，3)$ だから求める双曲線を $x$ 軸の正方向に $-1$，$y$ 軸の正方向に $-3$ だけ平行移動すると，A は A$'(0，-1)$ に，B は B$'(0，1)$ に移動するので，移動後の双曲線は，$\dfrac{x^2}{a^2}-\dfrac{y^2}{b^2}=-1$ $(a>0,$ $b>0)$ とおける．このとき，頂点間の距離と焦点より

$$\begin{cases}2b=1\\a^2+b^2=1\end{cases}\quad\therefore\quad a^2=\dfrac{3}{4},\ b^2=\dfrac{1}{4}\qquad◀a,\ b\ を求める必$$
要はない

$$\therefore\quad\dfrac{4}{3}x^2-4y^2=-1,\ \text{すなわち，}\ 4x^2-12y^2=-3$$

これを，$x$ 軸の正方向に 1，$y$ 軸の正方向に 3 だけ平行移動したものが求める双曲線だから，$\boldsymbol{4(x-1)^2-12(y-3)^2=-3}$

(3) 求める接線は $y$ 軸に平行ではないので，　　◀Ⅱ B ベク **41** 注

$y=m(x-1)$ とおける．双曲線の方程式に代入すると

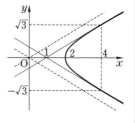

$$x^2-4m^2(x-1)^2=4$$
$$\therefore\quad(1-4m^2)x^2+8m^2x-4(1+m^2)=0$$

これが重解をもつので

$$\begin{cases}1-4m^2\ne0 &\cdots\cdots①\\16m^4+4(1+m^2)(1-4m^2)=0&\cdots\cdots②\end{cases}$$

②より　$1-3m^2=0$　　$\therefore\quad m=\pm\dfrac{1}{\sqrt{3}}$

（これは①をみたす）　$\therefore\quad\boldsymbol{y=\pm\dfrac{1}{\sqrt{3}}(x-1)}$

🔵 **ポイント**　2 次曲線の接線は
　　　Ⅰ．接線公式　　　Ⅱ．判別式　　　Ⅲ．微分法

**演習問題 3**

双曲線 $\dfrac{x^2}{7}-\dfrac{y^2}{28}=1$ 上の点 P を通り，$y$ 軸に平行な直線が，2 つの漸近線 $y=2x，y=-2x$ と交わる点をそれぞれ Q，R とするとき，積 PQ・PR の値を求めよ．

# 4 双曲線（Ⅱ）

双曲線 $C : x^2 - y^2 = 1$ について，次の問いに答えよ．
(1) $C$ の焦点の座標と漸近線の方程式を求め，グラフをかけ．
(2) $C$ 上の点 $\mathrm{P}(p, q)$ における接線が，2 つの漸近線と交わる点を Q，R とするとき，Q，R の座標を $p$，$q$ で表せ．
(3) 原点を O としたとき，△OQR の面積 $S$ は，P のとり方によらず一定であることを示せ．

精 講

(3)の結果は双曲線のもつきれいな性質の1つで，毎年どこかの大学に出題されているといっても過言ではありません．一般的には，次のようになります．

双曲線 $\dfrac{x^2}{a^2} - \dfrac{y^2}{b^2} = 1$ $(a > 0,\ b > 0)$ 上の点 $\mathrm{P}(p, q)$ における接線と 2 本の漸近線の交点を Q，R とすると，△OQR の面積は P の座標によらず一定で，その値は $ab$ になる．

この**基礎問**ができた人は，上のことを証明してみましょう．手順はまったく同様です．また，**演習問題4**にあるように，P は QR の中点になることも知られています．

しかし，こういうことを丸覚えしても意味はありません．誘導にしたがって1段ずつ階段を昇っていけばよいのです．その際，ハードルになるとすれば(3)で，「どの面積公式を使えばよいのか？」というところでしょう．頂点の1つが原点というところがヒントになります．

---

### 解 答

(1) **焦点は** $(\pm\sqrt{2},\ 0)$
   **漸近線は** $x \pm y = 0$
   すなわち $y = \pm x$
   よって，グラフは右図．

(2) $\mathrm{P}(p, q)$ における接線は $px - qy = 1$ ……①

(i) ①と $y=x$ との交点は

$$\begin{cases} px-qy=1 \\ y=x \end{cases} \quad \text{より} \quad x=y=\frac{1}{p-q} \quad (p-q\neq0 \text{ より}) \quad \blacktriangleleft 注$$

(ii) ①と $y=-x$ との交点は

$$\begin{cases} px-qy=1 \\ y=-x \end{cases} \quad \text{より} \quad x=\frac{1}{p+q}, \ y=-\frac{1}{p+q} \quad (p+q\neq0 \text{ より}) \quad \blacktriangle 注$$

ゆえに, Q, R は $\left(\dfrac{1}{p-q}, \ \dfrac{1}{p-q}\right), \ \left(\dfrac{1}{p+q}, \ -\dfrac{1}{p+q}\right)$

**注** $p-q\neq0$, $p+q\neq0$ は, P$(p, q)$ が漸近線上にないことからでてくる性質です.

(3) $S=\dfrac{1}{2}\left|\dfrac{1}{(p-q)(p+q)}+\dfrac{1}{(p-q)(p+q)}\right|$ ◀ポイント

$\qquad =\left|\dfrac{1}{p^2-q^2}\right|=1$ （一定） $(p^2-q^2=1$ より）

**◑ ポイント** △OABの面積を $S$ とすると

$$S=\frac{1}{2}\sqrt{|\overrightarrow{OA}|^2|\overrightarrow{OB}|^2-(\overrightarrow{OA}\cdot\overrightarrow{OB})^2}$$

特に, A$(x_1, y_1)$, B$(x_2, y_2)$ のとき

$$S=\frac{1}{2}|x_1y_2-x_2y_1|$$

**注** ⅡBベク **162** 参考 参照.

演習問題 4

(1) 座標平面上の点 P$(x, y)$ と F$(0, \sqrt{5})$ との距離が, P と直線 $y=\dfrac{4}{\sqrt{5}}$ との距離の $\dfrac{\sqrt{5}}{2}$ 倍に等しいとき, P の軌跡は双曲線になることを示せ.

(2) (1)の双曲線上の任意の点 P$(p, q)$ における接線と, 漸近線との交点を Q, R とするとき, P は線分 QR の中点であることを示せ.

# 5 放物線(Ⅰ)

次の問いに答えよ.

(1) $2x=y^2+2y$ で表される放物線の焦点の座標と準線の方程式を求めよ.

(2) 定点 $A(0, 2)$ との距離と $x$ 軸までの距離が等しくなるような点Pの軌跡の方程式を求めよ.

 放物線については，次の知識が必要です.

〈定義〉

定点Aと定直線 $l$ までの距離が等しい点Pの軌跡.

(Aを焦点，$l$ を準線という)

〈標準形〉（主軸 $x$ 軸）

$4px=y^2 \, (p \neq 0)$ で表される図形は放物線で

・頂点は $(0, 0)$

・焦点は $(p, 0)$

・準線は $x=-p$

・放物線上の点 $(x_1, y_1)$ における接線の方程式は

　　$2p(x+x_1)=y_1y$

**解　答**

(1) $2x=y^2+2y$ を変形して $2x=(y+1)^2-1$

　　　　$2x+1=(y+1)^2$ 　　$2\left(x+\dfrac{1}{2}\right)=(y+1)^2$

　　$\therefore \ 4 \cdot \dfrac{1}{2}\left(x+\dfrac{1}{2}\right)=(y+1)^2$ 　……①

ここで，①を $x$ 軸の正方向に $\dfrac{1}{2}$，$y$ 軸の正方向に1だけ平行移動すると，$4 \cdot \dfrac{1}{2}x=y^2$ となり，この放物線の焦点は $\left(\dfrac{1}{2}, \, 0\right)$，準線は

　　$x=-\dfrac{1}{2}$

よって，①について

　　　　**焦点は $(0,\ -1)$, 準線は $x=-1$**

(2)　A（焦点）から $x$ 軸（準線）におろした垂線の足
　　は原点で，OA の中点 $(0,\ 1)$ が求める放物線の頂
　　点.

　　よって，求める放物線を $y$ 軸の正方向に $-1$ だけ
　　平行移動した放物線は，

　　　　$4py=x^2\ (p>0)$

　　と表せる．この放物線の焦点は $(0,\ 1)$ だから

　　　　$p=1$　　∴　$4y=x^2$

　　よって，求める放物線は

　　　　$4(y-1)=x^2$

**注**　放物線は，だ円や双曲線に比べて焦点や方程式が求めにくいので
すが，**ポイント**にかいてあることをしっかり頭に入れておけば大丈夫
です.

● **ポイント**　｜　放物線において

　　　　　　　　　Ⅰ．方程式から焦点や準線を求めるとき
　　　　　　　　　　「2乗の項の係数＝1」を保ちながら標準形へ
　　　　　　　　　Ⅱ．焦点や準線から方程式を求めるとき
　　　　　　　　　　まず，頂点を求め，それが原点に移るような
　　　　　　　　　　平行移動を考える

**演習問題 5**

　　放物線 $C:y=x^2$ がある.

(1)　焦点 F の座標と準線 $l$ の方程式を求めよ.

(2)　$C$ 上の点 $\mathrm{P}(t,\ t^2)$ $(t\neq0)$ と焦点 F を通る直線 $m$ の方程式を求
　　めよ.

(3)　$t>0$ のとき，直線 $m$ と $C$ の P 以外の交点を Q とする．Q の $x$
　　座標を $t$ で表せ.

(4)　線分 PQ の長さを $t$ で表せ.

(5)　線分 PQ の長さの最小値を求めよ.

# 6 放物線（Ⅱ）

放物線 $y=ax^2$ $(a>0)$ の焦点を F，準線を $h$ とするとき，次の問い
に答えよ．

(1) F の座標，$h$ の方程式を求めよ．

(2) $y=ax^2$ 上の点 $P(t, at^2)$ $(t>0)$ における接線 $l$ と $y$ 軸との交点を
Q，P から $h$ におろした垂線の足を H とするとき，PF＝FQ である
ことを示せ．

(3) $l$ は ∠FPH を 2 等分することを示せ．

 (3)は放物線のもつきれいな性質の1つです．様々な証明方法があり
ますが，(2)がその誘導になっています．着眼点は四角形 PFQH の
形状です．

また，📖にベクトルを用いた証明もかいておきました．

## 解 答

(1) $4 \cdot \dfrac{1}{4a}y=x^2$ より　　◀ 5 ポイントⅠ

焦点 F は $\left(0, \dfrac{1}{4a}\right)$，

準線 $h$ は $y=-\dfrac{1}{4a}$

(2) $y'=2ax$ より，$P(t, at^2)$ における

接線は $y-at^2=2at(x-t)$

∴ $l : y=2atx-at^2$

よって，$Q(0, -at^2)$

∴ $FQ=\dfrac{1}{4a}+at^2$

また，図より

$PF=PH=\dfrac{1}{4a}+at^2$ （定義より）

よって，PF＝FQ

(3) $\overrightarrow{FQ}=\overrightarrow{PH}$ だから，四角形 PFQH は平行四辺形.

また，(2)の PF＝FQ より，四角形 PFQH はひし形.

よって，∠FPQ＝∠HPQ となり，

$l$ は，∠FPH を 2 等分する.

 **参考**

$$\overrightarrow{PF}=\left(-t,\ \frac{1}{4a}-at^2\right),$$

$$\overrightarrow{PH}=\left(0,\ -\frac{1}{4a}-at^2\right)$$

$$\therefore\quad \overrightarrow{PF}+\overrightarrow{PH}=(-t,\ -2at^2)$$

$$=-t(1,\ 2at)$$

また，$\overrightarrow{PQ}/\!/(1,\ 2at)$ だから ◀注

$\overrightarrow{PF}+\overrightarrow{PH}/\!/\overrightarrow{PQ}$

定義より，$|\overrightarrow{PF}|=|\overrightarrow{PH}|$ だから

$\overrightarrow{PF}+\overrightarrow{PH}$ は ∠FPH を 2 等分するベクトルを

表す.（⇨ⅡBベク**147**）

よって，$\overrightarrow{PQ}$ は ∠FPH を 2 等分する.

すなわち，$l$ は ∠FPH を 2 等分する.

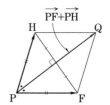

**注** 傾き $m$ の直線はベクトル $(1,\ m)$ に平行です.

🌀 **ポイント**　放物線の定義には，「長さが等しい」という部分があり，必ず二等辺三角形がつくれるので，幾何的性質が有効であることが多い

**演習問題 6**

　放物線 $4py=x^2$ があって，その焦点Fは $(0,\ 1)$ であるとき，次の問いに答えよ.

(1)　$p$ の値と準線の方程式を求めよ.

(2)　放物線上に，$x$ 座標が $t$ である点Tをとる（ただし，$t>0$）. Tから準線におろした垂線の足を H とするとき，△FTH が正三角形になるような $t$ の値と，そのときの △FTH の面積を求めよ.

# 7 極座標（Ⅰ）

(1) 直交座標で表された次の点を，原点を極，$x$軸の正の部分を始線とする極座標で表せ． (イ) $(1,\ \sqrt{3})$  (ロ) $(-1,\ -1)$

(2) 原点を極，$x$軸の正の部分を始線とする極座標で表された次の点を直交座標で表せ． (イ) $\left(1,\ \dfrac{\pi}{3}\right)$  (ロ) $\left(\sqrt{2},\ \dfrac{3\pi}{4}\right)$

精 講 　点の位置を定める方法として直交座標（$x$軸，$y$軸）を使ってきましたが，ここで新しい考え方，「**極座標**」を勉強します．極座標では，基準軸1本と，基準点1つを用います．基準軸を **始線**，基準点を **極** といい，点Pの極からの距離が $r$，始線から測った角が $\theta$ のとき，P$(r,\ \theta)$ と表します．そして直交座標と極座標の間には**ポイント**にかいてある関係式が存在します．

## 解 答

(1) (イ) $\left(2,\ \dfrac{\pi}{3}\right)$  (ロ) $\left(\sqrt{2},\ \dfrac{5\pi}{4}\right)$

(2) (イ) $\left(\cos\dfrac{\pi}{3},\ \sin\dfrac{\pi}{3}\right)$ より $\left(\dfrac{1}{2},\ \dfrac{\sqrt{3}}{2}\right)$

(ロ) $\left(\sqrt{2}\cos\dfrac{3\pi}{4},\ \sqrt{2}\sin\dfrac{3\pi}{4}\right)$ より $(-1,\ 1)$

**○ ポイント** 原点を極，$x$軸の正の部分を始線とする極座標 $(r,\ \theta)$ と直交座標 $(x,\ y)$ は，次の関係式をみたす

Ⅰ．$x=r\cos\theta,\ y=r\sin\theta$  Ⅱ．$r^2=x^2+y^2$

演習問題 7

直交座標 $(1,\ 0)$，$(-\sqrt{3},\ -1)$ を，原点を極，始線を $x$ 軸の正の部分とする極座標で表し，極座標 $\left(2,\ -\dfrac{\pi}{3}\right)$ を直交座標で表せ．

# 8 極座標（II）

Oを極とする極座標で表された点, $A\left(\sqrt{3}, \dfrac{\pi}{6}\right)$, $B\left(2, \dfrac{\pi}{3}\right)$ があるとき, 次の値を求めよ.

(1) AB の長さ　　(2) △OAB の面積 $S$

(3) △OAB の外接円の半径 $R$

 極座標では長さと角度が与えてあるので, 数学 I の三角比, 数学 II の加法定理などが使えることがあります.

## 解　答

(1) 余弦定理より

$$AB^2 = 3 + 4 - 2 \cdot \sqrt{3} \cdot 2 \cdot \cos\frac{\pi}{6} = 1$$

$$\therefore \quad AB = 1$$

(2) $S = \dfrac{1}{2} \cdot 2 \cdot \sqrt{3} \cdot \sin\dfrac{\pi}{6} = \dfrac{\sqrt{3}}{2}$

(3) 正弦定理より　$\dfrac{AB}{\sin\dfrac{\pi}{6}} = 2R$　　$\therefore \quad R = 1$

**●ポイント**　極 O, $A(r_1, \theta_1)$, $B(r_2, \theta_2)$ のとき

$$\triangle OAB = \frac{1}{2}r_1 r_2 |\sin(\theta_1 - \theta_2)|$$

$$(ただし, \ r_1 > 0, \ r_2 > 0)$$

 演習問題 8

極座標で表された点 $A\left(\sqrt{3}, \dfrac{\pi}{6}\right)$, $B\left(2, \dfrac{\pi}{3}\right)$, $C\left(2\sqrt{2}, \dfrac{7\pi}{12}\right)$ があるとき,

(1) AB, BC の長さを求めよ.

(2) △ABC の面積を求めよ.

基礎問

# 9 極方程式（Ⅰ）

次の極方程式で表される直線を図示せよ.

(1) $r\cos\left(\theta+\dfrac{\pi}{3}\right)=2$　　　　(2) $r\cos\theta=-1$

 精講　極を通らない直線 $l$ に極Oからおろした
垂線の足が $H(h,\ \alpha)$ で表されるとき,
直線 $l$ は

$$r\cos(\theta-\alpha)=h\quad(h>0)$$

と表せます.（右図参照）

**解　答**

(1) $r\cos\left\{\theta-\left(-\dfrac{\pi}{3}\right)\right\}=2$　　よって, 点 $A\left(2,\ -\dfrac{\pi}{3}\right)$ を通り, OA に垂

直な直線. 下図〈図Ⅰ〉.

(2) $r\cos\theta=-1$ は $r(-\cos\theta)=1$　　∴　$r\cos(\theta-\pi)=1$

よって, 点 $B(1,\ \pi)$ を通り, OB に垂直な直線. 下図〈図Ⅱ〉.

注　右辺を正にするところがコツです.

〈図Ⅰ〉　　　　　　　　　　〈図Ⅱ〉

○ ポイント　極からおろした垂線の足の極座標が $(h,\ \alpha)$ で表され
る直線の極方程式は, $r\cos(\theta-\alpha)=h$

演習問題 9

極からおろした垂線の足が極座標で $H\left(2,\ \dfrac{\pi}{4}\right)$ と表される直線の
極方程式を求めよ.

# 10 極方程式（Ⅱ）

極方程式 $r=\sin\theta+\sqrt{3}\cos\theta$ で表される図形は，円であることを示し，その中心の極座標と半径を求めよ．

 直交座標になおすことができればどんな円でも中心や半径を知ることができます．その手段が **7** ポイントです．

## 解　答

$r=\sin\theta+\sqrt{3}\cos\theta$ の両辺に $r$ をかけると

$r^2=r\sin\theta+\sqrt{3}\,r\cos\theta$

ここで，$r^2=x^2+y^2$，$r\sin\theta=y$，$r\cos\theta=x$ だから

$x^2+y^2=\sqrt{3}\,x+y$　∴　$\left(x-\dfrac{\sqrt{3}}{2}\right)^2+\left(y-\dfrac{1}{2}\right)^2=1$

これは，中心 $\left(\dfrac{\sqrt{3}}{2},\ \dfrac{1}{2}\right)$，すなわち，点 $\left(1,\ \dfrac{\pi}{6}\right)$ を中心とする **半径1の**

円を表す．

 右図より，極Oを通る，中心 $(c,\ \alpha)$ の円は $r=2c\cos(\theta-\alpha)$ と表せます．

この考え方によれば与式は，

$r=2\cos\left(\theta-\dfrac{\pi}{6}\right)$ と変形できて極Oを通る，

中心 $\left(1,\ \dfrac{\pi}{6}\right)$，半径1の円とわかります．

● ポイント │ 極方程式は

$r^2=x^2+y^2$，$x=r\cos\theta$，$y=r\sin\theta$

を用いて，直交座標での方程式に変形できる

### 演習問題 10

極方程式 $r^2(7\cos^2\theta+9)=144$ を直交座標における方程式に変形し，そのグラフをかけ．

**基礎問**

# 11 極方程式（Ⅲ）

$xy$ 平面上に 2 点 A$(a, 0)$, B$(-a, 0)$ $(a>0)$ が与えられているとき，次の問いに答えよ．

(1) 点 P$(x, y)$ が PA・PB$=a^2$ をみたすとき，$x, y$ の関係式を求めよ．

(2) 原点を極，$x$ 軸の正の部分を始線とする極座標を考えるとき，(1)における点 P が描く曲線の極方程式を求めよ．

(3) (1)で求めた P の軌跡は $x^2+y^2 \leqq 2a^2$ が表す領域に含まれることを示せ．

精講

(2)  ポイント I を利用すれば，直交座標 $(x, y)$ で表された図形は，極座標 $(r, \theta)$ を用いて表せます．

(3) 「$x^2+y^2 \leqq 2a^2$ に含まれる」とは何を示せばよいのでしょうか？ **7** ポイント Ⅱ によれば，$r^2=x^2+y^2$ ですから，「$r^2 \leqq 2a^2$ を示す」ことになりそうです．

## 解答

(1) PA$=\sqrt{(x-a)^2+y^2}$, PB$=\sqrt{(x+a)^2+y^2}$ だから，

PA・PB$=a^2$ より

$$\{(x-a)^2+y^2\}\{(x+a)^2+y^2\}=a^4$$
$$\{(x^2+y^2)+(a^2-2ax)\}\{(x^2+y^2)+(a^2+2ax)\}=a^4$$
$$(x^2+y^2)^2+2a^2(x^2+y^2)+a^4-4a^2x^2=a^4$$
$$\therefore \ (x^2+y^2)^2-2a^2(x^2-y^2)=0 \quad \cdots\cdots(*)$$

**注** うかつに展開してはいけません．$x^2+y^2$ を keep しながら変形していくところがコツで，極方程式に変形するつもりなら絶対です．

(2) $x=r\cos\theta, y=r\sin\theta$ とおくと

$$x^2+y^2=r^2, \ x^2-y^2=r^2(\cos^2\theta-\sin^2\theta)=r^2\cos 2\theta$$
$$\therefore \ r^4-2a^2r^2\cos 2\theta=0 \quad \therefore \ r^2(r^2-2a^2\cos 2\theta)=0 \ \blacktriangleleft(*)に代入$$

ゆえに，$r^2=0$ または $r^2=2a^2\cos 2\theta$

ここで，$r^2=0$ は，$r^2=2a^2\cos 2\theta$ に含まれるので

$$r^2=2a^2\cos 2\theta$$

注 無理して,「$r=$ 」の形にする必要はありません.

(3) $r^2=2a^2\cos2\theta$ において,$\cos2\theta\leqq1$ だから,$r^2\leqq2a^2$
すなわち,$x^2+y^2\leqq2a^2$

 参考

$-\dfrac{\pi}{4}\leqq\theta\leqq\dfrac{\pi}{4}$ に限定して,大ざっぱなグラフをかいてみましょう.

$r=\sqrt{2}\,a\sqrt{\cos2\theta}$ だから,$-\dfrac{\pi}{4}<\theta<\dfrac{\pi}{4}$ のとき

$$r'=\frac{-\sqrt{2}\,a\sin2\theta}{\sqrt{\cos2\theta}}$$

よって,増減は下表のようになる.

| $\theta$ | $-\dfrac{\pi}{4}$ | $\cdots$ | $0$ | $\cdots$ | $\dfrac{\pi}{4}$ |
|---|---|---|---|---|---|
| $r'$ | | $+$ | $0$ | $-$ | |
| $r$ | $0$ | $\nearrow$ | $\sqrt{2}\,a$ | $\searrow$ | $0$ |

ゆえに,$xy$ 平面において,Pの軌跡は
右図のようになる.((3)も加味してあります)

● ポイント 直交座標 $(x,\ y)$ で表された図形を極方程式で表すつもりならば,$x^2+y^2$ は大切にもってまわる

演習問題 11

　右図のように,Oを極として,定点Aの極座標を $(1,\ \pi)$ とする.極座標を $(r,\ \theta)$ とする動点Pは,PAの長さがPOの長さ $r$ より,定数 $a$ だけ長いような点とする.ただし,$r>0$,$0<a<1$ とする.

(1) 動点Pの描く曲線の極方程式を求めよ.

(2) PAの長さが最小となる点Pの極座標を求めよ.

# 12 極方程式(Ⅳ)

次の問いに答えよ.

(1) 直交座標において,点 $A(\sqrt{3}, 0)$ と直線 $l : x = \dfrac{4}{\sqrt{3}}$ からの距離の比が $\sqrt{3} : 2$ である点 $P(x, y)$ の軌跡を求めよ.

(2) (1)における A を極,$x$ 軸の正の部分を始線とする極座標を定める.このとき,P の軌跡を $r = f(\theta)$ の形で表せ.

ただし,$0 \le \theta < 2\pi$,$r > 0$ とする.

(3) A を通る任意の直線と(1)で求めた曲線との交点を R,Q とするとき,$\dfrac{1}{QA} + \dfrac{1}{RA}$ は一定であることを示せ.

(2) 極が原点ではないので「$x = r\cos\theta$,$y = r\sin\theta$」とおくことはできません.そこでベクトル化して $\overrightarrow{OP} = \overrightarrow{OA} + \overrightarrow{AP}$ と考えると,$\overrightarrow{AP} = (r\cos\theta, r\sin\theta)$ とおくことができます.

(3) (2)で極方程式を用意してあり,QA と RA,すなわち,極からの距離がテーマであることを考えれば,R と Q の極座標ということになりそうですが,ポイントは,R,A,Q が同一直線上にあるということです.右図からわかるように,$Q(r_1, \theta)$ とおけば,$R(r_2, \pi + \theta)$ と表せます.ここがポイントになるところです.

解　答

(1) P から直線 $l$ におろした垂線の足を H とすると,$PH = \left| x - \dfrac{4}{\sqrt{3}} \right|$

また,$PA = \sqrt{(x - \sqrt{3})^2 + y^2}$

$PA^2 : PH^2 = 3 : 4$ だから

$3PH^2 = 4PA^2$

$\therefore\ 3\left( x - \dfrac{4}{\sqrt{3}} \right)^2 = 4\{ (x - \sqrt{3})^2 + y^2 \}$

よって　$x^2 + 4y^2 = 4$（だ円）……(*)

(2) $\overrightarrow{OP}=\overrightarrow{OA}+\overrightarrow{AP}=(\sqrt{3},\ 0)+(r\cos\theta,\ r\sin\theta)$

$\therefore\quad x=\sqrt{3}+r\cos\theta,\ y=r\sin\theta$

(\*)に代入すると

$\qquad(\sqrt{3}+r\cos\theta)^2+4r^2\sin^2\theta=4$

展開して $\qquad 3+2\sqrt{3}\,r\cos\theta+r^2\cos^2\theta+4r^2\sin^2\theta=4$

$r$ について整理して $(4-3\cos^2\theta)r^2+2\sqrt{3}\,r\cos\theta-1=0$

因数分解して $\qquad \{(2+\sqrt{3}\,\cos\theta)r-1\}\{(2-\sqrt{3}\,\cos\theta)r+1\}=0$

$r>0$ だから, $r=\dfrac{1}{2+\sqrt{3}\,\cos\theta}$

**(別解)** $\sqrt{3}\,\mathrm{PH}=2\mathrm{AP}$ だから, 右図より

$\qquad\sqrt{3}\left(\dfrac{\sqrt{3}}{3}-r\cos\theta\right)=2r$

$\qquad\therefore\quad (2+\sqrt{3}\,\cos\theta)r=1$

(3) $\mathrm{Q}(r_1,\ \alpha)$ とおくと, $\mathrm{R}(r_2,\ \pi+\alpha)$

とおける. ゆえに, (2)より

$\qquad\dfrac{1}{\mathrm{QA}}=\dfrac{1}{r_1}=2+\sqrt{3}\,\cos\alpha$

$\qquad\dfrac{1}{\mathrm{RA}}=\dfrac{1}{r_2}=2+\sqrt{3}\,\cos(\pi+\alpha)$

$\qquad\qquad=2-\sqrt{3}\,\cos\alpha$

よって, $\dfrac{1}{\mathrm{QA}}+\dfrac{1}{\mathrm{RA}}=4$ (一定)

● ポイント 直交座標の, 原点以外の点を極として極座標を考える とき, ベクトルを利用

**演習問題 12**

放物線 $C:4px=y^2\ (p>0)$ において, $\mathrm{F}(p,\ 0)$ を通る直線 $l$ と $C$ が異なる 2 点 P, Q で交わるとき, 次の問いに答えよ.

(1) F を極, $x$ 軸の正の部分を始線とする極座標を考えるとき, $C$ の極方程式を求めよ. ただし, $0\leqq\theta<2\pi,\ r>0$ とする.

(2) $\dfrac{1}{\mathrm{FP}}+\dfrac{1}{\mathrm{FQ}}$ は一定であることを示せ.

**基礎問**

## 13 極形式

---

(1) $z=1-\sqrt{3}\,i$ を極形式で表せ.

(2) $\left|\dfrac{z+1}{z}\right|=2$, $\arg\left(\dfrac{z+1}{z}\right)=60°$ をみたすとき，複素数 $z$ を極形式で表せ.

---

 **精 講**　数学Ⅱで学んだように，複素数は実数 $a$, $b$ を用いて $a+bi$ の形で表され，$a$ を**実部**，$b$ を**虚部**とよんでいました．ここでは複素数の新しい表現方法である**極形式**について勉強しましょう．

　複素数 $a+bi$（この表現方法を**直交形式**といいます）は，2つの実数 $a$, $b$ を決めるとただ1つ決まります．この $a$, $b$ を $(a, b)$ と表すと，座標平面上の点 $\mathrm{P}(a, b)$ と複素数 $a+bi$ とが対応します．

　そこで，$z=a+bi$ のとき，この点 $\mathrm{P}$ を点 $z$ とよぶことにし，このように各点が複素数を表していると考えた座標平面を，特に**複素数平面**（または，**ガウス平面**）といいます．

　このとき，$\mathrm{OP}=\sqrt{a^2+b^2}$ を $z$ の**絶対値**といい，記号 $|z|$ で表します．動径 $\mathrm{OP}$ と $x$ 軸の正方向とのなす角 $\theta$ を $z$ の**偏角**といい，記号 $\arg z$ で表します．$|z|=r$ とおくと $a=r\cos\theta$, $b=r\sin\theta$ だから，

$$z=r(\cos\theta+i\sin\theta)$$

と表すこともでき，この形を $z$ の**極形式**とよびます．

　ここで気を付けないといけないことは，

**「偏角は1つに決まるわけではない」**

ということです．

　仮に，$z$ の偏角の1つを $\theta$ とすると，$\theta+360°\times n$（$n$：整数）で表せる角も動径 $\mathrm{OP}$ の位置は同じなので，この式で表せる角もすべて $z$ の偏角といえます．偏角の目的は，

「動径が $x$ 軸の正方向からどれだけ回転しているか」

を示すものですから，特に断わりがない限りは，$0°≦θ<360°$ で考えます．

　以上のことからわかるように，複素数を極形式の形で扱うときは，三角関数（数学Ⅱ）の知識が必要になります．

---

解　答

(1) $|z|=\sqrt{1+3}=2$ だから，　　　　　◀ 絶対値を求める

$$z=2\left\{\frac{1}{2}+\left(-\frac{\sqrt{3}}{2}i\right)\right\}$$　◀ 絶対値でくくる

$$=2(\cos300°+i\sin300°)$$

**注**　$z=2(\cos60°-i\sin60°)$ は極形式ではありません．それは，定義によると $\cos\theta$ と $i\sin\theta$ は**符号＋**でつながなければならないからです．

(2) $w=\dfrac{z+1}{z}$ とおくと，$|w|=2$，$\arg w=60°$ だから

$$w=2(\cos60°+i\sin60°)=1+\sqrt{3}\,i$$

$\therefore$ $\dfrac{z+1}{z}=1+\sqrt{3}\,i$　　$1+\dfrac{1}{z}=1+\sqrt{3}\,i$　　$\dfrac{1}{z}=\sqrt{3}\,i$

$\therefore$ $z=\dfrac{1}{\sqrt{3}\,i}=-\dfrac{\sqrt{3}}{3}i=\dfrac{\sqrt{3}}{3}\{0+(-i)\}$　◀ きちんと極形式の形にあわせる

よって，$z=\dfrac{\sqrt{3}}{3}(\cos270°+i\sin270°)$　◀ $\cos\theta=0$, $\sin\theta=-1$ をみたす $\theta$ は $270°$

---

🌙 **ポイント**　複素数 $z$ について，$|z|=r$，$\arg z=\theta$ のとき，
$z=r(\cos\theta+i\sin\theta)$ と表せる

**注**　直感的にわかりやすいので，13〜18の**基礎問**は度数表示，13〜18の**演習問題**はラジアン表示にしてあります．

**演習問題 13**

(1) $z=\dfrac{\sqrt{2}}{1+i}$ を極形式で表せ．ただし，$0≦\arg z<2\pi$ とする．

(2) $\left|\dfrac{2z-1}{z}\right|=2$, $\arg\left(\dfrac{2z-1}{z}\right)=\dfrac{2\pi}{3}$ のとき，$z$ を極形式で表せ．

# 14 共役な複素数

---

(1) $z=1+i$ のとき,$2\bar{z}$ を極形式で表せ.

(2) 2つの複素数 $\alpha$, $\beta$ について,

$|\alpha|=|\beta|=1$ のとき,$|\alpha+\beta|=\left|\dfrac{1}{\alpha}+\dfrac{1}{\beta}\right|$ を示せ.

---

 複素数 $z=a+bi$ に対して,$a-bi$ を$\bar{z}$と**共役な複素数**といい,記号 $\bar{z}$ で表します.ここでは,$z$, $\bar{z}$ を極形式で表すことで$z$と$\bar{z}$の関係について学びます.

$z=r(\cos\theta+i\sin\theta)$ のとき,

$$\bar{z}=r(\cos\theta-i\sin\theta)$$
$$=r\{\cos(-\theta)+i\sin(-\theta)\}$$

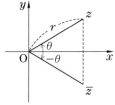

だから右図より複素数平面上で **$z$ と $\bar{z}$ は実軸に関して対称**です.

また,$z\bar{z}=r^2(\cos\theta+i\sin\theta)(\cos\theta-i\sin\theta)$
$$=r^2(\cos^2\theta-i^2\sin^2\theta)=r^2(\cos^2\theta+\sin^2\theta)=r^2$$

よって,$z\bar{z}=|z|^2$ ……(*)

関係式(*)はとても重要で,

> 絶対値の条件式を $z=a+bi$ とおかずに,わざわざ
> $$|z| \text{ を } |z|^2 \text{ にして,} z\bar{z} \text{ でおきかえる}$$
> という使い方をすることで,大幅に計算の負担を減らしてくれる のです.

極論すればこれを使いこなせるようになれば,複素数平面は卒業といってもよいくらいで,このあとの**基礎問**でもたびたび使うことになります.早くこの感覚が身につくように練習をしてください.

---

### 解　答

(1) (**解 I**) $z=1+i$ より,

$$2\bar{z}=2-2i=2\sqrt{2}\left\{\frac{1}{\sqrt{2}}+\left(-\frac{1}{\sqrt{2}}\right)i\right\} \quad \blacktriangleleft |2\bar{z}|=2\sqrt{2}$$
$$=2\sqrt{2}\,(\cos 315°+i\sin 315°)$$

（解Ⅱ）

$|z|=\sqrt{2}$ だから,

$$z=\sqrt{2}\left(\frac{1}{\sqrt{2}}+\frac{1}{\sqrt{2}}i\right)=\sqrt{2}\,(\cos45°+i\sin45°)$$

$$\therefore\quad 2\bar{z}=2\sqrt{2}\,\{\cos(-45°)+i\sin(-45°)\}$$
$$=2\sqrt{2}\,(\cos315°+i\sin315°)$$

**注** この問題では $2\sqrt{2}\,\{\cos(-45°)+i\sin(-45°)\}$ と答えても間違い

ではありません．それは，**演習問題 13** のように $0\leqq\arg2\bar{z}<2\pi$ な

どの条件がついていないからです．

しかし，$2\sqrt{2}\,(\cos45°-i\sin45°)$ は間違いです．（⇨ **13**(1)）

また，もし，$-180°<\arg2\bar{z}\leqq180°$ と条件があったら，

$2\sqrt{2}\,\{\cos(-45°)+i\sin(-45°)\}$ だけが正解になります．

(2) $|\alpha|=|\beta|=1$ だから，$|\alpha|^2=|\beta|^2=1$

すなわち，$\alpha\bar{\alpha}=\beta\bar{\beta}=1$

よって，$\bar{\alpha}=\dfrac{1}{\alpha},\ \bar{\beta}=\dfrac{1}{\beta}$ と表せて

$(右辺)=\left|\dfrac{1}{\alpha}+\dfrac{1}{\beta}\right|=|\bar{\alpha}+\bar{\beta}|=|\overline{\alpha+\beta}|=|\alpha+\beta|=(左辺)$ ◀**ポイント参照**

よって，$|\alpha+\beta|=\left|\dfrac{1}{\alpha}+\dfrac{1}{\beta}\right|$

**◑ ポイント**

$z$ と共役な複素数を $\bar{z}$ で表すとき，

次の性質が成りたつ

Ⅰ．$|z|=|\bar{z}|$

Ⅱ．$\overline{z_1\pm z_2}=\bar{z_1}\pm\bar{z_2}$ （複号同順）

Ⅲ．$z\bar{z}=|z|^2$

Ⅳ．$\overline{z_1z_2}=\bar{z_1}\,\bar{z_2}$

**演習問題 14**

$\alpha,\ z$ は複素数で，$|z-\alpha|=|1-\bar{\alpha}z|$ のとき，$|z|$ の値を求めよ．

ただし，$|\alpha|\neq1$ とする．

# 15 積と商

次の問いに答えよ.

(1) $z_1 = 1 + \sqrt{3}\,i$, $z_2 = 1 + i$ とするとき, $z_1 z_2$, $\dfrac{z_1}{z_2}$ の絶対値と偏角をそれぞれ求めよ.

(2) $z = \dfrac{1 + \sqrt{3}\,i}{1 + i}$ を計算し, $\sin 15°$ の値を求めよ.

精講

複素数の積と商の計算には, 極形式が有効に働きます. それは, 次のような関係式が成りたっているからです.

> $z_1 = r_1(\cos\theta_1 + i\sin\theta_1)$, $z_2 = r_2(\cos\theta_2 + i\sin\theta_2)$ と表されているとき,
>
> $z_1 z_2 = r_1 r_2 \{\cos(\theta_1 + \theta_2) + i\sin(\theta_1 + \theta_2)\}$
>
> $\dfrac{z_1}{z_2} = \dfrac{r_1}{r_2}\{\cos(\theta_1 - \theta_2) + i\sin(\theta_1 - \theta_2)\}$  (ただし, $z_2 \neq 0$)

このことは, 次のように表すこともできます.

> I. $|z_1 z_2| = |z_1||z_2|$,
>  $\arg(z_1 z_2) = \arg z_1 + \arg z_2$
>
> II. $\left|\dfrac{z_1}{z_2}\right| = \dfrac{|z_1|}{|z_2|}$,  $\arg\dfrac{z_1}{z_2} = \arg z_1 - \arg z_2$

**注**  偏角の公式の表す意味は次の通りです.

**13**で学んだように, 偏角は無数に存在していますから, $z_1 z_2$ の偏角と($z_1$ の偏角$+z_2$ の偏角) が一致するとは限りません. たとえば, $\arg z_1 = 200°$, $\arg z_2 = 300°$ とすると $\arg z_1 + \arg z_2 = 500°$ です. しかしこのようなとき, **13**の 精講 によれば $140°(=500° - 360°)$ と答えてよいので, $\arg z_1 z_2 = 140°$ と答えるわけです. すなわち, この公式は

「($z_1$ の偏角)+($z_2$ の偏角)=($z_1 z_2$ の偏角のうちのどれか1つ)」

という意味をもっているのです.

## 解　答

(1)　$z_1=2(\cos 60°+i\sin 60°)$, $z_2=\sqrt{2}\,(\cos 45°+i\sin 45°)$ より

　　$|z_1|=2$, $\arg z_1=60°$, $|z_2|=\sqrt{2}$, $\arg z_2=45°$

　　$\therefore\ |z_1z_2|=|z_1||z_2|=2\sqrt{2}$　　　◀$|z_1z_2|=|z_1||z_2|$

　　$\arg(z_1z_2)=\arg z_1+\arg z_2=105°$　　　◀$\arg(z_1z_2)=\arg z_1+\arg z_2$

　　また, $\left|\dfrac{z_1}{z_2}\right|=\dfrac{|z_1|}{|z_2|}=\dfrac{2}{\sqrt{2}}=\sqrt{2}$　　　◀$\left|\dfrac{z_1}{z_2}\right|=\dfrac{|z_1|}{|z_2|}$

　　$\arg z_1-\arg z_2=60°-45°=15°$

　　$\therefore\ \arg\dfrac{z_1}{z_2}=15°$　　　◀$\arg\dfrac{z_1}{z_2}=\arg z_1-\arg z_2$

(2)　$z=\dfrac{1+\sqrt{3}\,i}{1+i}=\dfrac{(1+\sqrt{3}\,i)(1-i)}{(1+i)(1-i)}=\dfrac{(\sqrt{3}+1)+(\sqrt{3}-1)i}{2}$

　　$=\sqrt{2}\left(\dfrac{\sqrt{6}+\sqrt{2}}{4}+\dfrac{\sqrt{6}-\sqrt{2}}{4}i\right)$　……①

　　また, (1)より, $z=\dfrac{z_1}{z_2}$ だから,

　　$z=\sqrt{2}\,(\cos 15°+i\sin 15°)$　　　……②

　　①, ②より

　　$\sin 15°=\dfrac{\sqrt{6}-\sqrt{2}}{4}$

● ポイント

Ⅰ. $|z_1z_2|=|z_1||z_2|$,

　　$\arg(z_1z_2)=\arg z_1+\arg z_2$

Ⅱ. $\left|\dfrac{z_1}{z_2}\right|=\dfrac{|z_1|}{|z_2|}$,

　　$\arg\dfrac{z_1}{z_2}=\arg z_1-\arg z_2$

演習問題 15

$\alpha=1+i$, $\beta=\sqrt{3}+i$ について,

(1) $|\overline{\alpha}|$, $\arg\overline{\alpha}$ を求めよ. ただし, $0\le\arg\overline{\alpha}<2\pi$ とする.

(2) $\gamma=\dfrac{\beta}{\alpha}$ とおくとき, $|\gamma|$, $\arg\gamma$ を求めよ. ただし,

$-\pi\le\arg\gamma<\pi$ とする.

# 16 ド・モアブルの定理（Ⅰ）

次の問いに答えよ.

(1) $(\sqrt{3}+i)^8$ の値を求めよ.　　(2) $\left(\dfrac{\sqrt{3}+i}{1+i}\right)^{12}$ の値を求めよ.

ふつうの数でも 8 乗，10 乗の計算はタイヘンですから，複素数はもっとタイヘンかと思いきや，**ド・モアブルの定理**なるものがあって，あっさりと計算できます.

〈ド・モアブルの定理〉
$z=\cos\theta+i\sin\theta$ のとき，**整数 $n$ に対して**
$$z^n=\cos n\theta+i\sin n\theta \quad\cdots\cdots①$$

これは **15** の複素数の積，商を拡張したものです. ここでは，$n$ が自然数のときを示しておきます. その他の場合は各自確認しておきましょう.

**（証明）**

(ⅰ) $n=1$ のとき

①は $z=\cos\theta+i\sin\theta$ と表され，適する.

(ⅱ) $n=k$ $(k\geqq1)$ のとき

$z^k=\cos k\theta+i\sin k\theta$ が成りたつと仮定すると，

$z^{k+1}=z^k z=(\cos k\theta+i\sin k\theta)(\cos\theta+i\sin\theta)$
$=(\cos k\theta\cos\theta-\sin k\theta\sin\theta)+(\sin k\theta\cos\theta+\cos k\theta\sin\theta)i$
$=\cos(k+1)\theta+i\sin(k+1)\theta$ 　　　◀加法定理

よって，①は $n=k+1$ でも成立する.

(ⅰ)，(ⅱ)より，すべての自然数 $n$ について，①は成立する.

次に，この定理より，次の 2 つの性質も成りたつ.

(イ) $|z^n|=|z|^n$　　(ロ) $\arg z^n=n\arg z$

ここで，**15** の偏角に関する公式と上の(ロ)は対数の計算公式

$$\log MN=\log M+\log N,\quad \log\frac{M}{N}=\log M-\log N,\quad \log M^n=n\log M$$

と，そっくりであることも注意しておきましょう.

■ 解　答 ■

(1) $z_1=\sqrt{3}+i$ とおくと, $|z_1|=2$ だから

$z_1=2(\cos 30°+i\sin 30°)$

$\therefore\ z_1^8=2^8(\cos 240°+i\sin 240°)$ ◀$|z^n|=|z|^n,\ \arg z^n=n\arg z$

$=2^8\left(-\dfrac{1}{2}-\dfrac{\sqrt{3}}{2}i\right)=2^7(-1-\sqrt{3}\,i)$

(2) $z_1=\sqrt{3}+i$, $z_2=1+i$ とおくと

(1)より, $z_1^{12}=2^{12}(\cos 360°+i\sin 360°)=2^{12}$ ◀$(\cos\theta+i\sin\theta)^n$
$=\cos n\theta+i\sin n\theta$

次に, $|z_2|=\sqrt{2}$ だから

$z_2=\sqrt{2}\,(\cos 45°+i\sin 45°)$

$\therefore\ z_2^{12}=\sqrt{2}^{\,12}(\cos 540°+i\sin 540°)=2^6(\cos 180°+i\sin 180°)=-2^6$

よって, $\left(\dfrac{z_1}{z_2}\right)^{12}=\dfrac{2^{12}}{-2^6}=-2^6=\mathbf{-64}$

(2)において,

$$\dfrac{\sqrt{3}+i}{1+i}=\dfrac{(\sqrt{3}+i)(1-i)}{(1+i)(1-i)}=\dfrac{(\sqrt{3}+1)+(-\sqrt{3}+1)i}{2}$$

としてしまうと, 偏角が有名角になりません.

　実際は, $-15°$, すなわち, $345°$ となり, $\sin 15°$, $\cos 15°$ の値が必要になります. だから, $z_1$, $z_2$ の積や商の形の $n$ 乗は

I. $z_1^n$, $z_2^n$ を先に用意する

II. $z_1z_2\left(\text{または,}\ \dfrac{z_1}{z_2}\right)$ を先に用意する

の2つの手段があり, どちらを選択するかは,

① $\arg z_1$, $\arg z_2$ が有名角なら, $z_1^n$, $z_2^n$ を先に計算

② $\arg z_1$, $\arg z_2$ が有名角でなかったら, $z_1z_2$ または $\dfrac{z_1}{z_2}$ を先に計算

となります.

**◎ ポイント**

$(\cos\theta+i\sin\theta)^n=\cos n\theta+i\sin n\theta$

演習問題 16

$z=(\sqrt{3}+1)+(\sqrt{3}-1)i$ のとき, $z^2$, $z^{12}$ を求めよ.

# 17 ド・モアブルの定理（Ⅱ）

(1) $x^2+px+q=0$ ($p$, $q$：実数)が虚数解をもつとき，その 1 つを $\alpha$ とする．$|\alpha|$ を求めよ．

(2) $z+\dfrac{4}{z}=2$ をみたす複素数 $z$ について，$|z|$ を求め，$z$ を極形式で表せ．ただし，$0°\leqq\arg z\leqq180°$ とする．

(3) (2)の $z$ について，$z^n$ が実数となる最小の自然数 $n$ を求めよ．

(1) 2 次方程式（係数は実数）が虚数解をもつとき，それらは $\alpha$, $\overline{\alpha}$ と表せます．$|\alpha|^2=\alpha\overline{\alpha}$（⇐**14**）を思い出せば，**解と係数の関係**（⇐ⅡBベク**21**）で解決です．

(2) 分母を払えば 2 次方程式ですから，解の公式で $z$ を求めておいて，$0°\leqq\arg z\leqq180°$ となる方を選ぶだけです．

(3) 「$z^n$ が実数」とは，「($z^n$ の虚部)$=0$」ということです．

■ 解 答 ■

(1) $x^2+px+q=0$ の 2 解は $\alpha$, $\overline{\alpha}$ と表せるので解と係数の関係より，
$$\alpha\overline{\alpha}=q \qquad \therefore \ |\alpha|^2=\alpha\overline{\alpha}=q \qquad \text{よって，} |\alpha|=\sqrt{q}$$

**注** $q\leqq0$ のときを心配する必要はありません．

$q\leqq0$ のとき，$D=p^2-4q\geqq0$ だから，$x^2+px+q=0$ は実数解をもちます．すなわち，

「$q\leqq0 \longrightarrow x^2+px+q=0$ は実数解をもつ」は真．

対偶を考えると（⇒Ⅰ・A**24**）

「$x^2+px+q=0$ が虚数解をもつ $\longrightarrow q>0$」も真．

(2) $z+\dfrac{4}{z}=2$ より，$z^2-2z+4=0$

解と係数の関係より，$|z|^2=z\overline{z}=4$

$|z|>0$ だから，$|z|=2$

また，$z=1\pm\sqrt{3}\,i=2\left(\dfrac{1}{2}\pm\dfrac{\sqrt{3}}{2}i\right)$

$0°\leqq\arg z\leqq180°$ より，$z$ の虚部は正だから

$$z=2\left(\frac{1}{2}+\frac{\sqrt{3}}{2}i\right)=2(\cos 60°+i\sin 60°)$$

注　解と係数の関係を使わずに，$z=1\pm\sqrt{3}\,i$ を出したあと $|z|$，$\arg z$ を求めてもよい.

(3)　$z=2(\cos 60°+i\sin 60°)$ より，

　　$z^n=2^n\{\cos(60°\times n)+i\sin(60°\times n)\}$

これが実数を表すとき，虚部＝0 だから

　　$\sin(60°\times n)=0$

∴　$60°\times n=180°\times m$（$m$は自然数）（⇦一般角）

∴　$n=3m$

よって，最小の自然数は　$n=3$

注　$\sin(60°\times n)=0$ をみたす最小の自然数くらいなら答えはひと目でわかるのですが，速攻で $n=3$ としてしまうのはよくありません.それは**最小の自然数 $n$** とかいてあるからで，$n=1$，$n=2$ のときはダメであることがハッキリしたときにはじめて $n=3$ は正解です. だから，次のような表現なら問題はありません.

> $\sin 60°\ne 0$, $\sin 120°\ne 0$, $\sin 180°=0$ だから最小の自然数は $n=3$

しかし，もし $n=10$ ぐらいだとタイヘンなことになるので，この方法はオススメできません.

**ポイント**

　$z$ が実数 $\Longleftrightarrow$（$z$ の虚部）＝0

**演習問題 17**

$$z+\frac{1}{z}=2\cos\theta\ \left(0<\theta<\frac{\pi}{2}\right)$$ について，次の問いに答えよ.

(1)　$z$ は虚数であることを示せ.

(2)　$|z|$ を求めよ.

(3)　$z$ を極形式で表せ. ただし，$0\le\arg z\le\pi$ とする.

(4)　$z^n+\dfrac{1}{z^n}$ を $n$ と $\theta$ で表せ.

# 18 二項方程式

方程式 $x^6+1=0$ を解け.

精講 $z^n=\alpha$ 型の方程式を**二項方程式**といいますが，この形の方程式では，複素数の**極形式を用いる**と計算がラクになります.

## 解 答

$x^6=-1$ より，$|x|^6=1$ ∴ $|x|=1$ ◀二項方程式と
よって，$x=\cos\theta+i\sin\theta$ $(0°\leqq\theta<360°)$  $|z^n|=|z|^n$
とおける.

∴ $x^6=\cos6\theta+i\sin6\theta$ ∴ $\begin{cases}\cos6\theta=-1\\\sin6\theta=0\end{cases}$ ◀ド・モアブルの定理

$0°\leqq6\theta<2160°$ だから
$6\theta=180°,\ 540°,\ 900°,\ 1260°,\ 1620°,\ 1980°$
∴ $\theta=30°,\ 90°,\ 150°,\ 210°,\ 270°,\ 330°$

よって，$x=\pm i,\ \dfrac{\sqrt{3}}{2}\pm\dfrac{1}{2}i,\ -\dfrac{\sqrt{3}}{2}\pm\dfrac{1}{2}i$

参考 $x^6+1$ は次のように因数分解できます.

$$x^6+1=(x^2)^3+1^3=(x^2+1)(x^4-x^2+1)$$
$$=(x^2+1)\{(x^2+1)^2-(\sqrt{3}\,x)^2\}$$
$$=(x^2+1)(x^2+\sqrt{3}\,x+1)(x^2-\sqrt{3}\,x+1)$$

あとは，解の公式を使えば終わりです.

**ポイント** 二項方程式 $z^n=\alpha$ は，まず $|z|$ を求め，
そのあと $\arg z$ を求める

演習問題 18

$z^4=8(-1+\sqrt{3}\,i)$ をみたす複素数 $z$ を $a+bi$ $(a,\ b$ は実数$)$ の形で表せ.

# 19 複素数とベクトル

複素数平面上の3点 $z_1=-2i$, $z_2=1+2i$, $z_3=3-i$ と $z_4$ を順に結んでできる四角形が平行四辺形になるような複素数 $z_4$ を求めよ.

**精講**　$z_1=x_1+y_1i$, $z_2=x_2+y_2i$ とすると
$z_1+z_2=(x_1+x_2)+(y_1+y_2)i$ と表せるので,
$P_1(x_1,\ y_1)$, $P_2(x_2,\ y_2)$ とおけば $z_1+z_2$ と
$\overrightarrow{OP_1}+\overrightarrow{OP_2}$ は同じ意味をもつことがわかります(右図参照).　$z_1-z_2$ についても同様です.　だから,　複素数平面上で複素数の和,　差,　実数倍はベクトルのイメージで解決をねらいます.　要するに,　**複素数は複素数平面上では「矢印のついていないベクトル」**といえます.

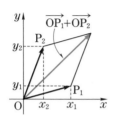

## 解答

四角形 $z_1z_2z_3z_4$ が平行四辺形だから

$$\overrightarrow{z_1z_2}=\overrightarrow{z_4z_3} \quad \therefore \quad \overrightarrow{Oz_2}-\overrightarrow{Oz_1}=\overrightarrow{Oz_3}-\overrightarrow{Oz_4}$$

よって,　$\overrightarrow{Oz_4}=\overrightarrow{Oz_1}-\overrightarrow{Oz_2}+\overrightarrow{Oz_3}$

$$\therefore \quad z_4=z_1-z_2+z_3=-2i-(1+2i)+3-i$$

$$=2-5i$$

◀ $z_1$ は複素数を表すだけではなく, 点を表す記号としても使っている

**注**　線分 $z_1z_3$ の中点＝線分 $z_2z_4$ の中点　と考えてもよい.

🌑 **ポイント**

複素数の和,　差,　実数倍はベクトル

**演習問題 19**

複素数平面上に2点, $z_1=2+3i$, $z_2=1-4i$ が与えられているとき,　原点O, $z_1$, $z_2$ を3頂点とする平行四辺形の第4頂点は3個ある.　これらをすべて求めよ.

# 20 複素数と分点の座標

複素数平面上に3点 A($z_1$)，B($z_2$)，C($z_3$) があり，$z_1=1+2i$，$z_2=3+4i$，$z_3=2-3i$ とする．

このとき，次の問いに答えよ．

(1) 線分 AB の中点をMとするとき，Mを表す複素数 $\alpha$ を求めよ．

(2) 線分 CM を 2:1 に内分する点Gを表す複素数 $\beta$ を求めよ．

**精講** $z=a+bi$ は点 P($a$，$b$) と対応するので，$z_1$，$z_2$，$z_3$ はそれぞれ A(1，2)，B(3，4)，C(2，$-3$) と対応します．だから，数学Ⅱの図形と式で学んだ分点公式がそのまま使えることになります．

## 解答

(1) $\alpha = \dfrac{z_1+z_2}{2} = \dfrac{(1+2i)+(3+4i)}{2}$

$\qquad = 2+3i$

(2) $\beta = \dfrac{z_3+2\alpha}{3} = \dfrac{(2-3i)+(4+6i)}{3}$

$\qquad = 2+i$

**注** Gは，もちろん △ABC の重心ですから

$$\beta = \frac{z_1+z_2+z_3}{3}$$

とかけます．

**ポイント** 複素数平面上の分点は，座標平面上の分点公式がそのまま使える

演習問題 20

2点 A($z_1$)，B($z_2$) があり，$z_1=2+i$，$z_2=-1+2i$ とする．

(1) 線分 AB を 1:2 に内分する点Cを表す複素数 $\alpha$ を求めよ．

(2) 線分 AB を 1:2 に外分する点Dを表す複素数 $\beta$ を求めよ．

# 21 複素数平面上の距離

複素数平面上に $3$ 点 $A(z_1)$, $B(z_2)$, $C(z_3)$ があり, $z_1=1+2i$,
$z_2=-2+i$, $z_3=2-i$ とする.

このとき, 次の問いに答えよ.

(1) $3$ つの線分 AB, BC, CA の長さを求めよ.

(2) △ABC はどのような三角形であるか.

 **精 講**　複素数平面上の $2$ 点 $A(z_1)$, $B(z_2)$ の距離 AB は, $z_1=a+bi$,
$z_2=c+di$ とおくと, 座標平面上では $A(a,\ b)$, $B(c,\ d)$ と表せ
るので, $AB^2=(c-a)^2+(d-b)^2$

また, $z_2-z_1=(c-a)+(d-b)i$ だから $|z_2-z_1|^2=(c-a)^2+(d-b)^2$

よって, $\mathbf{AB^2=|z_2-z_1|^2}$ となります.

---
**解　答**
---

(1)　$AB^2=|z_2-z_1|^2=|-3-i|^2=9+1=10$　　∴　$AB=\sqrt{10}$

　　　$BC^2=|z_3-z_2|^2=|4-2i|^2=16+4=20$　　∴　$BC=\mathbf{2\sqrt{5}}$

　　　$CA^2=|z_1-z_3|^2=|-1+3i|^2=1+9=10$　　∴　$CA=\sqrt{10}$

(2)　(1)より, $AB^2+CA^2=BC^2$ だから

　　△ABC は, $\mathbf{\angle A=90°}$ をみたす直角二等辺三角形.

🌙 **ポイント**

2点 $z_1$, $z_2$ を結ぶ線分の長さは $|z_2-z_1|$ で求められる

**演習問題 21**

複素数平面上に $3$ 点 $z_1=1+i$, $z_2=2+3i$, $z_3=6+i$ がある.

△$z_1z_2z_3$ はどのような三角形であるか.

## 22 複素数と回転（Ⅰ）

> 複素数平面上の点 $z=2+2i$ を次のように移動した点は，どのような複素数を表すか．
>
> (1) 原点中心に $\dfrac{\pi}{6}$ 回転 　　　　(2) 原点中心に $\dfrac{\pi}{2}$ 回転

**15**によれば，$z=\cos\theta+i\sin\theta$ に

$w=\cos\alpha+i\sin\alpha$ をかけると

$zw=\cos(\alpha+\theta)+i\sin(\alpha+\theta)$ となりますが，

これを図で確認すると $z$ を原点中心に $\alpha$ だけ回転させた点が $zw$ です．このことから，**複素数 $z$ を原点まわりに $\alpha$ 回転させた点は，$z$ に $\cos\alpha+i\sin\alpha$ をかけて得られる点**といえます．

─── 解　答 ───

(1) $z\left(\cos\dfrac{\pi}{6}+i\sin\dfrac{\pi}{6}\right)=(1+i)(\sqrt{3}+i)$ 　　◀$\cos\alpha+i\sin\alpha$ をかける

$=(\sqrt{3}-1)+(\sqrt{3}+1)i$

(2) $z\left(\cos\dfrac{\pi}{2}+i\sin\dfrac{\pi}{2}\right)=(2+2i)i$

$=-2+2i$

---

**◐ ポイント**　┆ 複素数 $r(\cos\theta+i\sin\theta)$ をかけることは
　　　　　　　┆ 原点まわりに $\theta$ 回転し，$r$ 倍することを意味する

---

**演習問題 22**

複素数平面上で，次の点と $z$ の位置関係を調べよ．

(1) $iz$ 　　　　　　(2) $\dfrac{\sqrt{2}}{1-i}z$

# 23 平行移動

複素数平面上の点 $z=1+2i$ を実軸方向に 1，虚軸方向に $-1$ だけ平行移動した点は，どのような複素数を表すか.

 **13** によれば，$x+yi$ と点 $(x, y)$ は同一視することができます. だから $x+yi$ を平行移動するというのは，**点 $(x, y)$ を平行移動する**ことと同じです.（右図参照）

■ **解　答** ■

$z$ を実軸方向に 1，虚軸方向に $-1$ だけ平行移動するので $z$ に $1-i$ を加えればよい.

$\therefore \quad z+(1-i)$　　　　　　　　◀$z+p+qi$

$=(1+2i)+(1-i)$

$=2+i$

● ポイント　複素数平面上で，複素数 $z$ を実軸方向に $p$，虚軸方向に $q$ だけ平行移動した点は

$$z+p+qi$$

で表される

**演習問題 23**

$z=1-i$ を原点のまわりに $\dfrac{\pi}{2}$ 回転し，$z$ だけ平行移動した複素数 $\alpha$ と，$z$ を $z$ だけ平行移動したあと原点のまわりに $\dfrac{\pi}{2}$ 回転した複素数 $\beta$ を求めよ.

# 24 複素数平面上の角

複素数平面上に 3 点 $z_1=2+i$, $z_2=5+2i$, $z_3=3+3i$ が与えられているとき, $\angle z_2z_1z_3$ を求めよ.

 **精 講**　　$z_2-z_1=\alpha$, $z_3-z_1=\beta$ とおくと,
$\angle z_2z_1z_3=\angle\alpha O\beta$ と表せます(右図). こ
こで, **15** 精講 によれば,

$\angle\alpha O\beta=\arg\beta-\arg\alpha=\arg\dfrac{\beta}{\alpha}$ となり,

$\angle z_2z_1z_3=\arg\dfrac{z_3-z_1}{z_2-z_1}$ で求められることがわかります.

ところで, 図では $\arg\alpha<\arg\beta$ であるような設定になっていますが, 逆の
大小関係もありえます. このときは, 計算上 $\angle z_2z_1z_3$ は負の値になるので,
「−」記号をはずして答えにするか, 絶対値記号をつけて $\left|\arg\dfrac{z_3-z_1}{z_2-z_1}\right|$ として,
「−」が現れないようにしておきます.

## 解 答

$\arg\dfrac{z_3-z_1}{z_2-z_1}=\arg\dfrac{1+2i}{3+i}$

$=\arg\dfrac{5+5i}{10}=\arg\dfrac{1+i}{2}$

$=\arg(1+i)-\arg 2$

ここで, $1+i=\sqrt{2}\left(\cos\dfrac{\pi}{4}+i\sin\dfrac{\pi}{4}\right)$ より,

$\arg(1+i)=\dfrac{\pi}{4}$

また, $\arg 2=0$

よって, $\angle z_2z_1z_3=\dfrac{\pi}{4}-0=\dfrac{\pi}{4}$

◀とりあえず $\arg\dfrac{z_3-z_1}{z_2-z_1}$
を計算する

◀対数計算のイメージ

◀「+」になったので
そのまま答えにする

**注**　$\arg(1+i)=\dfrac{\pi}{4}$ であることを示すとき, す

ぐ $\dfrac{\pi}{4}$ が頭に浮かんでくるようであれば, いち

いち極形式に変形する必要はありません.

 参 考　3つの線分の長さ $z_1z_2$, $z_2z_3$, $z_3z_1$ を求め, 余弦定理を使うこともできます.

**● ポイント**　A($\alpha$), B($\beta$), C($\gamma$) のとき

$$\angle\text{ABC}=\left|\arg\frac{\gamma-\beta}{\alpha-\beta}\right|$$

参 考　ポイントの事実から, 次のような事実が導けます. これは, **ポイント**と同じくらい大切なことです.

しっかり覚えておきましょう.

---

Ⅰ. 3点 A, B, C が一直線上にある

$\Longleftrightarrow$ $\dfrac{\gamma-\beta}{\alpha-\beta}$ は実数

Ⅱ. $\angle\text{ABC}=\dfrac{\pi}{2}$ $\Longleftrightarrow$ $\dfrac{\gamma-\beta}{\alpha-\beta}$ は純虚数

---

Ⅰ は,「$\arg\dfrac{\gamma-\beta}{\alpha-\beta}=0$ または $\pi$」から,

Ⅱ は,「$\arg\dfrac{\gamma-\beta}{\alpha-\beta}=\dfrac{\pi}{2}$ または $-\dfrac{\pi}{2}\left(\dfrac{3}{2}\pi\right)$」から,

すぐに導けます.

**注**　Ⅰ は $\dfrac{\gamma-\beta}{\alpha-\beta}=\overline{\left(\dfrac{\gamma-\beta}{\alpha-\beta}\right)}$ とかけます.

また, 複素数 $z$ の虚部を $\text{Im}\,z$ と表せば, $\text{Im}\dfrac{\gamma-\beta}{\alpha-\beta}=0$ とかくこともできます.

Ⅱは複素数 $z$ の実部を $\text{Re}\,z$ と表せば, $\text{Re}\dfrac{\gamma-\beta}{\alpha-\beta}=0$ とかくこともできます.

**演習問題 24**

$z_1=\dfrac{\sqrt{3}+i}{2}$, $z_2=\dfrac{1+\sqrt{3}}{2}(1+i)$, $z_3=\dfrac{1+\sqrt{3}\,i}{2}$ で表される点をそれぞれ, $P_1$, $P_2$, $P_3$ とするとき, $\angle P_1P_2P_3$ の大きさを 0 以上 $\pi$ 以下の範囲で求めよ.

# 25 複素数と回転（Ⅱ）

複素数平面上の点 $z=3+2i$ を点 $\alpha=1+i$ のまわりに $\dfrac{\pi}{3}$ 回転した点を $z'$ とするとき，$z'$ を表す複素数を求めよ．

**精　講**

**22**は，原点のまわりに回転することがテーマでしたが，今度は，**原点以外のまわりで回転させる**ことを学びます．

回転の中心を原点に持ってくるために，$P(z)$，$A(\alpha)$，$P'(z')$ とおき，ベクトルのイメージにかきかえると，

$\overrightarrow{AP}$ を点Aのまわりに $\dfrac{\pi}{3}$ 回転すると

$\overrightarrow{AP'}$ になるということ

$\overrightarrow{AP} \rightleftarrows z-\alpha$, $\overrightarrow{AP'} \rightleftarrows z'-\alpha$

と考えればよいので，**ポイント**の公式がつくれます．

---

**解　答**

$z'-\alpha=(z-\alpha)\left(\cos\dfrac{\pi}{3}+i\sin\dfrac{\pi}{3}\right)$ だから，

$z'=\alpha+(z-\alpha)\left(\cos\dfrac{\pi}{3}+i\sin\dfrac{\pi}{3}\right)$

$=1+i+(2+i)\dfrac{1+\sqrt{3}\,i}{2}=\dfrac{4-\sqrt{3}}{2}+\dfrac{3+2\sqrt{3}}{2}i$

**ポイント**

点 $z$ を点 $\alpha$ のまわりに $\theta$ 回転してできる点を $z'$ とすると，

$$z'-\alpha=(z-\alpha)(\cos\theta+i\sin\theta)$$

が成りたつ

**演習問題 25**

複素数平面の原点を，点 $\alpha=1+2i$ のまわりに $\dfrac{\pi}{4}$ 回転してできる点 $z$ を表す複素数を求めよ．

# 26 正三角形

複素数平面上に2点 $z_1=1+i$, $z_2=2-i$ が与えられている.
△$z_1z_2z_3$ が正三角形となるような $z_3$ をすべて求めよ.

**精講** $z_3=a+bi$ とおいて, 線分の長さの式
$z_1z_2=z_2z_3=z_3z_1$ から $a$, $b$ の連立方程式を
つくっても答えはでてきますが, **25** の「**複素数と回転**」の関係を利用すれば, スンナリと答えがでてきます. ただし, $z_3$ は **2つある**ことに注意してください.

解 答

原点まわりの $\pm\dfrac{\pi}{3}$ 回転を表す複素数は $\dfrac{1}{2}\pm\dfrac{\sqrt{3}}{2}i$ (複号同順)

∴ $z_3-z_1=(z_2-z_1)\left(\dfrac{1}{2}\pm\dfrac{\sqrt{3}}{2}i\right)$ ◀ $z_3-z_1=(z_2-z_1)(\cos\theta+i\sin\theta)$

$z_3=(1+i)+(1-2i)\left(\dfrac{1}{2}\pm\dfrac{\sqrt{3}}{2}i\right)$

∴ $z_3=\dfrac{(3+2\sqrt{3})+\sqrt{3}\,i}{2}$, $\dfrac{(3-2\sqrt{3})-\sqrt{3}\,i}{2}$

**注** 「2つの $z_3$ の中点=$z_1z_2$ の中点」を利用して答えの吟味ができます.

**◉ ポイント**
$z_1$ のまわりに $z_2$ を $\theta$ 回転した点 $z_3$ は
$z_3-z_1=(z_2-z_1)(\cos\theta+i\sin\theta)$ で表せる

**演習問題 26**

複素数平面上に2点 $z_1=2+i$, $z_2=-1+2i$ があり, 点 $z_3$ をとる. A($z_1$), B($z_2$), C($z_3$) とおくとき, ∠ACB$=\dfrac{2\pi}{3}$ の二等辺三角形をつくる. このとき, 次の問いに答えよ.

(1) 線分 AC の長さを求めよ.

(2) $z_3$ を表す複素数を求めよ.

基礎問

# 27 直線（Ⅰ）

（1） $z=x+yi$ （$x$, $y$ は実数）のとき，$x$, $y$ を $z$, $\bar{z}$ を用いて表せ．

（2） $xy$ 平面上の直線 $y=2x+1$ が，複素数平面上では，ある複素数 $\alpha$ を用いて，$\alpha z+\overline{\alpha}\bar{z}=1$ と表せるとき，$\alpha$ を求めよ．

精講

（1） この結果が $z$ と $(x, y)$ をつなぐ関係式で，$xy$ 平面と複素数平面を**行ったり来たりする**とき重要な役割を果たします．

（2） (1)を利用して $x$, $y$ を消去します．

---
**解　答**
---

（1） $\begin{cases} z=x+yi \\ \bar{z}=x-yi \end{cases}$ より，$x=\dfrac{z+\bar{z}}{2}$, $y=\dfrac{z-\bar{z}}{2i}$

参考

**24** の **注** の表記法によれば，(1)は

$$\mathrm{Re}\,z=\frac{z+\bar{z}}{2}, \quad \mathrm{Im}\,z=\frac{z-\bar{z}}{2i} \quad とかけます．$$

（2） $y=2x+1$ は $-2x+y=1$

(1)より，$-(z+\bar{z})+\dfrac{z-\bar{z}}{2i}=1$　　　　◀ $x=\dfrac{z+\bar{z}}{2}$, $y=\dfrac{z-\bar{z}}{2i}$

変形して，$\left(-1+\dfrac{1}{2i}\right)z+\left(-1-\dfrac{1}{2i}\right)\bar{z}=1$

よって，$\left(-1-\dfrac{1}{2}i\right)z+\left(-1+\dfrac{1}{2}i\right)\bar{z}=1$　　∴ $\alpha=-1-\dfrac{1}{2}i$

**◐ ポイント**

$z=x+yi$ のとき $x=\dfrac{z+\bar{z}}{2}$, $y=\dfrac{z-\bar{z}}{2i}$

演習問題 27

「複素数 $z$ が実数 $\iff \mathrm{Im}\,z=0$」を利用して「$z\neq-1$ のとき，

$\dfrac{z}{z+1}$ が実数ならば，$z$ も実数である」ことを示せ．

# 28 直線（Ⅱ）

複素数平面上に2点 $\alpha = 1+2i$, $\beta = 2+i$ が与えられている. この2点を通る直線上の点 $z$ は, 実数 $t$ を用いて, $z = (1+t)+(2-t)i$ と表せることを示せ.

**精講** $xy$ 平面で考えると $\alpha$ とは $(1,\ 2)$ のことで, $\beta$ とは $(2,\ 1)$ のことだから, 求める直線は, 2点 $(1,\ 2)$, $(2,\ 1)$ を通る直線になります. このイメージで解答をつくっていけばよいのです.

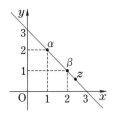

## 解答

$z-\alpha = t(\beta-\alpha)$ より,

　$\overrightarrow{\alpha z} = t\overrightarrow{\alpha\beta}$ のイメージ

$z = \alpha + (\beta-\alpha)t$

　$= (1+2i)+(1-i)t$

　$= (1+t)+(2-t)i$

**注** この結果を逆に考えれば, $z = x+yi$ において, $x$, $y$ がパラメータ $t$ の1次式で表されていると $z$ は直線上を動いていて, $z$ を $t$ について整理すれば $z = p+qt$ ($p$, $q$：複素数) と表せ, $z$ の軌跡は**点 $p$ を通り, 傾き $q$ 方向に動いてできる直線**になります.
（⇨**演習問題 28**）

● **ポイント** 複素数平面上の2点 $\alpha$, $\beta$ を通る直線は
$z = \alpha + (\beta-\alpha)t$ （$t$：実数) と表せる

**演習問題 28**

$z = (2-3t)+(1+2t)i$ で表される複素数 $z$ は, $t$ がすべての実数値をとるとき, 複素数平面上で, どのような図形をえがくか.

# 29 円（Ⅰ）

複素数 $z$ は $|z-(1+i)|=1$ ……① をみたしている．このとき，次の問いに答えよ．

(1) 点 $z$ は複素数平面上で，どのような図形をえがくか．

(2) $|z-2|$ の最大値，最小値とそれらを与える $z$ を求めよ．

 **精講**

(1) ①は点 $1+i$ と点 $z$ の距離はつねに **1** であることを示しています．

(2) $|z-2|$ は点 $z$ と点 **2** の距離を表します．

---

■■■ **解 答** ■■■

(1) 点 $z$ と点 $1+i$ の距離は 1 だから，

**$z$ は点 $1+i$ を中心とする半径 1 の円をえがく**．

(2) $P(z)$，$A(2)$ とおくと，$|z-2|$ は線分 AP の長さを表すので，A と $1+i$ を通る直線と円 $|z-(1+i)|=1$ の交点を図のように B，C とすると，AP の最大値は AC で，最小値は AB

よって，最大値は $\sqrt{2}+1$，最小値は $\sqrt{2}-1$

次に，$\alpha=1+i$，$\beta=1-i$ とおくと，最大値を与える $z$ は

$$\alpha+\frac{1}{\sqrt{2}}(-\beta)=1+i-\frac{1-i}{\sqrt{2}}=\frac{(\sqrt{2}-1)+(\sqrt{2}+1)i}{\sqrt{2}}$$

$$=\frac{(2-\sqrt{2})+(2+\sqrt{2})i}{2}$$

また，最小値を与える $z$ は

$$\alpha+\frac{1}{\sqrt{2}}\beta=1+i+\frac{1-i}{\sqrt{2}}=\frac{(\sqrt{2}+1)+(\sqrt{2}-1)i}{\sqrt{2}}$$

$$=\frac{(2+\sqrt{2})+(2-\sqrt{2})i}{2}$$

**注** 最大値，最小値を与える $z$ はベクトルのイメージ（**19**）で求めています．右図のように，$D(1+i)$，$E(1-i)$ とおくと，

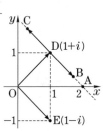

$\overrightarrow{DC}=-\dfrac{1}{\sqrt{2}}\overrightarrow{OE}$ だから，$\overrightarrow{OC}=\overrightarrow{OD}+\overrightarrow{DC}=\overrightarrow{OD}-\dfrac{1}{\sqrt{2}}\overrightarrow{OE}$

これを複素数で表示すると，$D(\alpha)$，$E(\beta)$ だから最大値を与える点 $z$

は $z=\alpha-\dfrac{1}{\sqrt{2}}\beta$ と表せます．

この考え方以外にも，点Bは線分 AD を $(\sqrt{2}-1):1$ に内
分する点と考えて，最小値を与える点 $z$ を

$$z=\dfrac{1\cdot2+(\sqrt{2}-1)(1+i)}{\sqrt{2}-1+1}=\dfrac{(\sqrt{2}+1)+(\sqrt{2}-1)i}{\sqrt{2}}$$ と

計算することもできます．

同様に，C は線分 AD を $(\sqrt{2}+1):1$ に外分する点と考えることが
できます．

第2章

---

**ポイント**

① $A(\alpha)$，$B(\beta)$ のとき，$AB=|\beta-\alpha|$

② 複素数 $z$ が $|z-\alpha|=r$ をみたすとき，

　　$z$ は $\alpha$ 中心，半径 $r$ の円をえがく

　　（$\alpha$：複素数，$r$：正の実数）

---

**演習問題 29**

複素数 $z_1$，$z_2$ が $|z_1-4|=1$，$|z_2|=1$ という関係式をみたすとき，

(1) 点 $z_1$，点 $z_2$ がえがく図形を同じ複素数平面上に図示せよ．

(2) $|z_1-z_2|$ のとりうる値の範囲を求めよ．

# 30 円（Ⅱ）

$|z+2i|=2|z-i|$ をみたす複素数 $z$ は，複素数平面上でどのような図形をえがくか．

 **精　講**

考え方は3つあります．

Ⅰ．$z\bar{z}=|z|^2$ の利用

Ⅱ．$z=x+yi$ とおく

Ⅲ．式の図形的意味を考える

---

## 解　答

**（解Ⅰ）** （$z\bar{z}=|z|^2$ の利用）

$$|z+2i|^2=4|z-i|^2$$
$$(z+2i)(\bar{z}+\overline{2i})=4(z-i)(\bar{z}-\bar{i})$$
$$z\bar{z}+2i\bar{z}-2iz+4=4(z\bar{z}-i\bar{z}+iz+1)$$
$$3z\bar{z}-6i\bar{z}+6iz=0$$
$$z\bar{z}-2i\bar{z}+2iz=0 \qquad (z-2i)(\bar{z}+2i)=4$$
$$(z-2i)(\overline{z-2i})=4 \qquad |z-2i|^2=4 \qquad ◀ 注$$

◀ 与えられた条件の両辺は 0 以上なので，両辺 2 乗しても同値

$$\therefore \quad |z-2i|=2 \quad (\Leftarrow 29)$$

よって，$z$ は**点 $2i$ を中心とする半径 2 の円**をえがく．

**（解Ⅱ）** （$z=x+yi$ とおく）

$z=x+yi$（$x$，$y$ は実数）とおくと
$$z+2i=x+(y+2)i, \quad z-i=x+(y-1)i$$
よって，$|z+2i|^2=x^2+(y+2)^2$
$$|z-i|^2=x^2+(y-1)^2$$
$|z+2i|^2=4|z-i|^2$ だから
$$x^2+(y+2)^2=4x^2+4(y-1)^2$$
$$3x^2+3y^2-12y=0$$
$$x^2+y^2-4y=0$$
$$\therefore \quad x^2+(y-2)^2=4$$

これは，$xy$ 平面上で $(0, 2)$ 中心，半径 2 の円を表すので複素数平面上では，点 $2i$ を中心とする半径 2 の円を表す．

（**解Ⅲ**）（式の図形的意味を考えて）

$P(z)$，$A(-2i)$，$B(i)$ とおくと，

与えられた式は $AP=2BP$ とかける（**29ポイント**①）.

$\therefore$ $AP:BP=2:1$

よって，P は線分 AB を $2:1$ に内分および外分する点を直径の両端とする円をえがく．

（⇨ⅡＢベク**43**アポロニウスの円）

内分する点は O，外分する点は $4i$ だから（右図），

$z$ は点 $2i$ を中心とする半径 2 の円をえがく．

> **注** 同じ要領で計算すると $z\bar{z}-\bar{\alpha}z-\alpha\bar{z}=0$ は
>
> $(z-\alpha)(\bar{z}-\bar{\alpha})=\alpha\bar{\alpha}$
>
> $|z-\alpha|^2=|\alpha|^2$，すなわち
>
> $|z-\alpha|=|\alpha|$ と変形できます．
>
> よって，点 $z$ は点 $\alpha$ を中心とする半径 $|\alpha|$ の円をえがくことがわかります．この変形は**35**，**36**でも行われます．

第2章

**ポイント**

複素数平面上の 2 点 A，B からの距離の比が $m:n$ $(m \neq n)$ である点 P は，線分 AB を $m:n$ に内分する点と外分する点を直径の両端とする円をえがく

$\left|\dfrac{z-i}{z-1}\right|=2$ をみたす点 $z$ はどのような図形をえがくか．

# 31 円（Ⅲ）

2つの複素数 $z$, $w$ があって，2つの式 $|z-i|=1$, $w=(1+i)z$ が成りたっている．このとき，次の問いに答えよ．

(1) $z$ は複素数平面上で，どのような図形をえがくか．

(2) $w$ は複素数平面上で，どのような図形をえがくか．

精講

(1) $|z-i|=1$ は，点 $z$ と点 $i$ との距離が $z$ の位置にかかわらず 1 という意味です．

(2) 解答は2つありますが，いずれも考え方は数学Ⅱの軌跡の考え方（⇨ⅡB ベク 45 精講）を使っています．すなわち，他の変数を消去という考え方です．

Ⅰ．$z=x+yi$, $w=u+vi$ とおいて，$u$, $v$ の関係式を求める方法（⇨ 30 ）

Ⅱ．$|z-i|=1$ を利用して，$|w-\alpha|=r$ 型を目指す方法

2つとも解答にしてみますが，できるだけⅡを使えるようになってください．

---

## 解答

(1) $|z-i|=1$ より，点 $z$ と点 $i$ の距離はつねに1．

よって，$z$ は**点 $i$ を中心とする半径1の円**をえがく．

(2) （解Ⅰ）

$z=x+yi$, $w=u+vi$ （$x$, $y$, $u$, $v$ は実数）とおくと，

$(1+i)z=(1+i)(x+yi)=(x-y)+(x+y)i$ だから

$w=(1+i)z$ より，$u=x-y$, $v=x+y$

$\therefore$ $x=\dfrac{1}{2}(u+v)$, $y=\dfrac{1}{2}(v-u)$ ……(*)

ここで，$|z-i|=1$ に $z=x+yi$ を代入して

$|x+(y-1)i|=1$ $\therefore$ $x^2+(y-1)^2=1$

(*)を代入して，$\dfrac{1}{4}(u+v)^2+\dfrac{1}{4}(v-u-2)^2=1$

◀ $v-u$ をひとまとめにして，展開すると計算がラクになる

$(u+v)^2+(v-u)^2-4(v-u)+4=4$

$2u^2+2v^2-4v+4u=0$

$$u^2+2u+v^2-2v=0$$
$$(u+1)^2+(v-1)^2=2$$

よって，$(u, v)$ は

中心 $(-1, 1)$，半径 $\sqrt{2}$ の円をえがく．

すなわち，複素数 $w$ は

**点 $-1+i$ を中心とする半径 $\sqrt{2}$ の円をえがく．**

（解 II）

$w=(1+i)z$ より　$\dfrac{w}{1+i}=z$

$\therefore\ \dfrac{w}{1+i}-i=z-i$

$|z-i|=1$ に代入して

$\left|\dfrac{w}{1+i}-i\right|=1$

$\left|\dfrac{w-i(1+i)}{1+i}\right|=1$

$\dfrac{|w-(-1+i)|}{\sqrt{2}}=1$

$\therefore\ |w-(-1+i)|=\sqrt{2}$　 II

◀ 複素数 $z$ を消去するために
$z-i$ をつくっておく

$z=\dfrac{w}{1+i}$ を $|z-i|=1$ に
直接代入してもよい

よって，$w$ は点 $-1+i$ 中心，半径 $\sqrt{2}$
の円をえがく．

---

🌀 ポイント　複素数平面上の動点 $w$ が動点 $z$ で表されているとき，
$z$ を消去することによって $w$ の関係式をつくる

---

**演習問題 31**

複素数 $z$，$w$ に対し，2 つの式 $|z-1|=1$，$w=(1-i)z$ が成りた
つとき，$w$ は複素数平面上でどのような図形をえがくか．

第2章

## 32 領域（Ⅰ）

> $|z-1|>|z-i|$ をみたす複素数平面上の点 $z$ の存在する領域を図示せよ.

精講 複素数平面上の点の軌跡は，$z=x+yi$ とおくか，おかないかで，2通り考えられます．これは**条件式が等式であるか不等式であるかは関係ありません**.

（解Ⅰ）でおくタイプ，（解Ⅱ）でおかないタイプを考えてみますが，（解Ⅱ）ができるようにがんばりましょう.

---

解　答

（**解Ⅰ**）（$z=x+yi$ とおくタイプ）

$|z-1|>|z-i| \iff |z-1|^2>|z-i|^2$

ここで，$z=x+yi$（$x$, $y$ は実数）とおくと

$$\begin{cases} 左辺=|(x-1)+yi|^2=(x-1)^2+y^2 \\ 右辺=|x+(y-1)i|^2=x^2+(y-1)^2 \end{cases}$$

$\therefore \ (x-1)^2+y^2>x^2+(y-1)^2$

$\qquad -2x>-2y$

$\qquad y>x$

これは，$z$ が2点O，$1+i$ を結ぶ直線より上側に存在することを意味する.

よって，点 $z$ の存在する領域は右図の斜線部.
ただし，境界は含まない.

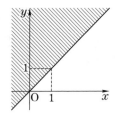

注　複素数平面ではなく，普通の $xy$ 平面と考えれば「$y>x$」の表す領域はわかるはずです.

（**解Ⅱ**）（$z=x+yi$ とおかないタイプ）

$P(z)$，$A(1)$，$B(i)$ とおくと，

$|z-1|=AP$，$|z-i|=BP$ であるから，

$|z-1|>|z-i| \iff AP>BP$

◀21

ここで，AP＝BP となる点Pは，線分 AB の垂直二等分線上を動くので，

AP＞BP をみたす点は，この垂直二等分線で分けられる2つの部分のうち，Bを含む側．よって，点Pの存在する領域は図の斜線部．ただし，境界は含まない．

 一般に，次のことが成りたちます．
しっかり頭に入れておきましょう．

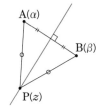

> ① $|z-\alpha|$ は複素数 $\alpha$ と複素数 $z$ を結んだ**線分の長さ**を表す．
>
> ② P$(z)$，A$(\alpha)$，B$(\beta)$（A$\neq$B）とおくと，$|z-\alpha|=|z-\beta|$ をみたす点 $z$ は，**線分 AB の垂直二等分線上を動く**．

**注** ②は証明できることも必要でしょうが，「2つの定点からの距離が等しい点は定点を結ぶ線分の垂直二等分線上にある」という事実がすぐに浮かんでこなければ，大学入試のレベルではまずいと思います．

🌑 **ポイント** P$(z)$，A$(\alpha)$，B$(\beta)$（A$\neq$B）に対して $|z-\alpha|=|z-\beta|$ が成りたつとき，Pは線分 AB の垂直二等分線をえがく

**演習問題 32**

複素数平面上の点 $z$ が不等式 $2|z-2|\leqq|z-5|\leqq|z+1|$ をみたしているとき，点 $z$ がえがく図形を $D$ とする．このとき，次の問いに答えよ．

(1) 領域 $D$ を図示せよ．

(2) 領域 $D$ の面積 $S$ を求めよ．

(3) $\arg z=\theta\left(-\dfrac{\pi}{2}<\theta<\dfrac{\pi}{2}\right)$ とするとき，$\tan\theta$ のとりうる値の範囲を求めよ．

# 33 領域（Ⅱ）

不等式 $|z| \leqq 1$, $(1-i)z+(1+i)\bar{z} \geqq 2$ を同時にみたす $z$ の存在する領域を $D$ とする．このとき，次の問いに答えよ．

(1) $D$ を図示せよ． (2) $|z|$ の最小値を求めよ．

 精 講

32 と同様に，2つの手段が存在しますが，$(1-i)z+(1+i)\bar{z}=2$ の図形的意味がよくわからないので，$z=x+yi$ とおきましょう．

## 解 答

(1) $z=x+yi$（$x$, $y$ は実数）とおくと

$$|z| \leqq 1 \iff |x+yi| \leqq 1 \iff x^2+y^2 \leqq 1 \quad \cdots\cdots ①$$

また，$(1-i)z+(1+i)\bar{z} \geqq 2$

$$\iff (1-i)(x+yi)+(1+i)(x-yi) \geqq 2$$

$$\iff x+y \geqq 1 \quad \cdots\cdots ②$$

①，②をともにみたす $(x, y)$ は右図の斜線部を表す．ただし，境界も含む．

(2) $|z|$ は原点と領域 $D$ 内の点との距離を表すので，最小値は $z$ が O から直線 $x+y=1$ におろした垂線の足と一致するとき．

よって，求める最小値は $\dfrac{1}{\sqrt{2}}$

**◉ ポイント** 複素数平面上の点 $z$ のみたす不等式の表す領域を図示するとき $z=x+yi$ とおいて，$x$ と $y$ のみたす不等式を求め，それを図示する

演習問題 33

不等式 $|z-1| \leqq 1$, $(1-2i)z+(1+2i)\bar{z} \leqq 6$ を同時にみたす $z$ の存在する領域を $D$ とする．

(1) $D$ を図示せよ． (2) $|z-i|$ の最大値，最小値を求めよ．

# 34 変換 $w=\dfrac{az+b}{cz+d}$（I）

複素数 $z$ が，$1+i$ を中心とする半径 $1$ の円周上を動くとき，$w=\dfrac{1-iz}{1+iz}$ で表される点 $w$ はどのような図形をえがくか.

第2章

**精講** $w=\dfrac{az+b}{cz+d}$ で表される式は，点 $z$ がある規則で点 $w$ にうつると考えられるので，変換を表しているといえます．このとき，$z$ を消去することによって $w$ の関係式をつくることができます．

## 解答

まず，$|z-(1+i)|=1$ ……①

次に，$w=\dfrac{1-iz}{1+iz} \iff w=\dfrac{i+z}{i-z}$ ◀分子・分母に $i$ をかけている

$\iff w+1=\dfrac{-2i}{z-i} \iff z=i-\dfrac{2i}{w+1}$ ◀$z-(1+i)$ をつくるための準備

$\iff z-(1+i)=\dfrac{-2i}{w+1}-1$

①に代入して，$\left|\dfrac{2i}{w+1}+1\right|=1$ $\quad \left|\dfrac{w-(-1-2i)}{w+1}\right|=1$

$\therefore \ |w+1|=|w-(-1-2i)|$

よって，$w$ は $2$ 点 $-1$，$-1-2i$ を結ぶ線分の 垂直二等分線をえがく. ◀32 ポイント

**● ポイント** $w=(z$ の式$)$ の形で表されているとき，点 $w$ の軌跡は $z=(w$ の式$)$ の形に変形した式を利用する

**演習問題 34**

複素数 $z$ が $|z|=1$ をみたすとき，$w=\dfrac{1+iz}{1+z}$ で表される点 $w$ はどのような図形をえがくか.

# 35 変換 $w=\dfrac{az+b}{cz+d}$（Ⅱ）

複素数 $z$ が $|z|=2$ をみたしながら動くとき，$w=\dfrac{1}{z+1}$ で表される点 $w$ は，複素数平面上でどのような図形をえがくか．

 **34** の方針ですすみますが，そう単純ではありません．**14** のポイントにかいてある3つの公式をフル活用して，**29** の形をねらいます．

---

### 解　答

$w=\dfrac{1}{z+1}$ より，$z=\dfrac{1}{w}-1=\dfrac{1-w}{w}$　　　◀**34** 逆変換の利用

$|z|=2$ に代入して

$\left|\dfrac{1-w}{w}\right|=2$　　$\dfrac{|w-1|}{|w|}=2$　　　◀$\left|\dfrac{z_1}{z_2}\right|=\dfrac{|z_1|}{|z_2|}$

$|w-1|=2|w|$

両辺を2乗して，

$|w-1|^2=4|w|^2$

よって，$(w-1)\overline{(w-1)}=4w\overline{w}$　　　◀$z\overline{z}=|z|^2$

$(w-1)(\overline{w}-1)=4w\overline{w}$　　　◀$\overline{z_1+z_2}=\overline{z_1}+\overline{z_2}$

$w\overline{w}-w-\overline{w}+1=4w\overline{w}$

$3w\overline{w}+w+\overline{w}=1$

$w\overline{w}+\dfrac{1}{3}w+\dfrac{1}{3}\overline{w}=\dfrac{1}{3}$

$\left(w+\dfrac{1}{3}\right)\left(\overline{w}+\dfrac{1}{3}\right)=\dfrac{1}{3}+\dfrac{1}{9}$　　　◀この変形がポイント **30** 注

$\left(w+\dfrac{1}{3}\right)\left(\overline{w}+\dfrac{1}{3}\right)=\dfrac{4}{9}$

$\left(w+\dfrac{1}{3}\right)\overline{\left(w+\dfrac{1}{3}\right)}=\dfrac{4}{9}$

$\left|w+\dfrac{1}{3}\right|^2=\left(\dfrac{2}{3}\right)^2$　　$\therefore$　$\left|w+\dfrac{1}{3}\right|=\dfrac{2}{3}$

よって，点 $w$ は

点 $-\dfrac{1}{3}$ を中心とする半径 $\dfrac{2}{3}$ の円をえがく.

**I.** $|w-1|=2|w|$ は $\boxed{30}$ (アポロニウスの円) の形です. その
ことに気がつけば, 次のような解答もあるでしょう.

**(別解)**

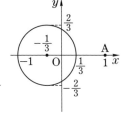

$|w-1|=2|w|$ より $|w|:|w-1|=1:2$

ここで, $\mathrm{P}(w)$, $\mathrm{A}(1)$, $\mathrm{O}(0)$ とおくと

$\mathrm{OP}:\mathrm{AP}=1:2$ だから,

点 $\mathrm{P}$ は線分 $\mathrm{OA}$ を $1:2$ に内分する点と外分す

る点を直径の両端とする円をえがく.

**II.** $|z|=2$ より, $z=x+yi$ $(x^2+y^2=4)$ とおけます.

このあと, $w=u+vi$ とおいて, $\boxed{31}$(2)(**解I**) の方針で押していくと,
次の (**別解**) となります.

**(別解)** (途中の計算は若干省略してあります)

$$z=\dfrac{1}{w}-1=\dfrac{\overline{w}}{|w|^2}-1=\dfrac{\overline{w}-|w|^2}{|w|^2} \qquad \blacktriangleleft w\overline{w}=|w|^2$$

$$=\dfrac{(u-vi)-(u^2+v^2)}{u^2+v^2}=\dfrac{\{u-(u^2+v^2)\}-vi}{u^2+v^2}$$

$$\therefore \quad x=\dfrac{u-(u^2+v^2)}{u^2+v^2}, \quad y=\dfrac{-v}{u^2+v^2}$$

$x^2+y^2=4$ に代入して, $3(u^2+v^2)=1-2u$

$$\therefore \quad \left(u+\dfrac{1}{3}\right)^2+v^2=\dfrac{4}{9}$$

**ポイント**

$w=\dfrac{az+b}{cz+d}$ で表される変換で, $z$ が円周上を動くと,
$w$ は直線上または円周上を動く

**演習問題 35**

不等式 $|z|\leqq1$, $(1-i)z+(1+i)\overline{z}\leqq2$ をみたす $z$ に対して,

$w=\dfrac{2i}{z+1}$ で表される点 $w$ の存在する領域を図示せよ.

# 36 変換 $w = \dfrac{az+b}{cz+d}$ (Ⅲ)

$w = \dfrac{(i-1)z}{i(z-2)}$ で表される複素数 $w$ は実数である．このとき，複素数 $z$ は，どのような図形をえがくか．

精 講

複素数 $w$ が実数という条件を，

　　Ⅰ. $w = u + vi$ ($u$, $v$：実数) の形に表したとき，$v=0$

と考えることもできますが，このように考えると，$z$ も $z = x + yi$ という形で表すことになり，文字の数が2個から4個に増えてしまい，負担が重くなります．一方，**27** のポイントによれば，

　　Ⅱ. $w = \overline{w}$

とも考えることができます．

---

**解 答**

まず，$z \neq 2$

このとき，$\overline{w} = \overline{\left\{ \dfrac{(i-1)z}{i(z-2)} \right\}} = \dfrac{(-1-i)\overline{z}}{-i(\overline{z}-2)}$ であり，◀**14**

$w$ が実数のとき，$w = \overline{w}$ が成りたつ．

よって，$\dfrac{(i-1)z}{i(z-2)} = \dfrac{(i+1)\overline{z}}{i(\overline{z}-2)}$ より

$(i-1)z(\overline{z}-2) = (i+1)\overline{z}(z-2)$

$2z\overline{z} + 2(i-1)z - 2(i+1)\overline{z} = 0$

$z\overline{z} - (1-i)z - (1+i)\overline{z} = 0$

$\{z - (1+i)\}\{\overline{z} - (1-i)\} = (1+i)(1-i)$　　◀この変形がポイント

$\{z - (1+i)\}\{\overline{z-(1+i)}\} = 2$　　**30** 注

$|z - (1+i)|^2 = 2$

$|z - (1+i)| = \sqrt{2}$

ここで，$z \neq 2$ だから，点 2 は除かれる．◀注

以上のことより，$z$ は，

点 $1+i$ を中心とする半径 $\sqrt{2}$ の円周上から点 $2$
を除いた部分をえがく.

（別解）（Ⅰの方針ですすむと……）

$z=x+yi$ とおくと,

$$\frac{(i-1)z}{i(z-2)}=\frac{(1+i)z}{z-2}=\frac{(1+i)z(\overline{z-2})}{|z-2|^2}$$

（分子）$=(1+i)z(\overline{z}-2)$ ◀ 分母はすでに実数になっているので，分子だけ考えればよい

$\qquad\quad =(1+i)(|z|^2-2z)$

$\qquad\quad =(1+i)\{(x^2+y^2-2x)-2yi\}$

$\qquad\quad =(x^2+y^2-2x+2y)+(x^2+y^2-2x-2y)i$

よって，$\dfrac{(i-1)z}{i(z-2)}$ が実数のとき，$x^2+y^2-2x-2y=0$

$\qquad \therefore\quad (x-1)^2+(y-1)^2=2$

ここで，$z\neq2$ だから，$z$ は，点 $1+i$ 中心，半径 $\sqrt{2}$ の円周上から点 $2$ を除いた部分をえがく.

注　$z\neq2$ である理由は，$\dfrac{(i-1)z}{i(z-2)}$ の分母にあります.

式が分数の形で与えられたとき，（分母）$=0$ となる $z$ は考えてはいけません. ところが，34 も 35 も同様の形であるにもかかわらず，そのことが答案では触れてありません. それは，34 においては，$w+1\neq0$ ですが，点 $w=-1$ は答えの軌跡（垂直二等分線）上にないからで，35 においても，$w\neq0$ ですが，点 $w=0$ は答えの軌跡（円）上にないからなのです.

🔵 **ポイント**

複素数 $z$ が実数 $\Longleftrightarrow$ $z=\overline{z}$

演習問題 36

$w=\dfrac{(1+i)(z-1)}{z}$ で表される複素数 $w$ が実数であるとき，複素数 $z$ はどのような図形をえがくか.

# 第**3**章 いろいろな関数

## 37 分数関数

次の問いに答えよ.

(1) $y=\dfrac{2x+1}{x-1}$ のグラフをかけ.

(2) 分数関数 $y=\dfrac{ax+b}{x+c}$ が次の各条件をみたすときの $a$, $b$, $c$ をそれぞれ定めよ.

(イ) 3点 $(0,\ 3)$, $(-2,\ -1)$, $(1,\ 2)$ を通る.

(ロ) 漸近線が $x=2$ と $y=-1$ で,点 $(1,\ -5)$ を通る.

(ハ) $y=2$ が漸近線で,点 $(-2,\ 3)$ を通り,平行移動すると

$y=-\dfrac{1}{x}$ と一致する.

 精 講

(1) 分数関数のグラフをかくときは,$y=\dfrac{ax+b}{cx+d}$ の形から,わり算によって **$y=\dfrac{r}{x-p}+q$ の形に変形しなければなりません**.

それはこの形にすれば**漸近線の方程式 $x=p$, $y=q$ がわかり**,すぐにグラフがかけるからです.

(2) 関数の係数を決定するときは,式をおくときに,条件を使っておくと,使う文字の数が少なくなり計算量を減らすことができます.

解 答

(1) $y=\dfrac{2x+1}{x-1}=\dfrac{2(x-1)+3}{x-1}$

$\qquad =2+\dfrac{3}{x-1}$　◀ $y=\dfrac{r}{x-p}+q$ の形に

よって,漸近線は $x=1$, $y=2$ で,グラフは右図のようになる.

注 分数関数のグラフは,漸近線で分けられた4つの領域のうち,隣り合っていない2つの領域に存在します.

$y=\dfrac{r}{x-p}+q$ において，$r>0$ ならば，右上と左下の部分で，$r<0$ ならば，右下と左上の部分になります．

(2) (イ) $y=\dfrac{ax+b}{x+c}$ に3点の座標を代入して

$b=3c$，$2a-b-c+2=0$，$a+b-2c-2=0$

よって，$a=1$，$b=3$，$c=1$

(ロ) 漸近線が $x=2$，$y=-1$ だから，題意をみたす分数関数は

$y=-1+\dfrac{r}{x-2}$ とおける．

（1，$-5$）を代入して，$r=4$

$\therefore\ y=-1+\dfrac{4}{x-2}=\dfrac{-x+6}{x-2}$

よって，$a=-1$，$b=6$，$c=-2$

◀漸近線がわかっているので，このおき方がベスト

(ハ) $y=2$ が漸近線だから，$y=\dfrac{-1}{x}$ を $x$ 軸方向に $p$，$y$ 軸方向に2だけ平行移動したものが題意をみたす曲線．　◀ⅡBベク**48**

よって，$y=\dfrac{-1}{x-p}+2$ とおける．　◀おき方を考える

これが点 $(-2,\ 3)$ を通ることにより

$3=\dfrac{1}{p+2}+2$　よって，$p+2=1$　したがって，$p=-1$

$\therefore\ y=\dfrac{-1}{x+1}+2$　$\therefore\ y=\dfrac{2x+1}{x+1}$

よって，$a=2$，$b=1$，$c=1$

● ポイント

曲線 $y=\dfrac{r}{x-p}+q$ の漸近線は $x=p$ と $y=q$

演習問題 37

次の問いに答えよ．

(1) $y=\dfrac{1}{x-1}$ のグラフをかけ．

(2) $y=\dfrac{1}{x-1}$ と $y=-|x|+k$ のグラフが2個以上の共有点をもつような $k$ の値の範囲を求めよ．

基礎問

# 38 無理関数

無理関数 $y=\sqrt{x-1}-1$ ……① について，次の問いに答えよ．

(1) 定義域，値域を調べ，①のグラフの概形をかけ．

(2) $y=-x+1$ と①のグラフの交点の座標を求めよ．

(3) 不等式 $\sqrt{x-1}-1<-x+1$ を解け．

 精 講

(1) 無理関数 $y=\sqrt{ax-b}+c\ (a>0)$ の**定義域は** $x\geqq\dfrac{b}{a}$，**値域は** $y\geqq c$ で，形は放物線を横にしたものの一部です．

(2) $\sqrt{\phantom{x}}$ を含んだ方程式は，両辺を平方して $\sqrt{\phantom{x}}$ を消しますが，そのとき**両辺の符号を確かめて平方します**．

(3) **不等式** $f(x)>g(x)$ **をグラフを利用して解くとき**，$y=f(x)$ のグラフが $y=g(x)$ のグラフより上側にあるような$x$の範囲を考えます．だから，実質は方程式 $f(x)=g(x)$ が解ければよいのです．

━━━ 解　答 ━━━

(1) 根号内は正または0だから
$$x-1\geqq0\quad\therefore\quad x\geqq1$$
また，$\sqrt{x-1}\geqq0$ より　　$y\geqq-1$

次に，$y+1=\sqrt{x-1}$ を2乗して
$$x=(y+1)^2+1\ (y\geqq-1)$$
ゆえに，グラフは頂点が $(1,\ -1)$ で
右図のような放物線の一部になる．

◀関数 $\sqrt{x-1}$ の定義域

(2) $\sqrt{x-1}-1=-x+1$ は
$$\sqrt{x-1}=-x+2\ \cdots\cdots②$$
ここで，$\sqrt{x-1}\geqq0$ だから　$-x+2\geqq0$　$\therefore$　$x\leqq2$

これと(1)より　$1\leqq x\leqq2$ ……③

③のとき，②の両辺を2乗すると
$$x-1=x^2-4x+4$$
式を整理して　$x^2-5x+5=0$

$$\therefore\quad x=\dfrac{5-\sqrt{5}}{2}\quad（③より）$$

◀$x$の範囲を絞り込む

◀③のとき，②の両辺は0以上であるから，両辺を2乗したものと同値

◀定義域に注意．$\dfrac{5-\sqrt{5}}{2}\fallingdotseq1.4$

交点の座標は $\left(\dfrac{5-\sqrt{5}}{2},\ -\dfrac{3-\sqrt{5}}{2}\right)$

(3) $y=-x+1$ ……④ とおくとき，①のグラフが，④のグラフより下側にあるような $x$ の範囲を求めればよい.

よって，右図より

$$1\leqq x<\dfrac{5-\sqrt{5}}{2}$$

**（別解）**（(3)をグラフを使わないで解くと…）

$\sqrt{x-1}-1<-x+1$ ……④ において

根号内は正または 0 だから，$x\geqq 1$

次に，④は $\sqrt{x-1}<-x+2$ ……ロ

また，$\sqrt{x-1}\geqq 0$ だから，$-x+2>0$ となり，$x<2$

∴ $1\leqq x<2$ ……ハ

ハのとき，ロの両辺はともに正または 0 となるので，ロは 2 乗した $x-1<(-x+2)^2$ と同値である.

整理して $x^2-5x+5>0$

∴ $x<\dfrac{5-\sqrt{5}}{2},\ \dfrac{5+\sqrt{5}}{2}<x$ ……ニ

よって，ハかつニより $1\leqq x<\dfrac{5-\sqrt{5}}{2}$

**注** ニを解としてはいけません．ハの範囲で考えていたのですから，求める解はニかつハとしなければいけないのです.

第3章

● **ポイント** 不等式 $f(x)>g(x)$ をみたす $x$ の範囲

$\rightleftarrows$ $y=f(x)$ のグラフが $y=g(x)$ のグラフより上側にあるような $x$ の範囲

**演習問題 38**

2つの曲線 $y=\sqrt{x}$ $(0\leqq x\leqq 2)$, $y=\sqrt{2-x}$ $(0\leqq x\leqq 2)$ と $x$ 軸で囲まれた領域に含まれ，1 辺を $x$ 軸上にもつ長方形がある．このような長方形の面積 $S$ の最大値を求めよ.

**基礎問**

# 39 合成関数

$f(x)=x^2+x+2$, $g(x)=x-1$ のとき，次の問いに答えよ.

(1) $f(g(x))$ を求めよ.

(2) $f(g(x))\geqq f(1)$ となる $x$ の値の範囲を求めよ.

(3) $a$ を実数とするとき，$x$ の方程式

$$f(g(x))+f(x)-|f(g(x))-f(x)|=a$$

が異なる4個の解をもつような $a$ の値の範囲を求めよ.

 **精　講**

Ⅰ．2つの関数 $g(x)$, $f(x)$ に対して，$x$ に，$x$ の $g$ による像 $g(x)$ の，$f$ による像 $f(g(x))$ を対応させる規則を $g$ と $f$ の**合成関数**といい，記号 $(\boldsymbol{f\circ g})(\boldsymbol{x})$ で表します. イメージは下図です.

$f$ と $g$ の順序が逆になっていることに注意します.

$$x \xrightarrow{\quad \boldsymbol{g} \quad} g(x) \xrightarrow{\quad \boldsymbol{f} \quad} f(g(x))$$
$$\xrightarrow{\qquad\qquad \boldsymbol{f\circ g} \qquad\qquad}$$

Ⅱ．$(f\circ g)(x)$ は $(\boldsymbol{f\circ g})(\boldsymbol{x})=\boldsymbol{f}(\boldsymbol{g}(\boldsymbol{x}))$ を用いて計算します.

## 解　答

(1) $f(g(x))=f(x-1)$

　　　　$=(x-1)^2+(x-1)+2$

　　　　$=\boldsymbol{x^2-x+2}$

◀$f(x)$ の $x$ のところに $g(x)$, すなわち, $\boldsymbol{x-1}$ を代入

(2) $f(1)=4$ だから

　　　$f(g(x))\geqq f(1)$

　　　$x^2-x+2\geqq 4$

　　　$x^2-x-2\geqq 0$

　　　$(x-2)(x+1)\geqq 0$

　∴　$\boldsymbol{x\leqq -1,\ 2\leqq x}$

(**別解**)　$f(g(x))\geqq 4$

　　　　$(g(x)+2)(g(x)-1)\geqq 0$

　　　　$g(x)\leqq -2,\ 1\leqq g(x)$

　　　　$x-1\leqq -2,\ 1\leqq x-1$

　　　　$x\leqq -1,\ 2\leqq x$

注 $f(g(x)) \geqq f(1)$ のかっこ内を比べて $g(x) \geqq 1$ としてはいけません.

(3) $y=f(x)$ と $y=f(g(x))$ のグラフは右図のようになっているので

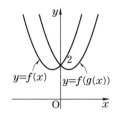

$$|f(g(x))-f(x)|$$
$$=\begin{cases} f(x)-f(g(x)) & (x \geqq 0) \\ f(g(x))-f(x) & (x<0) \end{cases}$$

よって

$$f(g(x))+f(x)-|f(g(x))-f(x)|$$
$$=\begin{cases} 2f(g(x)) & (x \geqq 0) \\ 2f(x) & (x<0) \end{cases}$$
$$=\begin{cases} 2x^2-2x+4 & (x \geqq 0) \\ 2x^2+2x+4 & (x<0) \end{cases}$$

$y=f(g(x))+f(x)-|f(g(x))-f(x)|$ のグラフと $y=a$ のグラフが異なる4点で交わればよいので

右図より

$$\frac{7}{2}<a<4$$

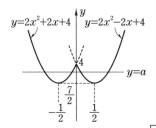

第3章

● ポイント $f(g(x))$ を求めるとき，$f(x)$ の $x$ のところに $g(x)$ を代入すればよい

演習問題 39

$a>0$，$a \neq 1$，$f(x)=a^{x+b}$，$g(x)=x^2$ とする．$x$ の方程式 $f(g(x))=g(f(x))$ がただ1つの実数解をもつように実数 $b$ の値を求めよ．

# 40 逆関数

$f(x)=\sqrt{ax-2}-1 \left(a>0,\ x\geqq\dfrac{2}{a}\right)$ とするとき，次の問いに答えよ.

(1) $y=f(x)$ の逆関数 $y=f^{-1}(x)$ を求めよ.

(2) 曲線 $C_1:y=f(x)$ と曲線 $C_2:y=f^{-1}(x)$ が異なる2点で交わるような $a$ の値の範囲を求めよ.

(3) $C_1$，$C_2$ の交点の $x$ 座標の差が2であるとき，$a$ の値を求めよ.

 **精講**

〈逆関数の求め方〉

$y=f(x)$ の逆関数を求めるには，この式を

　　$x=(y\text{の式})$ と変形し，$x$ と $y$ を入れかえればよい

〈逆関数のもつ性質〉

Ⅰ．もとの関数と逆関数で，**定義域と値域が入れかわる**

Ⅱ．もとの関数と逆関数のグラフは，**直線 $y=x$ に関して対称になる**

　逆関数に関する知識としてはこの3つで十分ですが，実際に問題を解くとき〈逆関数のもつ性質〉を上手に活用することが必要です．この**基礎問**では，Ⅱがポイントになります.

---

**■■■ 解　答 ■■■**

(1) $y=\sqrt{ax-2}-1$ とおくと，$\sqrt{ax-2}=y+1$

　　よって，$y+1\geqq0$ より，値域は $y\geqq-1$　　◀大切!!

　　ここで，両辺を2乗して，

　　$ax-2=(y+1)^2$　　∴　$x=\dfrac{1}{a}(y+1)^2+\dfrac{2}{a}\ (y\geqq-1)$

　　よって，$f^{-1}(x)=\dfrac{1}{a}(x+1)^2+\dfrac{2}{a}\ (x\geqq-1)$　　◀定義域と値域は入れかわる

**注**　「定義域を求めよ」とはかいていないので，「$x\geqq-1$」は不要と思う人もいるかもしれませんが，$x$ の値に対して $y$ を決める規則が関数ですから，$x$ の範囲，すなわち，定義域が「すべての実数」で**ない限り**は，そこまで含めて「**関数を求める**」と考えなければなりません.

(2) $y=f(x)$ と $y=f^{-1}(x)$ のグラフは，凹凸が異なり，かつ，直線

$y=x$ に関して対称だから,「$y=f(x)$ と $y=f^{-1}(x)$ が異なる 2 点で交わる」ことと,

「$y=f^{-1}(x)$ と $y=x$ が異なる 2 点で交わる」ことは同値.

よって, 2 次方程式 $\dfrac{1}{a}(x+1)^2+\dfrac{2}{a}=x$

すなわち, $x^2-(a-2)x+3=0$ が $x\geqq-1$ の
範囲で異なる 2 つの実数解をもつ $a$ の範囲を
求める.

そこで, $g(x)=x^2-(a-2)x+3$ とおくと,
この 2 次関数のグラフは右図のようになる.

($\Rightarrow$ Ⅰ・A **46**：解の配置)

$a>0$, $g(-1)\geqq0$, 軸$>-1$, 判別式$>0$

$\therefore\ a>0$, $a+2\geqq0$, $\dfrac{a-2}{2}>-1$, $(a-2)^2-12>0$　　$\therefore\ \boldsymbol{a>2+2\sqrt{3}}$

(3)　(2)の 2 つの解を $\alpha$, $\beta$ $(\alpha<\beta)$ とおき, 判別式を $D$ とすると

$\beta-\alpha=2 \Longleftrightarrow \sqrt{D}=2$ 　($\Rightarrow$ ⅡBベク **108** 参考 )

　　　　　　　$\Longleftrightarrow (a-2)^2-12=4 \Longleftrightarrow a=-2,\ 6$

$a>2+2\sqrt{3}$ より, $\boldsymbol{a=6}$

(**別解**)　$(\beta-\alpha)^2=4 \Longleftrightarrow (\alpha+\beta)^2-4\alpha\beta=4$

　　　　ここで, $\alpha+\beta=a-2$, $\alpha\beta=3$ だから, $(a-2)^2-12=4$

　　　　$a>2+2\sqrt{3}$ より　$a=6$

🌀 **ポイント**　$y=f(x)$ と $y=f^{-1}(x)$ のグラフの凹凸が異なるとき, その交点は $y=f^{-1}(x)$ と $y=x$
（または, $y=f(x)$ と $y=x$）の交点と考える

演習問題 40

関数 $f(x)=ax^2+bx+c \left(a\neq0,\ x>-\dfrac{b}{2a}\right)$ の逆関数を $f^{-1}(x)$
で表す. 次のものを求めよ.

(1)　$f^{-1}(0)=\dfrac{4}{3}$, $f^{-1}(2)=2$, $f^{-1}(10)=3$ のとき $a$, $b$, $c$ の値.

(2)　$a$, $b$ は(1)で求めた値とし, $c$ の値だけ変化させるとき, $y=f(x)$
と $y=f^{-1}(x)$ のグラフが 1 点で接するような $c$ の値.

## 第4章　極　限

## 41 数列の極限（Ⅰ）

次の極限値を求めよ．

(1) $\displaystyle\lim_{n\to\infty}\frac{2n-1}{n+1}$

(2) $\displaystyle\lim_{n\to\infty}\frac{n(1+2+\cdots+n)}{1^2+2^2+\cdots+n^2}$

(3) $\displaystyle\lim_{n\to\infty}(\sqrt{n+1}-\sqrt{n-1})$

精講　$\displaystyle\lim_{n\to\infty}a_n$ を考えるときは，$n$ をものすごく大きくした場合に式の値がどうなるかを調べればよいのですが，このとき，次の4つの形は **不定形** とよばれる形で，このままでは極限値の存在すらはっきりしません．

$$① \ \frac{\infty}{\infty} \qquad ② \ \frac{0}{0} \qquad ③ \ \infty-\infty \qquad ④ \ \infty\cdot 0$$

そこで式を変形することによって，**この状態から抜け出す**ことを考えます．この作業を **不定形の解消** といいますが，入試にでてくる数列の極限はほとんどこの形に限られています．

そして，最終的に使われる公式は $\displaystyle\lim_{n\to\infty}\frac{定数}{n}=0$ ですが，不定形を解消するための作業の内容は問題によって異なります．その作業をマスターすることがこの**基礎問**のテーマです．

### 解　答

(1) $\displaystyle\lim_{n\to\infty}\frac{2n-1}{n+1}$ 　　　　◀ $\dfrac{\infty}{\infty}$ の不定形

$=\displaystyle\lim_{n\to\infty}\frac{2-\dfrac{1}{n}}{1+\dfrac{1}{n}}=2$ 　　　　◀ $\displaystyle\lim_{n\to\infty}\frac{1}{n}=0$

(2) $1+2+\cdots+n=\dfrac{1}{2}n(n+1)$ 　　　　◀ ⅡBベク **118**

$$1^2+2^2+\cdots+n^2=\frac{1}{6}n(n+1)(2n+1)$$

◀ ⅡBベク **118**

$$\therefore \quad (与式)=\lim_{n\to\infty}\frac{\frac{1}{2}n^2(n+1)}{\frac{1}{6}n(n+1)(2n+1)}=\lim_{n\to\infty}\frac{3n}{2n+1}$$ ◀ $\dfrac{\infty}{\infty}$ の不定形

$$=\lim_{n\to\infty}\frac{3}{2+\frac{1}{n}}=\frac{3}{2}$$ ◀ $\lim_{n\to\infty}\dfrac{1}{n}=0$

**注** 「…」がついた状態で **極限値を求めようとしてはいけません.**

まず, **和の計算を実行します.**

(3) $\sqrt{n+1}-\sqrt{n-1}$ ◀ $\infty-\infty$ の不定形

$$=\frac{(\sqrt{n+1}-\sqrt{n-1})(\sqrt{n+1}+\sqrt{n-1})}{\sqrt{n+1}+\sqrt{n-1}}$$

$$=\frac{2}{\sqrt{n+1}+\sqrt{n-1}}$$ ◀ 和の形にもちこむ

$$\therefore \quad \lim_{n\to\infty}(\sqrt{n+1}-\sqrt{n-1})$$

$$=\lim_{n\to\infty}\frac{2}{\sqrt{n+1}+\sqrt{n-1}}=0$$ ◀ $\sqrt{\infty}$ も $\infty$ である

**注** $\infty+(定数)$, $\infty-(定数)$ は, いずれも $\infty$ です.

第4章

**ポイント**

① $\dfrac{\infty}{\infty}$, $\dfrac{0}{0}$, $\infty-\infty$, $\infty\cdot0$ は不定形

② $\displaystyle\lim_{n\to\infty}\frac{定数}{n}=0$

**注** ポイントの②の形にするときは, 分母の最大次数の項で分子, 分母をわります.

**演習問題 41**

次の極限値を求めよ.

(1) $\displaystyle\lim_{n\to\infty}n\left(\frac{2}{n}+\frac{1}{n+1}\right)$ (2) $\displaystyle\lim_{n\to\infty}\frac{1^3+2^3+\cdots+n^3}{n^4}$

(3) $\displaystyle\lim_{n\to\infty}(\sqrt{n+\sqrt{n}}-\sqrt{n-\sqrt{n}})$

# 42 数列の極限（Ⅱ）（無限等比数列）

第 $n$ 項が $\dfrac{r^{n+1}}{1+r^n}$ $(r \neq -1)$ で表される数列の収束，発散を次の各場合について調べよ．

(1) $r=1$　　　(2) $-1<r<1$　　　(3) $r>1$　　　(4) $r<-1$

 等比数列 $\{r^n\}$ の極限，すなわち，$\lim\limits_{n\to\infty} r^n$ は，$r$ の値によって次のようになります．

$$\lim_{n\to\infty} r^n = \begin{cases} \text{極限値 } 0 \ (-1<r<1) \\ \text{極限値 } 1 \ (r=1) \end{cases} \quad \cdots\cdots \ \textbf{収束}$$
$$\begin{cases} +\infty \qquad (r>1) \\ \text{振動する } (r\leqq -1) \end{cases} \quad \cdots\cdots \ \textbf{発散}$$

この**基礎問**は誘導がついていますが，このことを頭に入れておけば，自力で場合分けをすることができます．

しかし，この問題は式が分数の形をしていますから，$\lim\limits_{n\to\infty} r^n$，$\lim\limits_{n\to\infty} r^{n+1}$ を求めたとしても不定形になる可能性があります．

## 解 答

$a_n = \dfrac{r^{n+1}}{1+r^n}$ $(r \neq -1)$ とおく．

(1) $r=1$ のとき，　$a_n = \dfrac{1}{2}$

　　$\therefore \ \lim\limits_{n\to\infty} a_n = \dfrac{1}{2}$　（**収束**）

(2) $-1<r<1$ のとき，$\lim\limits_{n\to\infty} r^n = \lim\limits_{n\to\infty} r^{n+1} = 0$ だから，

　　$\lim\limits_{n\to\infty} a_n = 0$　（**収束**）　　◀ $\dfrac{0}{0\text{以外の定数}}$ は $0$

(3) $r>1$ のとき，$a_n = \dfrac{r}{\left(\dfrac{1}{r}\right)^n + 1}$　　◀分子，分母を $r^n$ でわっておく

　　$0 < \dfrac{1}{r} < 1$ だから，$\lim\limits_{n\to\infty} \left(\dfrac{1}{r}\right)^n = 0$

$$\therefore \ \lim_{n\to\infty} a_n = r \quad (\text{収束})$$

**注** $r>1$ のとき，$\lim\limits_{n\to\infty} r^n$ は発散しますが，逆数をつくれば $0<\dfrac{1}{r}<1$ となり，$\lim\limits_{n\to\infty}\left(\dfrac{1}{r}\right)^n=0$ と収束させることができます．次の(4)も同じ要領です．

(4) $r<-1$ のとき，$a_n=\dfrac{r}{\left(\dfrac{1}{r}\right)^n+1}$

$-1<\dfrac{1}{r}<0$ だから，$\lim\limits_{n\to\infty}\left(\dfrac{1}{r}\right)^n=0$

$$\therefore \ \lim_{n\to\infty} a_n = r \quad (\text{収束})$$

**注** 極限を求める問題の解答をかくとき，うかつに lim 記号を分配してはいけません．
極限が $\lim\limits_{n\to\infty}(a_n+b_n)=\lim\limits_{n\to\infty}a_n+\lim\limits_{n\to\infty}b_n$ となるのは

$$\lim_{n\to\infty}a_n=\alpha,\ \lim_{n\to\infty}b_n=\beta\ (\alpha,\ \beta：定数)\ の形のとき$$

すなわち，**数列 $\{a_n\}$ と数列 $\{b_n\}$ がともに収束するとき** です．だから，解答のように**各項が収束していることを先に示さなければなりません**．

第4章

**ポイント**

$\bullet \lim\limits_{n\to\infty} r^n=\begin{cases}\text{極限値}\ 0\ (-1<r<1)\\ \text{極限値}\ 1\ (r=1)\\ +\infty \quad (r>1)\\ \text{振動する}\ (r\leqq-1)\end{cases}$ 　収束 / 発散

$\bullet$ うかつに lim 記号を分配しない

**演習問題 42**

第 $n$ 項が $\dfrac{r^{2n+1}+1}{r^{2n}+1}$ で表される数列の収束，発散を調べよ．

# 43 漸化式と極限

> $a_1=1,\ a_{n+1}=\dfrac{1}{3}a_n+1$ （$n=1,\ 2,\ 3,\ \cdots$） で定まる数列 $\{a_n\}$ について，次の問いに答えよ.
>
> (1) 一般項 $a_n$ を求めよ.
>
> (2) 数列 $\{a_n\}$ の極限値を求めよ.

精講　(1) $a_{n+1}=\dfrac{1}{3}a_n+1$ から一般項 $a_n$ を求める方法は，

ⅡBベク **124** で説明してありますが，このように極限の問題を解くためには，数列の知識が不可欠です．忘れていることがあれば，その都度，再確認することが大切です．

$a_{n+1}=pa_n+q$ 型（$p \neq 1$）の漸化式では，数列 $\{a_n-\alpha\}$（$\alpha$ は $x=px+q$ の解）が等比数列になります．だから，(2)では **42** の考え方を利用します.

---

## 解 答

(1) $a_{n+1}=\dfrac{1}{3}a_n+1$ より

$$a_{n+1}-\frac{3}{2}=\frac{1}{3}\left(a_n-\frac{3}{2}\right)$$

◀ $x=\dfrac{1}{3}x+1$ を解くと $x=\dfrac{3}{2}$

$a_1-\dfrac{3}{2}=1-\dfrac{3}{2}=-\dfrac{1}{2}$ より，数列 $\left\{a_n-\dfrac{3}{2}\right\}$ は，

初項 $-\dfrac{1}{2}$，公比 $\dfrac{1}{3}$ の等比数列だから，

$$a_n-\frac{3}{2}=-\frac{1}{2}\left(\frac{1}{3}\right)^{n-1}$$

◀ ⅡBベク **115**

$$\therefore\ a_n=\frac{3}{2}-\frac{1}{2}\left(\frac{1}{3}\right)^{n-1}$$

(2) $\displaystyle\lim_{n\to\infty}\left(\frac{1}{3}\right)^{n-1}=0$ だから，$\displaystyle\lim_{n\to\infty}a_n=\frac{3}{2}$

参考　(2)の極限値 $\dfrac{3}{2}$ は，(1)で使った方程式 $x=\dfrac{1}{3}x+1$ の解になっています．これは偶然なのでしょうか？

このことを考えてみましょう.

まず, 関数 $f(x)=\dfrac{1}{3}x+1$ を用意します. すると, 与えられた漸化式は $a_{n+1}=f(a_n)$ と表せます. そこで, 横軸 $x$ を $a_n$ に, 縦軸 $y$ を $a_{n+1}$ に名称変更してグラフにすると, 図のようになります.

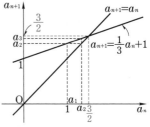

これは, ある項 $a_n$ を横軸上にとると, 次の項 $a_{n+1}$ が縦軸上に表されることを示しています.

そこで, 直線 $a_{n+1}=a_n$ $(y=x)$ を用意すると $a_n<\dfrac{3}{2}$ のとき, 直線 $a_{n+1}=\dfrac{1}{3}a_n+1$ は不等式

$a_{n+1}>a_n$ $(y>x)$ をみたす領域にあるので, 数列 $\{a_n\}$ が増加することを示しています.

実際に $a_1=1$ から順にとっていけば, $a_n$ は, 2つの直線の交点 $\left(\dfrac{3}{2},\ \dfrac{3}{2}\right)$ の $x$ 座標 $\dfrac{3}{2}$ に近づいていくことが読み取れます.

だから, (2)の結果は, 偶然ではないということです.

**第4章**

**◑ ポイント**

$-1<r<1$ のとき, $\displaystyle\lim_{n\to\infty}r^{n-1}=0$

**演習問題 43**

$a_1=0,\ a_2=1,\ a_{n+2}=\dfrac{1}{4}(a_{n+1}+3a_n)\quad(n=1,\ 2,\ 3,\ \cdots)$ で定義される数列 $\{a_n\}$ について, 次の問いに答えよ.

(1) $b_n=a_{n+1}-a_n\ (n=1,\ 2,\ 3,\ \cdots)$ とおくとき, 数列 $\{b_n\}$ を, $n$ を用いて表せ.

(2) 数列 $\{a_n\}$ の一般項 $a_n$ を $n$ を用いて表せ.

(3) 極限値 $\displaystyle\lim_{n\to\infty}a_n$ を求めよ.

# 44 はさみうちの原理（Ⅰ）

次の問いに答えよ．

(1) すべての自然数 $n$ に対して，$2^n > n$ を示せ．

(2) 数列の和 $S_n = \sum_{k=1}^{n} k\left(\dfrac{1}{4}\right)^{k-1}$ を $n$ で表せ．

(3) $\lim_{n \to \infty} S_n$ を求めよ．

(1) 考え方は2つあります．

Ⅰ．(整数)$^n$ を整式につなげたいとき，2項定理を考えます．

（ⅡBベク **4**）

Ⅱ．自然数に関する命題の証明は数学的帰納法．（ⅡBベク **137**）

(2) 本問の $\sum$ の型は，$\sum$ 計算では重要なタイプです．（ⅡBベク **121**）

$S = \sum (k \text{の} 1 \text{次式}) r^{k+c}$ $(r \neq 1)$ は $S - rS$ を計算します．

(3) 極限が直接求めにくいとき，「**はさみうちの原理**」という考え方を用います．

$$b_n \leqq a_n \leqq c_n \text{ のとき}$$

$$\lim_{n \to \infty} b_n = \lim_{n \to \infty} c_n = \alpha \text{ ならば } \lim_{n \to \infty} a_n = \alpha$$

この考え方を使う問題は，ほとんどの場合，設問の文章にある特徴があります．（⇨**ポイント**）

---

## 解　答

(1) （**解Ⅰ**）（2項定理を使って示す方法）

$(x+1)^n = \sum_{k=0}^{n} {}_n C_k x^k$ に $x = 1$ を代入すると

$$2^n = {}_n C_0 + {}_n C_1 + {}_n C_2 + \cdots + {}_n C_n$$

$n \geqq 1$ だから，　$2^n \geqq {}_n C_0 + {}_n C_1 = 1 + n > n$

$$\therefore \quad 2^n > n$$

（**解Ⅱ**）（数学的帰納法を使って示す方法）

$$2^n > n \quad \cdots\cdots①$$

(i) $n = 1$ のとき

（左辺）$= 2$，（右辺）$= 1$ だから，①は成りたつ．

(ii) $n=k\ (k\geqq1)$ のとき, $2^k>k$ と仮定する.

両辺に $2$ をかけて, $2^{k+1}>2k$

ここで, $2k-(k+1)=k-1\geqq0\ (k\geqq1$ より$)$

∴ $2^{k+1}>2k\geqq k+1$ すなわち, $2^{k+1}>k+1$

よって, $n=k+1$ のとき, ①は成りたつ.

(i), (ii)より, すべての自然数 $n$ について, $2^n>n$ は成りたつ.

(2) $S_n=\dfrac{1}{4^0}+\dfrac{2}{4^1}+\cdots+\dfrac{n}{4^{n-1}}$ ……②

$\dfrac{1}{4}S_n=\qquad\dfrac{1}{4^1}+\cdots+\dfrac{n-1}{4^{n-1}}+\dfrac{n}{4^n}$ ……③

②−③より

$$\dfrac{3}{4}S_n=\dfrac{1}{4^0}+\dfrac{1}{4^1}+\cdots+\dfrac{1}{4^{n-1}}-\dfrac{n}{4^n}\Longleftrightarrow\dfrac{3}{4}S_n=\dfrac{1-\left(\dfrac{1}{4}\right)^n}{1-\dfrac{1}{4}}-\dfrac{n}{4^n}$$

$$\therefore\quad S_n=\dfrac{16}{9}\left\{1-\left(\dfrac{1}{4}\right)^n\right\}-\dfrac{n}{3\cdot4^{n-1}}$$

(3) (1)より $2^n>n$ だから, $(2^n)^2>n^2$

$$\therefore\quad 4^n>n^2\Longleftrightarrow 0<\dfrac{1}{4^n}<\dfrac{1}{n^2}\Longleftrightarrow 0<\dfrac{n}{4^{n-1}}<\dfrac{4}{n}$$

$\displaystyle\lim_{n\to\infty}\dfrac{4}{n}=0$ だから, はさみうちの原理より $\displaystyle\lim_{n\to\infty}\dfrac{n}{4^{n-1}}=0$

さらに, $\displaystyle\lim_{n\to\infty}\left(\dfrac{1}{4}\right)^n=0$ より $\displaystyle\lim_{n\to\infty}S_n=\dfrac{16}{9}$

第4章

🌀 **ポイント** | 極限を求める問題の前に不等式の証明があれば,
はさみうちの原理を想定する

**演習問題 44**

次の問いに答えよ.

(1) すべての自然数 $n$ について, 不等式 $3^n>n^2$ が成りたつことを数学的帰納法を用いて証明せよ.

(2) $S_n=\displaystyle\sum_{k=1}^{n}\dfrac{k}{3^k}\ (n=1,\ 2,\ \cdots)$ とおく. このとき,

$\dfrac{2}{3}S_n=\displaystyle\sum_{k=1}^{n}\dfrac{1}{3^k}-\dfrac{n}{3^{n+1}}$ が成りたつことを示せ.

(3) $\displaystyle\lim_{n\to\infty}S_n$ を求めよ.

# 45 はさみうちの原理（Ⅱ）

> 数列 $\{a_n\}$ は $0<a_1<3$, $a_{n+1}=1+\sqrt{1+a_n}$ $(n=1, 2, 3, \cdots)$ をみたすものとする．このとき，次の(1), (2), (3)を示せ．
>
> (1)　$n=1, 2, 3, \cdots$ に対して，$0<a_n<3$
>
> (2)　$n=1, 2, 3, \cdots$ に対して，$3-a_n\leqq\left(\dfrac{1}{3}\right)^{n-1}(3-a_1)$
>
> (3)　$\displaystyle\lim_{n\to\infty}a_n=3$

 精 講

(1)　漸化式から一般項を求めないで数列の性質を知りたいとき，まず，**数学的帰納法** と考えて間違いありません．

(2)　これも(1)と同様に帰納法で示すこともできますが，「≦」を「＝」としてみると，等比数列の一般項の公式の形になっています．

(3)　**44**の**ポイント**の形になっています．ニオイプンプンというところでしょう．

## 解 答

(1)　$0<a_n<3$ ……① を数学的帰納法で示す．

(i)　$n=1$ のとき，条件より $0<a_1<3$ だから，①は成りたつ．

(ii)　$n=k$ $(k\geqq1)$ のとき，$0<a_k<3$ と仮定すると，$1<a_k+1<4$

　　$\therefore$　$1<\sqrt{1+a_k}<2$

両辺に1を加えて $2<1+\sqrt{1+a_k}<3$　　$\therefore$　$2<a_{k+1}<3$

よって，$0<a_{k+1}<3$ が成りたつ．

(i), (ii)より，すべての自然数 $n$ について，①は成りたつ．

(2)　$a_{n+1}=1+\sqrt{1+a_n}\rightleftharpoons 3-a_{n+1}=2-\sqrt{1+a_n}$　◀まず，左辺に $3-a_{n+1}$ をつくると

(右辺)$=\dfrac{(2-\sqrt{1+a_n})(2+\sqrt{1+a_n})}{2+\sqrt{1+a_n}}=\dfrac{3-a_n}{2+\sqrt{1+a_n}}$　◀右辺にも $3-a_n$ がでてくる

(1)より，$1<\sqrt{1+a_n}<2$ の両辺に2を加えて $3<2+\sqrt{1+a_n}<4$

両辺の逆数をとって $\dfrac{1}{4}<\dfrac{1}{2+\sqrt{1+a_n}}<\dfrac{1}{3}$

$3-a_n>0$ だから，$\dfrac{3-a_n}{2+\sqrt{1+a_n}}<\dfrac{1}{3}(3-a_n)$

　　　　$\therefore$　$3-a_{n+1}<\dfrac{1}{3}(3-a_n)$

よって，$n \geqq 2$ のとき，

$$3-a_n < \frac{1}{3}(3-a_{n-1}) < \left(\frac{1}{3}\right)^2(3-a_{n-2}) < \cdots < \left(\frac{1}{3}\right)^{n-1}(3-a_1)$$

$n=1$ のときも考えて，　$3-a_n \leqq \left(\frac{1}{3}\right)^{n-1}(3-a_1)$

(3)　(1)，(2)より　$0 < 3-a_n \leqq \left(\frac{1}{3}\right)^{n-1}(3-a_1)$

ここで，$\displaystyle\lim_{n\to\infty}\left\{\left(\frac{1}{3}\right)^{n-1}(3-a_1)\right\}=0$ だから，　◀ **42**

はさみうちの原理より　$\displaystyle\lim_{n\to\infty}(3-a_n)=0$　　∴　$\displaystyle\lim_{n\to\infty}a_n=3$

 **参　考**　**43**でグラフを利用して数列の極限を考えました．今回は，**38**の復習も兼ねて，グラフで考えてみます．

$y=f(x)=1+\sqrt{1+x}$ と $y=x$ のグラフをかき，$a_1$ を $0<x<3$ をみたすようにとれば，$a_2$，$a_3$，…と，どんどん $3$ に近づいていく様子が読み取れるはずです．

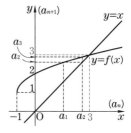

第4章

> **ポイント**
>
> 一般項が求まらない数列 $\{a_n\}$ に対しても $\displaystyle\lim_{n\to\infty}a_n$ は，次の手順で求めることができる
>
> ① $a_n$ のとりうる値の範囲をおさえる
>
> ② $\displaystyle\lim_{n\to\infty}a_n(=\alpha)$ を予想する
>
> ③ $|a_{n+1}-\alpha| \leqq k|a_n-\alpha|$ $(0<k<1)$ の形に変形して，はさみうち

**演習問題 45**

$x_1 > \sqrt{2}$，$x_{n+1} = \dfrac{x_n{}^2+2}{2x_n}$ $(n=1,\ 2,\ \cdots)$ で表される数列 $\{x_n\}$ について，次の(1)，(2)，(3)を示せ．

(1)　$\sqrt{2} < x_{n+1} < x_n$　　　(2)　$x_{n+1}-\sqrt{2} < \dfrac{1}{2}(x_n-\sqrt{2})$

(3)　$\displaystyle\lim_{n\to\infty}x_n = \sqrt{2}$

# 46 無限級数

次の無限級数の和を求めよ.

(1) $\dfrac{1}{1\cdot3}+\dfrac{1}{2\cdot4}+\dfrac{1}{3\cdot5}+\cdots$　　(2) $\dfrac{3+4}{5}+\dfrac{3^2+4^2}{5^2}+\cdots+\dfrac{3^n+4^n}{5^n}+\cdots$

42 で学習したのは「無限数列」で，この**基礎問**で学習するのは「**無限級数**」です.

① **無限数列と無限級数の違い**

無限数列とは読んで字のごとく，無限に続いている数列，すなわち，

$a_1,\ a_2,\ \cdots,\ a_n,\ \cdots$ のことです.

無限級数とは，無限数列の各項を＋記号でつないだもの，すなわち，

$a_1+a_2+\cdots+a_n+\cdots$ のことです.

② **無限級数について**

ところで，数列の項を「全部たす」とはいっても，無限にあるので実際にたすことはできません. そこで次のように**約束**します.

　　$S_n=a_1+a_2+\cdots+a_n$ とおくとき，

　　$\displaystyle\lim_{n\to\infty}S_n=\alpha$ **ならば**，

　　　　$a_1+a_2+\cdots+a_n+\cdots=\alpha$　　◀この $\alpha$ を無限級数の和という

ここで，$S_n$ は「**第 $n$ 部分和**」，

あるいは単に「**部分和**」とよばれます.（早い話が数列の和ですが…）

また，$a_1+a_2+\cdots+a_n+\cdots$ は記号 $\sum$ を用いて，$\displaystyle\lim_{n\to\infty}\sum_{k=1}^{n}a_k$ または $\displaystyle\sum_{n=1}^{\infty}a_n$

とかかれることもあります.

③ ②からわかるように無限級数の和がほしければ，部分和 $S_n$ を求めて，$\displaystyle\lim_{n\to\infty}S_n$ を計算すればよいのですが，数列が $-1<r<1$ **の等比数列のとき**は，部分和 $S_n$ を求めなくとも公式で和を求めることができます（⇨**ポイント**）.

この**基礎問**では，(2)が無限等比級数です.

━━━━━━━━━ 解　答 ━━━━━━━━━

(1)　一般項は，$\dfrac{1}{n(n+2)}=\dfrac{1}{2}\left(\dfrac{1}{n}-\dfrac{1}{n+2}\right)$　　◀ⅡBベク**120**

$$\therefore \quad \sum_{n=1}^{\infty}\frac{1}{n(n+2)}=\frac{1}{2}\sum_{n=1}^{\infty}\left(\frac{1}{n}-\frac{1}{n+2}\right)=\frac{1}{2}\lim_{n\to\infty}\sum_{k=1}^{n}\left(\frac{1}{k}-\frac{1}{k+2}\right)$$

ここで，$\displaystyle\sum_{k=1}^{n}\left(\frac{1}{k}-\frac{1}{k+2}\right)=\left(1-\frac{1}{3}\right)+\left(\frac{1}{2}-\frac{1}{4}\right)+\left(\frac{1}{3}-\frac{1}{5}\right)+\cdots$

$$\cdots+\left(\frac{1}{n-1}-\frac{1}{n+1}\right)+\left(\frac{1}{n}-\frac{1}{n+2}\right)$$

$$=1+\frac{1}{2}-\frac{1}{n+1}-\frac{1}{n+2}$$

よって，$\displaystyle\sum_{n=1}^{\infty}\frac{1}{n(n+2)}=\frac{1}{2}\lim_{n\to\infty}\left(\frac{3}{2}-\frac{1}{n+1}-\frac{1}{n+2}\right)=\frac{3}{4}$

(2) $\displaystyle\sum_{n=1}^{\infty}\frac{3^n+4^n}{5^n}=\sum_{n=1}^{\infty}\left\{\left(\frac{3}{5}\right)^n+\left(\frac{4}{5}\right)^n\right\}$　　　　◀ 各項は収束する

ここで，$\displaystyle\sum_{n=1}^{\infty}\left(\frac{3}{5}\right)^n$ は，初項 $\dfrac{3}{5}$，公比 $\dfrac{3}{5}$ の無限等比級数で，

$-1<$公比$<1$ をみたすので，収束し，その和は，　　◀ 注 2

$\dfrac{3}{5}\cdot\dfrac{1}{1-\dfrac{3}{5}}=\dfrac{3}{2}$　　同様にして，$\displaystyle\sum_{n=1}^{\infty}\left(\frac{4}{5}\right)^n=\frac{4}{5}\cdot\frac{1}{1-\dfrac{4}{5}}=4$　◀ $\dfrac{a}{1-r}$

$$\therefore \quad \sum_{n=1}^{\infty}\frac{3^n+4^n}{5^n}=\frac{3}{2}+4=\frac{11}{2}$$

第4章

**◉ ポイント**　　初項 $a$ $(\neq 0)$，公比 $r$ の無限等比級数は，

$-1<r<1$ のとき収束し，その和は，$\dfrac{a}{1-r}$

**注 1**　**42** によれば，無限等比数列の収束条件は，$-1<r\leqq 1$ ですから，無限等比級数の収束条件との**微妙な違いに注意**してください．

**注 2**　$\displaystyle\sum_{n=1}^{\infty}$ は $\displaystyle\lim_{n\to\infty}\sum_{k=1}^{n}$ なので，**42**のポイントにあるように，**うかつに $\displaystyle\sum_{n=1}^{\infty}$ を分けてはいけません．**もちろん，有限個の数 $\displaystyle\sum_{k=1}^{n}$ なら何のさしつかえもありません．

演習問題 46

無限級数 $\displaystyle\sum_{n=1}^{\infty}\left(\frac{2}{9n^2-1}+\frac{4}{9n^2-4}\right)$ の和を求めよ．

基礎問

# 47 無限等比級数の図形への応用

xy 平面上に，2 直線 $l_1 : y = x$ と $l_2 : y = 2x$ とがある．直線 $l_1$ 上の点 $P_0(1, 1)$ を通り $l_2$ に垂直な直線と $l_2$ との交点を $Q_0$ とし，点 $Q_0$ を通り $l_1$ に垂直な直線と $l_1$ との交点を $P_1$ とする．

以下同様に，$l_1$ 上の点 $P_n$ を通り $l_2$ に垂直な直線と $l_2$ との交点を $Q_n$ とし，$Q_n$ を通り $l_1$ に垂直な直線と $l_1$ との交点を $P_{n+1}$ として，直線 $l_1$ 上の点 $P_0$, $P_1$, $P_2$, … および直線 $l_2$ 上の点 $Q_0$, $Q_1$, $Q_2$, … を定め，$P_n Q_n = a_n$ $(n = 0, 1, \cdots)$ とおく．このとき，次の問いに答えよ．

(1) $a_0$ を求めよ．

(2) $a_{n+1}$ を $a_n$ で表せ．

(3) $\displaystyle \lim_{n \to \infty} \sum_{k=0}^{n} P_k Q_k$ を求めよ．

精 講

「**以下同様に**」という文言がポイントです．この文言があるときは，**漸化式をつくる** ことになりますが，1 つだけ**コツ**があります．それは，**初項を求めるための図とは別に，漸化式をつくるための図をか**くことです．問題文の図を利用して(1)も(2)も解こうとすると，図がゴチャゴチャしてわかりにくくなります．

また，(3)は，$\lim \sum$ の形からもわかる通り，**無限級数の和** がテーマです．

$(\Rightarrow \boxed{46})$

## 解 答

(1) $P_0(1, 1)$ と直線 $2x - y = 0$ の距離が $a_0$ だから，

$$a_0 = \frac{|2 - 1|}{\sqrt{2^2 + (-1)^2}} = \frac{1}{\sqrt{5}}$$

$(\Rightarrow$ ⅡBベク $\boxed{34}$ : 点と直線の距離)

(2) $\angle P_n O Q_n = \theta$ とおくと，(1)より

$$\sin\theta = \frac{a_0}{OP_0} = \frac{1}{\sqrt{10}} \quad \left(0 < \theta < \frac{\pi}{2}\right)$$

次に，$\angle P_n Q_n P_{n+1} = \angle Q_n P_{n+1} Q_{n+1} = \theta$ より

$$\begin{cases} P_n Q_n \cos\theta = Q_n P_{n+1} \\ Q_n P_{n+1} \cos\theta = P_{n+1} Q_{n+1} \end{cases} \quad \text{だから，}$$

$Q_n P_{n+1}$ を消去して

$$P_{n+1} Q_{n+1} = \cos^2\theta \cdot P_n Q_n$$

$$\therefore \quad a_{n+1} = \cos^2\theta \cdot a_n$$

$\cos^2\theta = 1 - \sin^2\theta = 1 - \dfrac{1}{10} = \dfrac{9}{10}$ より

$$\boldsymbol{a_{n+1} = \frac{9}{10} a_n}$$

(3) $\displaystyle \lim_{n \to \infty} \sum_{k=0}^{n} P_k Q_k$ すなわち $\displaystyle \lim_{n \to \infty} \sum_{k=0}^{n} a_k$ は，

初項 $\dfrac{1}{\sqrt{5}}$，公比 $\dfrac{9}{10}$ の無限等比級数を表し（⇨ **46** ポイント）

$-1 < \dfrac{9}{10} < 1$ だから，収束して

その和は，$\dfrac{1}{\sqrt{5}} \cdot \dfrac{1}{1 - \dfrac{9}{10}} = 2\sqrt{5}$

**🔵 ポイント** 点列ができる図形の問題では，初項を求めるための図と漸化式をつくるための図の2つをかく

演習問題 47

点 $P_n$ $(n = 0, 1, 2, \cdots)$ を $x$ 座標が $\dfrac{a}{2^n}$ $(a > 0)$ である放物線 $y = x^2$ 上の点とする．2点 $P_n$ と $P_{n+1}$ を結ぶ線分と放物線によって囲まれる部分の面積を $A_n$ とするとき，次の問いに答えよ．

(1) $A_0$ を $a$ で表せ．

(2) $A_n$ を $n$ と $a$ で表せ．

(3) $\displaystyle \sum_{n=0}^{\infty} A_n$ を $a$ で表せ．

# 48 関数の極限（Ⅰ）

次の極限値を求めよ.

(1) $\displaystyle\lim_{x\to 2}\left(\frac{3x+2}{x-2}+\frac{7x-46}{x^2-4}\right)$

(2) $\displaystyle\lim_{x\to 0}\frac{\sqrt{1+x}-\sqrt{1-x}}{x}$

(3) $\displaystyle\lim_{x\to-\infty}\left(x+1+\sqrt{x^2+1}\right)$

精　講　関数の極限は数学Ⅱにおいて学習済みですが，数学Ⅱでは，微分係数や導関数を定義するために必要な程度にレベルを止めてあります.

数学Ⅲでは，極限を求めることが最終目的ですから，扱いも本格的になります.しかし，必要な能力はⅡBベク **81**，Ⅲ・C **41**（数列の極限Ⅰ）で学んだ

**「不定形の解消」**

です.

関数の種類が増える分だけ手間はかかりますが，時間をかけて，確実に自分のものにしておいてほしい分野です.この**基礎問**では，(1), (2)は必ずできなければならない問題です.(3)は盲点をついた問題です.一度経験しておくとよい形です.

## 解　答

(1) $\dfrac{3x+2}{x-2}+\dfrac{7x-46}{x^2-4}=3+\dfrac{8}{x-2}+\dfrac{7x-46}{x^2-4}$

◀このままでは $\infty-\infty$ の不定形

$=3+\dfrac{8(x+2)+7x-46}{(x+2)(x-2)}=3+\dfrac{15(x-2)}{(x+2)(x-2)}$

◀分母を $0$ にする因数 $x-2$ を約分で除く

$\therefore$ （与式）$=\displaystyle\lim_{x\to 2}\left(3+\dfrac{15}{x+2}\right)=\dfrac{27}{4}$

(2) $\dfrac{\sqrt{1+x}-\sqrt{1-x}}{x}=\dfrac{(\sqrt{1+x}-\sqrt{1-x})(\sqrt{1+x}+\sqrt{1-x})}{x(\sqrt{1+x}+\sqrt{1-x})}$

$=\dfrac{2x}{x(\sqrt{1+x}+\sqrt{1-x})}$

$\therefore$ （与式）$=\displaystyle\lim_{x\to 0}\dfrac{2}{\sqrt{1+x}+\sqrt{1-x}}=1$

**注** 与えられた式は $\dfrac{0}{0}$ の不定形です.

(3) $x=-t$ とおくと, $x\to-\infty$ のとき $t\to\infty$  ◀ポイント!!

このとき, $x+1+\sqrt{x^2+1}=\sqrt{t^2+1}+1-t$

$\therefore$ （与式）$=\displaystyle\lim_{t\to\infty}(\sqrt{t^2+1}+1-t)$  ◀$\infty-\infty$ の不定形

$\qquad=\displaystyle\lim_{t\to\infty}\dfrac{(\sqrt{t^2+1}+1-t)\{\sqrt{t^2+1}-(1-t)\}}{\sqrt{t^2+1}-(1-t)}$

$\qquad=\displaystyle\lim_{t\to\infty}\dfrac{(t^2+1)-(1-t)^2}{\sqrt{t^2+1}-1+t}=\lim_{t\to\infty}\dfrac{2t}{\sqrt{t^2+1}-1+t}$

$\qquad=\displaystyle\lim_{t\to\infty}\dfrac{2}{\sqrt{1+\dfrac{1}{t^2}}-\dfrac{1}{t}+1}=\mathbf{1}$

**参考** なぜ, $x=-t$ とおきかえるのでしょうか？
それは, 次の **誤答** をみれば一目瞭然です.

$\displaystyle\lim_{x\to-\infty}(x+1+\sqrt{x^2+1})=\lim_{x\to-\infty}\dfrac{(x+1+\sqrt{x^2+1})(x+1-\sqrt{x^2+1})}{x+1-\sqrt{x^2+1}}$

$=\displaystyle\lim_{x\to-\infty}\dfrac{(x+1)^2-(x^2+1)}{x+1-\sqrt{x^2+1}}=\lim_{x\to-\infty}\dfrac{2}{\dfrac{x+1}{x}-\dfrac{\sqrt{x^2+1}}{x}}$

$=\displaystyle\lim_{x\to-\infty}\dfrac{2}{1+\dfrac{1}{x}-\sqrt{1+\dfrac{1}{x^2}}}=-\infty$ ここが「＋」にならないといけないのですが, 気がつくとは思えません. 実は「$x\to-\infty$」より $x<0$ と考えてよいので,

$$-\dfrac{\sqrt{x^2+1}}{x}=\left(-\dfrac{1}{x}\right)\sqrt{x^2+1}=+\sqrt{1+\dfrac{1}{x^2}}$$

としなければならないのです.

第4章

**●ポイント** $x\to-\infty$ のとき, $x=-t$ とおきかえて $t\to\infty$ にきりかえる

**演習問題48**

次の極限値を求めよ.

(1) $\displaystyle\lim_{x\to1}\dfrac{\sqrt{x}-1}{x-1}$　　　　(2) $\displaystyle\lim_{x\to-\infty}(\sqrt{x^2+2x+4}+x+1)$

基礎問

# 49 関数の極限（Ⅱ）

次の式をみたす $a$, $b$ の値を求めよ.

(1) $\displaystyle \lim_{x \to 2} \frac{a\sqrt{x^2+2x+8}+b}{x-2} = \frac{3}{4}$

(2) $\displaystyle \lim_{x \to \infty} \{\sqrt{x^2-2x+4} - (ax+b)\} = 0$

 このタイプもⅡBベク **82** で学習済みですが，ポイントになる考え方は，**不定形**は「極限値が存在しない」のではなく，「**存在する可能性は残っている**」ということです. (1)では，

> $x \to 2$ のとき 分母 $\to 0$. このとき，「分子 $\to 0$ 以外の定数」ならば，極限は $\pm\infty$ となるので，$\dfrac{3}{4}$ にはならない. よって，極限値が $\dfrac{3}{4}$ になるとすれば，「分子 $\to 0$」となる以外に可能性は残されていない.

ただし，この考え方は必要条件になるので，最後に吟味（＝確かめ）を忘れないようにしなければなりません.

## 解　答

(1) $\displaystyle \lim_{x \to 2}(x-2)=0$ だから，与式が成りたつためには，少なくとも，

$$\lim_{x \to 2}(a\sqrt{x^2+2x+8}+b)=0 \quad すなわち, \quad 4a+b=0$$

このとき， $a\sqrt{x^2+2x+8}+b = a\sqrt{x^2+2x+8}-4a$

$$= \frac{a(\sqrt{x^2+2x+8}-4)(\sqrt{x^2+2x+8}+4)}{\sqrt{x^2+2x+8}+4}$$

$$= \frac{a(x-2)(x+4)}{\sqrt{x^2+2x+8}+4}$$

$\therefore \displaystyle \lim_{x \to 2} \frac{a\sqrt{x^2+2x+8}+b}{x-2} = \lim_{x \to 2} \frac{a(x+4)}{\sqrt{x^2+2x+8}+4} = \frac{3}{4}a$

$\therefore$ $a=1$, $b=-4$

このとき， $\displaystyle \lim_{x \to 2} \frac{\sqrt{x^2+2x+8}-4}{x-2} = \lim_{x \to 2} \frac{x+4}{\sqrt{x^2+2x+8}+4} = \frac{3}{4}$

となり確かに適する. ◀吟味

(2) $\lim_{x\to\infty}\sqrt{x^2-2x+4}=+\infty$ だから，与式が成りたつためには，少なく

とも，$a>0$．このとき

$$\lim_{x\to\infty}\{\sqrt{x^2-2x+4}-(ax+b)\}$$

$$=\lim_{x\to\infty}\frac{\{\sqrt{x^2-2x+4}-(ax+b)\}\{\sqrt{x^2-2x+4}+(ax+b)\}}{\sqrt{x^2-2x+4}+(ax+b)}$$

$$=\lim_{x\to\infty}\frac{(1-a^2)x^2-2(1+ab)x+4-b^2}{\sqrt{x^2-2x+4}+ax+b}$$

$$=\lim_{x\to\infty}\frac{(1-a^2)x-2(1+ab)+\dfrac{4-b^2}{x}}{\sqrt{1-\dfrac{2}{x}+\dfrac{4}{x^2}}+a+\dfrac{b}{x}}\quad\cdots\cdots①\quad◀\begin{array}{l}x\to+\infty\ \text{より}\\ x>0\ \text{と考えてよい}\end{array}$$

この極限値が $0$ になるので，$1-a^2=0$，$a>0$ より　$a=1$

このとき，　①式 $=-(1+b)=0$　$\therefore$　$b=-1$

逆に，$a=1$，$b=-1$ のとき，

（与式の左辺）$=\lim_{x\to\infty}\dfrac{3}{\sqrt{x^2-2x+4}+x-1}=0$

となり確かに適する．　　　　　　　　　　　◀吟味

 **ポイント** 不定形は，極限値が存在しないと決まっているのでは
なく，存在する可能性も残っている

参考　上の事実は，曲線 $y=\sqrt{x^2-2x+4}$ と直線
$y=x-1$ で，大きな $x$ の値に対して「$y$ の
値はほぼ同じ」といっています．すなわち，
$y=x-1$ は $y=\sqrt{x^2-2x+4}$ の漸近線です（図参照）．
　　　　　　　　　　　　　◀ 3 双曲線

**演習問題 49**

$f(x)=ax^3+bx^2+cx$ は次の(i)，(ii)，(iii)の条件をみたす．

(i) $\lim_{x\to+\infty}\dfrac{f(x)-2x^3}{x^2}=1$　　(ii) $\lim_{x\to0}\dfrac{f(x)}{x}=-3$

(iii) $\lim_{x\to-1}\dfrac{f(x)+d}{x+1}=e$

このとき，$a$，$b$，$c$，$d$，$e$ の値を求めよ．

第4章

# 50 関数の極限（Ⅲ）

次の極限値を求めよ.

(1) $\displaystyle\lim_{x\to 0}\frac{\sin 2x}{x}$

(2) $\displaystyle\lim_{x\to 0}\frac{1-\cos x}{x^2}$

(3) $\displaystyle\lim_{x\to 0}\frac{1-\cos 2x}{x^2}$

(4) $\displaystyle\lim_{x\to 0}\frac{\sin 2x}{\tan 3x}$

(5) $\displaystyle\lim_{x\to \pi}\frac{x-\pi}{\sin x}$

(6) $\displaystyle\lim_{x\to \infty}\frac{\sin x}{x}$

**精 講**　三角関数が含まれた関数の極限は，角度 → 0，角度 → ∞ の2つの場合があり，それぞれ手段が異なります.

Ⅰ. 角度 → 0 のときは次の3つの公式を使いますが，この形で頭に入れるよりは，**ポイント**の形で頭に入れたほうが間違わずにすみ，応用もききます.

$$\lim_{\theta\to 0}\frac{\sin\theta}{\theta}=1,\ \lim_{\theta\to 0}\frac{\tan\theta}{\theta}=1,\ \lim_{\theta\to 0}\frac{1-\cos\theta}{\theta^2}=\frac{1}{2}$$

**注**　①　この公式における角度 $\theta$ は**弧度法**で表されたものでなければなりません.

②　2番目と3番目の公式は1番目の公式から導けますが，これらも覚えておきましょう.

Ⅱ. 角度 → ∞ のときは，**はさみうちの原理**を使います.

## 解 答

(1) $\displaystyle\lim_{x\to 0}\frac{\sin 2x}{x}=\lim_{x\to 0}\frac{\sin x}{x}\cdot 2\cos x=\mathbf{2}$　　◀2倍角の公式 ⅡBベク **55**

**（別解）**（ポイントを見ると…）

$$\lim_{x\to 0}\frac{\sin 2x}{x}=\lim_{2x\to 0}2\cdot\frac{\sin 2x}{2x}=2$$

◀$\displaystyle\lim_{\triangle\to 0}\frac{\sin\triangle}{\triangle}=1$

（$x\to 0$ のとき，$2x\to 0$ より）

(2) $\displaystyle\lim_{x\to 0}\frac{1-\cos x}{x^2}=\lim_{x\to 0}\frac{(1-\cos x)(1+\cos x)}{x^2(1+\cos x)}=\lim_{x\to 0}\frac{1-\cos^2 x}{x^2(1+\cos x)}$

$$=\lim_{x\to 0}\left(\frac{\sin x}{x}\right)^2\cdot\frac{1}{1+\cos x}=\frac{1}{2}$$

(3) $\displaystyle\lim_{x\to 0}\frac{1-\cos 2x}{x^2}=\lim_{x\to 0}\frac{2\sin^2 x}{x^2}$　　（$\cos 2x=1-2\sin^2 x$ より）

$$=\lim_{x\to 0}2\left(\frac{\sin x}{x}\right)^2=2$$

**(別解)** （ポイントを見ると…）

$$\lim_{x\to 0}\frac{1-\cos 2x}{x^2}=\lim_{2x\to 0}4\cdot\frac{1-\cos 2x}{(2x)^2}=2 \qquad \blacktriangleleft \lim_{\triangle\to 0}\frac{1-\cos\triangle}{\triangle^2}=\frac{1}{2}$$

(4) $\displaystyle \lim_{x\to 0}\frac{\sin 2x}{\tan 3x}=\lim_{x\to 0}\frac{\sin 2x}{2x}\cdot\frac{3x}{\tan 3x}\cdot\frac{2}{3}=\frac{2}{3}$

**注** $\displaystyle \lim_{\theta\to 0}\frac{\theta}{\tan\theta}=\lim_{\theta\to 0}\frac{1}{\dfrac{\tan\theta}{\theta}}=1$ です. 同様に, $\displaystyle \lim_{\theta\to 0}\frac{\theta}{\sin\theta}=1$ です.

(5) $x-\pi=t$ とおくと, $x\to\pi$ のとき $t\to 0$

また, $\sin x=\sin(\pi+t)=-\sin t$

$\therefore\ \displaystyle \lim_{x\to\pi}\frac{x-\pi}{\sin x}=\lim_{t\to 0}\frac{t}{-\sin t}=-\lim_{t\to 0}\frac{t}{\sin t}=-1$

**注** $x-\pi=t$ とおく理由は「角度→0」とするためです.

精講 の公式をよくながめてください. すべて「**角度 → 0**」でなけれ ば使えないのです. ということは, 分子を見ておきかえたのではなく 「**$x \to \pi$**」を見ておきかえたということです.

(6) $-1\leqq\sin x\leqq 1$ だから, $x>0$ のとき, $-\dfrac{1}{x}\leqq\dfrac{\sin x}{x}\leqq\dfrac{1}{x}$

$\displaystyle \lim_{x\to\infty}\frac{1}{x}=0$ だから, はさみうちの原理より $\displaystyle \lim_{x\to\infty}\frac{\sin x}{x}=0$

---

**◯ ポイント**

$$\lim_{\triangle\to 0}\frac{\sin\triangle}{\triangle}=1,\ \ \lim_{\triangle\to 0}\frac{\tan\triangle}{\triangle}=1,$$

$$\lim_{\triangle\to 0}\frac{1-\cos\triangle}{\triangle^2}=\frac{1}{2}$$

（△のところは, すべて同じもので, ラジアン表示され た角）

---

$f(\theta)=a\cos^3\theta+b\cos^2\theta-12\cos\theta+5\ (0<\theta<\pi)$ が

$\displaystyle \lim_{\theta\to\frac{\pi}{3}}\frac{f(\theta)}{\theta-\dfrac{\pi}{3}}=3\sqrt{3}$ をみたすとき, $a$, $b$ の値を求めよ.

（縦書き）第４章

# 51 数列・関数の極限

> 数列 $\{a_n\}$ は, $a_1=\dfrac{1}{2}$, $(n+2)a_{n+1}=na_n$ $(n=1,\ 2,\ \cdots)$ をみたしている.
>
> (1) 一般項 $a_n$ を $n$ で表せ.
>
> (2) $S_n=\displaystyle\sum_{k=1}^{n} a_k$ を $n$ で表せ.
>
> (3) $\displaystyle\lim_{n\to\infty}(S_n)^n$ を求めよ. ただし, $\displaystyle\lim_{n\to\infty}\left(1+\dfrac{1}{n}\right)^n=e$ を用いてよい.

典型的な極限の問題です.

(1)は数学Bの範囲ですが, 漸化式のなかでは, 難しいほうに入ります. (ⅡBベクの**基礎問**では扱っていません.)

　そこで, 次のパターンを覚えておくとよいでしょう.

〈$a_{n+1}=f(n)a_n$ （$f(n)$：分数式）型漸化式の解き方〉

$\dfrac{a_{k+1}}{a_k}=f(k)$ として, $k$ に $1,\ 2,\ \cdots,\ n-1$ を代入して辺々かける. （ただし, $n\geqq2$）

　(3)のただしがきにある「$\displaystyle\lim_{n\to\infty}\left(1+\dfrac{1}{n}\right)^n=e$」は受験生が正しく使えない公式の代表格ですが, 大切な公式です. 使い方にコツがあります. **ポイント**をよくみてください.

---

## 解　答

(1) $(n+2)a_{n+1}=na_n$ より　　$\dfrac{a_{k+1}}{a_k}=\dfrac{k}{k+2}$

　　$k=1,\ 2,\ \cdots,\ n-1$ を代入して, 辺々かけると

　　$n\geqq2$ のとき,

（かけ終わり）$\geqq$（かけ初め）より, $n-1\geqq1$ これから, $n\geqq2$

$$\dfrac{\cancel{a_2}}{a_1}\cdot\dfrac{\cancel{a_3}}{\cancel{a_2}}\cdot\cdots\cdot\dfrac{a_n}{\cancel{a_{n-1}}}=\dfrac{1}{3}\cdot\dfrac{2}{4}\cdot\dfrac{3}{5}\cdot\cdots\cdot\dfrac{n-2}{n}\cdot\dfrac{n-1}{n+1}$$

◀辺々かける

$\therefore$　$\dfrac{a_n}{a_1}=\dfrac{2}{n(n+1)}$　よって, $a_n=\dfrac{1}{n(n+1)}$　$\left(a_1=\dfrac{1}{2}\ \text{より}\right)$

これは, $n=1$ のときも含むので,

$$a_n = \frac{1}{n(n+1)}$$

**(別解)** (かなり速いのですが, 理解しにくいかもしれません)

$(n+2)a_{n+1} = na_n$ の両辺に $n+1$ をかけると,

$(n+2)(n+1)a_{n+1} = (n+1)na_n$

ゆえに, 数列 $\{(n+1)na_n\}$ は, 初項 $2 \cdot 1 \cdot a_1 = 1$, 公比 $1$ の等比数列.

よって, $n(n+1)a_n = 1$ $\quad \therefore \quad a_n = \frac{1}{n(n+1)}$

(2) ($\Rightarrow$ ⅡBベク **120**)

$$S_n = \sum_{k=1}^{n} \frac{1}{k(k+1)} = \sum_{k=1}^{n}\left(\frac{1}{k} - \frac{1}{k+1}\right) = 1 - \frac{1}{n+1} = \frac{n}{n+1}$$

(3) $(S_n)^n = \left(\frac{n}{n+1}\right)^n = \left(\frac{n+1}{n}\right)^{-n} = \left\{\left(1 + \frac{1}{n}\right)^n\right\}^{-1}$

($\Rightarrow$ ⅡBベク **64** : 指数の計算)

$$\therefore \quad \lim_{n \to \infty}(S_n)^n = \lim_{n \to \infty}\left\{\left(1 + \frac{1}{n}\right)^n\right\}^{-1} = e^{-1} = \frac{1}{e}$$

**(別解)** $(S_n)^n = \left(1 - \frac{1}{n+1}\right)^n$ において, $-(n+1) = N$ とおくと,

$$(S_n)^n = \left(1 + \frac{1}{N}\right)^{-N-1} = \left(1 + \frac{1}{N}\right)^{-N}\left(1 + \frac{1}{N}\right)^{-1} = \left\{\left(1 + \frac{1}{N}\right)^N\right\}^{-1}\left(1 + \frac{1}{N}\right)^{-1}$$

$n \to \infty$ のとき, $N \to -\infty$ だから,

$$\lim_{n \to \infty}(S_n)^n = \lim_{N \to -\infty}\left\{\left(1 + \frac{1}{N}\right)^N\right\}^{-1}\left(1 + \frac{1}{N}\right)^{-1} = e^{-1} = \frac{1}{e}$$

第4章

**◗ ポイント**

$$\lim_{\triangle \to \pm\infty}\left(1 + \frac{1}{\triangle}\right)^{\triangle} = e$$

（△はすべて同じもの）

**注** この公式は「$\triangle \to \pm\infty$」で成りたつことに, 注意してください.

**演習問題 51**

次の極限値を求めよ.

(1) $\displaystyle\lim_{n \to \infty}\left(\frac{2n}{2n+1}\right)^n$ (2) $\displaystyle\lim_{n \to \infty}\left(1 + \frac{1}{2n}\right)^{3n}$

# 52 左側極限・右側極限

次の極限値を求めよ.

(1) (ア) $\displaystyle\lim_{x\to 1+0}\frac{|x^2-1|}{x-1}$　　　　(イ) $\displaystyle\lim_{x\to 1-0}\frac{|x^2-1|}{x-1}$

(2) (ア) $\displaystyle\lim_{x\to 2+0}[x]$　　　　　　(イ) $\displaystyle\lim_{x\to 2-0}[x]$

ただし, $[x]$ は $x$ を超えない最大の整数を表す.

 精 講

(1) $\displaystyle\lim_{x\to a+0}$ は, $x$ を右側から $a$ に近づけるという意味で, **右側極限**,

$\displaystyle\lim_{x\to a-0}$ は, $x$ を左側から $a$ に近づけるという意味で, **左側極限**

といいます. $x=1$ の付近では,

$|x^2-1|=\begin{cases}(x+1)(x-1) & (x\geqq1)\\ -(x+1)(x-1) & (x<1)\end{cases}$ ですから, $\displaystyle\lim_{x\to 1+0}$ のときと, $\displaystyle\lim_{x\to 1-0}$ のと

きで与えられた式の分子の式が異なります.

(2) $\displaystyle\lim_{x\to a}$ とは, $x$ が $a$ という値をとらないで, $a$ に近づくことを表す記号です.

だから, (ア), (イ)とも, $x$ に $2$ を代入して $\displaystyle\lim_{x\to 2+0}[x]=\lim_{x\to 2-0}[x]=2$ という考え

方は**誤り**です.

$[x]$ のイメージは小数点以下を切り捨てることでした. ($\Rightarrow$ I・A**153**)

このことを念頭におくと, 答えは自然と求まります.

◆━━━ 解 答 ━━━◆

(1) $x=1$ の付近では,

$|x^2-1|=\begin{cases}x^2-1 & (x\geqq1)\\ -(x^2-1) & (x<1)\end{cases}$

$\phantom{|x^2-1|}=\begin{cases}(x+1)(x-1) & (x\geqq1)\\ -(x+1)(x-1) & (x<1)\end{cases}$

(ア) $\displaystyle\lim_{x\to 1+0}\frac{|x^2-1|}{x-1}=\lim_{x\to 1+0}\frac{(x+1)(x-1)}{x-1}$

$\phantom{(ア)\lim_{x\to 1+0}\frac{|x^2-1|}{x-1}}=\lim_{x\to 1+0}(x+1)=\mathbf{2}$

(イ) $\displaystyle\lim_{x\to1-0}\frac{|x^2-1|}{x-1}=-\lim_{x\to1-0}\frac{(x+1)(x-1)}{(x-1)}$

$\displaystyle\qquad\qquad\qquad =-\lim_{x\to1-0}(x+1)=-2$

(2) (ア) $2\leqq x<3$ のとき，$[x]=2$

よって，$\displaystyle\lim_{x\to2+0}[x]=2$

◀ $x$ の小数点以下を切り捨てる

(イ) $1\leqq x<2$ のとき，$[x]=1$

よって，$\displaystyle\lim_{x\to2-0}[x]=1$

 I．$n\leqq x<n+1$（$n$：整数）のとき，$[x]=n$ です。

このことから，$f(x)=[x]$ のグラフは，右図のようになるので，上の結果は当然です。

また，$y=f(x)$ のグラフは $x=n$ でつながっていません。（⇨ I・A 153）

II．$\displaystyle\lim_{x\to a+0}f(x)\neq\lim_{x\to a-0}f(x)$ のとき，

$\displaystyle\lim_{x\to a}f(x)$ は存在しません。

これがこの**基礎問**で学ぶべきことです。（⇨**ポイント**）

🌑**ポイント** $\displaystyle\lim_{x\to a+0}f(x)=\lim_{x\to a-0}f(x)=p$ であることは，

$\displaystyle\lim_{x\to a}f(x)=p$ であるための必要十分条件

**注** 右側極限と左側極限が一致しないと，極限値は存在しません。

（⇨**演習問題 52**）

$f(x)=[2x]-[x]$ とする。

ただし，$[x]$ は $x$ を超えない最大の整数を表す。

(1) $\displaystyle\lim_{x\to2+0}f(x)$，$\displaystyle\lim_{x\to2-0}f(x)$ を求めよ。

(2) $\displaystyle\lim_{x\to2}f(x)$ は存在するか。

(3) $\displaystyle\lim_{x\to\frac{3}{2}}f(x)$ は存在するか。

# 53 関数の連続（Ⅰ）

関数 $f(x)$ を次のように定める.

$$f(x)=\begin{cases} \dfrac{x^2+ax}{x-1} & (x<1) \\[2mm] [x] & (1\leq x<2) \\[2mm] x^2+bx+a & (2\leq x) \end{cases}$$

ただし，$[x]$ は $x$ を超えない最大の整数を表す.

このとき，$f(x)$ がすべての $x$ で連続となるような $a$, $b$ を求めよ.

「関数 $f(x)$ が $x=a$ で連続である」とは，
$$\lim_{x \to a} f(x)=f(a)$$
が成りたつとして定義されますが，$\displaystyle\lim_{x \to 1} f(x)$ は，$x$ が右から1に近づくときと，左から近づくときで $f(x)$ の式が異なるので，**52** で学習したように「**左側極限と右側極限が $f(1)$ に一致する**」と考えます.

---

## 解 答

$x \neq 1$, $x \neq 2$ のとき連続だから，$x=1$, 2 のときを考える.

ⅰ) $x=1$ における連続性

$f(1)=1$ であり，

$\displaystyle\lim_{x \to 1+0} f(x)=\lim_{x \to 1+0} [x]=1$ だから，$\displaystyle\lim_{x \to 1-0} f(x)=1$ であればよい.

$\displaystyle\lim_{x \to 1-0} f(x)=\lim_{x \to 1-0} \dfrac{x^2+ax}{x-1}=1$ となるためには，$\displaystyle\lim_{x \to 1-0} (x-1)=0$ だから

$$\lim_{x \to 1-0} (x^2+ax)=0 \qquad\qquad\blacktriangleleft 49$$

であることが必要.

$\therefore$ $1+a=0$ よって，$a=-1$

このとき，$\displaystyle\lim_{x \to 1-0} f(x)=\lim_{x \to 1-0} \dfrac{x^2-x}{x-1}=\lim_{x \to 1-0} x=1$ $\quad\blacktriangleleft$ 吟味が必要

となり，確かに適する.

ⅱ） $x=2$ における連続性

$f(2)=4+2b+a=3+2b$ であり、　　　　　　　◀$a=-1$

$\displaystyle\lim_{x\to2+0}f(x)=\lim_{x\to2+0}(x^2+bx-1)=4+2b-1=f(2)$ だから、

$\displaystyle\lim_{x\to2-0}f(x)=3+2b$

であればよい.

$\displaystyle\lim_{x\to2-0}f(x)=\lim_{x\to2-0}[x]=1$ であるから、

$3+2b=1$

∴ $b=-1$

以上のことより、$a=-1,\ b=-1$

**◯ポイント**

関数 $f(x)$ が

$x=a$ で連続である $\Longleftrightarrow$ $\displaystyle\lim_{x\to a}f(x)=f(a)$

第4章

**注** $y=[x]$ $(1\le x<3)$ のグラフは右図のようになる

ので、$\displaystyle\lim_{x\to2-0}[x]=1,\ \lim_{x\to2+0}[x]=2$ となって、$x=2$ で

連続になっていません.

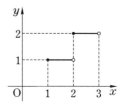

**演習問題 53**

(1) はさみうちの原理を用いて、$\displaystyle\lim_{x\to0}x\sin\frac{1}{x}=0$ を示せ.

(2) 関数 $f(x)$ を次のように定める.

$$f(x)=\begin{cases} a & (x=0) \\ x\sin\dfrac{1}{x}+\dfrac{1}{x}\sin x & (x\ne0) \end{cases}$$

このとき、$f(x)$ が $x=0$ で連続となるような $a$ の値を求めよ.

基礎問

# 54 関数の連続（Ⅱ）

> 関数 $f(x)=\lim\limits_{n\to\infty}\dfrac{ax^{2n-1}-x^2+bx+c}{x^{2n}+1}$ について，次の問いに答えよ．
> ただし，$a>0$ とする．
>
> (1) $x$ の範囲によって場合分けをして $f(x)$ を求めよ．
> (2) $f(x)$ がすべての $x$ で連続となるような $a$，$b$，$c$ の条件を求めよ．

精　講

(1) 2つの極限値 $\lim\limits_{n\to\infty}x^{2n-1}$，$\lim\limits_{n\to\infty}x^{2n}$ がわかれば，$f(x)$ は求まります．実際は，$\lim\limits_{n\to\infty}(x^2)^n$ がわかれば十分ですが，これは 42 の

にかいてある性質を使います．

(2) 関数 $f(x)$ は，(1)で場合分けをしたときの境界以外では連続だから，継ぎ目の $x$ での連続性だけを調べれば十分です．だから，**ポイント**にある連続の定義を使えば解決します．

## 解　答

(1) $\lim\limits_{n\to\infty}(x^2)^n=\begin{cases}\infty & (x^2>1)\\ 1 & (x^2=1)\\ 0 & (0\le x^2<1)\end{cases}$ だから　　　◀ 42

ⅰ）$x^2>1$，すなわち，$x<-1$，$1<x$ のとき

$$f(x)=\lim_{n\to\infty}\frac{a-\dfrac{1}{x^{2n-3}}+\dfrac{b}{x^{2n-2}}+\dfrac{c}{x^{2n-1}}}{x+\dfrac{1}{x^{2n-1}}}=\frac{a}{x}$$

ⅱ）$x^2=1$，すなわち，$x=\pm1$ のとき

$$f(1)=\frac{1}{2}(a-1+b+c)=\frac{1}{2}(a+b+c-1)$$

$$f(-1)=\frac{1}{2}(-a-1-b+c)=\frac{1}{2}(-a-b+c-1)$$

ⅲ）$0\le x^2<1$，すなわち，$-1<x<1$ のとき

$$f(x)=\lim_{n\to\infty}\frac{ax^{2n-1}-x^2+bx+c}{x^{2n}+1}$$
$$=-x^2+bx+c$$

まとめると

$$f(x)=\begin{cases} \dfrac{a}{x} & (x<-1,\ 1<x) \\[2mm] \dfrac{1}{2}(a+b+c-1) & (x=1) \\[2mm] \dfrac{1}{2}(-a-b+c-1) & (x=-1) \\[2mm] -x^2+bx+c & (-1<x<1) \end{cases}$$

(2) (1)より $x=-1$, $x=1$ で連続であればよい.

$x=-1$ で連続のとき

$$\lim_{x\to-1+0} f(x)=\lim_{x\to-1-0} f(x)=f(-1)$$

$$-1-b+c=-a=\frac{1}{2}(-a-b+c-1)$$

$$\therefore\ \ 1+b-c=a=\frac{1}{2}(a+b-c+1) \quad\cdots\cdots①$$

$x=1$ で連続のとき

$$\lim_{x\to1+0} f(x)=\lim_{x\to1-0} f(x)=f(1)$$

$$a=-1+b+c=\frac{1}{2}(a+b+c-1) \quad\cdots\cdots②$$

①, ②より $\quad a=b,\ c=1$

第4章

---

◐ **ポイント** | 関数 $f(x)$ が

$$x=a \text{ で連続である} \iff \lim_{x\to a} f(x)=f(a)$$

---

**演習問題 54**

関数 $f(x)=\displaystyle\lim_{n\to\infty}\frac{x^{2n}-x^{2n-1}+ax^2+bx}{x^{2n}+1}$ がすべての $x$ で連続と

なるような定数 $a$, $b$ の値を求めよ.

# 55 複素数列

次の式で定義される数列 $\{z_n\}$ ($n=1,\ 2,\ 3,\ \cdots$) の一般項 $z_n$ と, $\displaystyle\sum_{k=1}^{n} z_k$ を $n$ で表せ.

(1) $z_1=1,\ z_{n+1}=z_n+(1-i)$

(2) $z_1=1,\ z_{n+1}=(1+i)z_n$

(3) $z_1=0,\ z_{n+1}=(1-i)z_n+1+i$

 精 講

形だけみると, (1)はⅡBベク **123** (1)と, (2)は同じく(2)と, (3)はⅡBベク **124** と同じです. 係数が虚数になっても, 四則演算の定義から, 公式や考え方はそのまま使うことができます.

## 解 答

(1) 数列 $\{z_n\}$ は初項 1, 公差 $1-i$ の等差数列だから

$$z_n=z_1+(n-1)(1-i)$$ ◀等差数列の一般項の公式
$$=1-(1-i)+(1-i)n$$
$$=\boldsymbol{i+(1-i)n}$$

また, $\displaystyle\sum_{k=1}^{n} z_k=\frac{n}{2}(z_1+z_n)$ ◀等差数列の和の公式

$$=\boldsymbol{\frac{n}{2}\{1+i+(1-i)n\}}$$

(2) 数列 $\{z_n\}$ は初項 1, 公比 $1+i$ の等比数列だから

$$z_n=z_1\cdot(1+i)^{n-1}=\boldsymbol{(1+i)^{n-1}}$$ ◀等比数列の一般項の公式

また, (公比)$\neq1$ だから ◀等比数列の和の公式は,

$$\sum_{k=1}^{n} z_k=\frac{1-(1+i)^n}{1-(1+i)}$$ (公比)$=1$, (公比)$\neq1$ で 違う形をしている

$$=\frac{1-(1+i)^n}{-i}=\frac{i\{1-(1+i)^n\}}{-i^2}$$

$$=\boldsymbol{i\{1-(1+i)^n\}}$$ ◀$i^2=-1$

(3) $z_{n+1}=(1-i)z_n+1+i$ ……① に対して,

$$\alpha=(1-i)\alpha+1+i$$ ……② をみたす $\alpha$ を

考えると ◀ⅡBベク **124**

$$i\alpha = 1+i \qquad \therefore \quad \alpha = 1-i \qquad \blacktriangleleft 両辺に -i をかける$$

よって，①−②より

$$z_{n+1} - \alpha = (1-i)(z_n - \alpha)$$

$$\therefore \quad z_n - \alpha = (z_1 - \alpha)(1-i)^{n-1}$$

$$z_n = \alpha - \alpha(1-i)^{n-1}$$

$$= (1-i)\{1-(1-i)^{n-1}\}$$

また，$\displaystyle\sum_{k=1}^{n} z_k = (1-i)\sum_{k=1}^{n}\{1-(1-i)^{k-1}\}$

$$= (1-i)\left\{n - \frac{1-(1-i)^n}{1-(1-i)}\right\} = (1-i)\left\{n - \frac{1-(1-i)^n}{i}\right\}$$

$$= (1-i)n + (1-i)i\{1-(1-i)^n\}$$

● **ポイント** ┃ 各項が虚数の数列であっても，
　　　　　　　┃ 一般項や和の求め方は，実数のときと同じ

第4章

**参考**　小学校以来，自然数，整数，有理数，無理数など，いくつかの数体系を学んできましたが，これらでは，つねに大小を考えることができました．このとき，数直線というアイテムを使って，「左側にある数<右側にある数」と考えました．下の例では，$-1.5 < 0 < \dfrac{1}{2} < \sqrt{2}$ です．

$$\begin{array}{c}
\phantom{x}\quad -1.5 \qquad\quad \frac{1}{2}\quad \sqrt{2} \\
\hline
-2 \quad -1 \quad\ 0 \quad\ 1 \quad\ 2
\end{array}$$

ところが，虚数 $x+yi\,(y \neq 0)$ は，座標平面上の点 $(x,\ y)$ と対応しているので，$1+2i$ は点 $(1,\ 2)$ に，$2+i$ は点 $(2,\ 1)$ に対応していて，2点 $(1,\ 2)$，$(2,\ 1)$ の2つの点に大小を考えることはできないので，虚数も大小が存在しません．このことから，「$z^2 - (a-1)z - i = 0$ が実数解 $z$ をもつ」といわれたとき，「$D = (a-1)^2 + 4i \geqq 0$」とはできないのです．

**演習問題 55**

$z_1 = 1+i$，$z_{n+1} = iz_n + i$ $(n=1,\ 2,\ 3,\ \cdots)$ をみたす数列 $\{z_n\}$ の一般項 $z_n$ を求めよ．

# 56 複素数列と極限

次の問いに答えよ.

(1) $w_1=1$, $w_{n+1}=\dfrac{1+i}{2}w_n$ $(n=1, 2, 3, \cdots)$ をみたす数列 $\{w_n\}$ について, $w_n$ を $n$ で表し, $n\to\infty$ のとき, $w_n$ が近づく点を求めよ.

(2) $z_1=1+2i$, $z_{n+1}=\dfrac{1+i}{2}z_n+1+i$ $(n=1, 2, 3, \cdots)$ をみたす数列 $\{z_n\}$ について, $z_n$ を $n$ で表し, $n\to\infty$ のとき, $z_n$ が近づく点を求めよ.

 55(2)と同じ形の漸化式なので, $w_n$ はすぐに求まりますが, 極限は実数と虚数で同じように考えてよいのでしょうか？

複素数 $x_n+y_ni$ $(x_n, y_n : 実数)$ は点 $(x_n, y_n)$ と対応していることから, $w_n=x_n+y_ni$ において, $x_n\to\alpha$, $y_n\to\beta$ $(n\to\infty)$ ならば, $w_n\to\alpha+\beta i$ $(n\to\infty)$ と考えられます.

だから, 複素数列の極限は, $w_n=x_n+y_ni$ とおけば, 2つの実数の数列 $\{x_n\}$, $\{y_n\}$ の極限を考えることと同じです. しかし, こうすると2つの数列 $\{x_n\}$, $\{y_n\}$ を考えることになり時間が2倍かかります. そこで, この**基礎問**を通して, $\{w_n\}$ のまま処理して, $n\to\infty$ のとき, $w_n$ の近づく点を求めることを学びましょう.

---

**解 答**

(1) 数列 $\{w_n\}$ は, 初項 1, 公比 $\dfrac{1+i}{2}$ の等比数列だから,

$$w_n=1\cdot\left(\frac{1+i}{2}\right)^{n-1}=\left(\frac{1+i}{2}\right)^{n-1}$$

ここで, $\left|\dfrac{1+i}{2}\right|=\sqrt{\dfrac{1}{4}+\dfrac{1}{4}}=\dfrac{1}{\sqrt{2}}$ だから, $|w_n|=\left(\dfrac{1}{\sqrt{2}}\right)^{n-1}$

∴ $n\to\infty$ のとき, $|w_n|\to0$

すなわち, $n\to\infty$ のとき $w_n$ は**原点**に近づく.

 $\dfrac{1+i}{2}=\dfrac{1}{\sqrt{2}}\left(\cos\dfrac{\pi}{4}+i\sin\dfrac{\pi}{4}\right)$ より,

点 $w_n$ を原点のまわりに $\dfrac{\pi}{4}$ 回転して $\dfrac{1}{\sqrt{2}}$ 倍に

縮小した点が点 $w_{n+1}$. よって，右図のように，
原点に近づいていく様子がわかります。

(2) $z_{n+1}=\dfrac{1+i}{2}z_n+1+i$ ……① に対して

$\quad \alpha=\dfrac{1+i}{2}\alpha+1+i$ ……② をみたす $\alpha$ を考えると，

①－②より，$z_{n+1}-\alpha=\dfrac{1+i}{2}(z_n-\alpha)$ ……③

$\alpha=2i$ だから $z_n-2i=w_n$ とおくと，

$\quad w_1=1, \ w_{n+1}=\dfrac{1+i}{2}w_n$

(1)より，$z_n=w_n+2i=2i+\left(\dfrac{1+i}{2}\right)^{n-1}$

また，$n\to\infty$ のとき，(1)より $w_n\to0$ だから，$z_n\to2i$
よって，$z_n$ は**点 $2i$** に近づく。

 $P_n(z_n)$, $A(2i)$ とおくと，

$\dfrac{1+i}{2}=\dfrac{1}{\sqrt{2}}\left(\cos\dfrac{\pi}{4}+i\sin\dfrac{\pi}{4}\right)$ より③は

点 $P_n$ を点 A のまわりに $\dfrac{\pi}{4}$ 回転して $\dfrac{1}{\sqrt{2}}$ 倍した
点が $P_{n+1}$ であることを示しています。

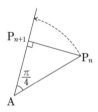

第4章

● **ポイント**
① 数列 $\{w_n\}$ が漸化式 $w_{n+1}=\alpha w_n$, $|\alpha|<1$ をみたす
とき，$\displaystyle\lim_{n\to\infty}w_n=0$

② 数列 $\{z_n\}$ が漸化式 $z_{n+1}=\alpha z_n+\beta$, $|\alpha|<1$ をみた
すとき，$\displaystyle\lim_{n\to\infty}z_n=r$
ただし，$r$ は $r=\alpha r+\beta$ をみたす

**演習問題 56**

$z_1=\dfrac{4-\sqrt{3}\,i}{3}$, $z_{n+1}=\dfrac{2+\sqrt{3}\,i}{3}z_n+1$ $(n=1,2,3,\cdots)$ をみたす

数列 $\{z_n\}$ について，$\displaystyle\lim_{n\to\infty}z_n$ を求めよ。

# 第**5**章 微 分 法

## 57 微分係数

(1) 関数 $f(x)$ が微分可能なとき，$x=a$ における微分係数 $f'(a)$ の定義をかけ．

(2) 関数 $f(x)$ は微分可能とする．$a$ を定数として，
$$A=\lim_{h\to 0}\frac{f(a+2h)-f(a)}{h} \text{ を } f'(a) \text{ で表せ.}$$

**精講** 数学Ⅱで，$f'(a)$ が「**関数 $f(x)$ の $x=a$ における微分係数**」とよばれることは学習済みです（ⅡＢベク 84 **参考**）．定義の式は(1)の答えですから，**解答**を見てもらえばよいのですが，この式も**ポイント**の形で頭に入れておく方がよいでしょう．

---

**解　答**

(1)　$f'(a)=\lim_{h\to 0}\dfrac{f(a+h)-f(a)}{h}$　または　$\lim_{x\to a}\dfrac{f(x)-f(a)}{x-a}$

(2)　$A=\lim_{2h\to 0}\dfrac{f(a+2h)-f(a)}{2h}\times 2=2f'(a)$　　◀ $h\to 0$ のとき $2h\to 0$

---

💿 **ポイント**

$$f'(a)=\lim_{\triangle\to 0}\frac{f(a+\triangle)-f(a)}{\triangle}$$

（△はすべて同じもの）

---

**演習問題 57**

関数 $f(x)$ は微分可能とする．$a$ を定数として，
$$\lim_{h\to 0}\frac{f(a+h)-f(a-h)}{h} \text{ を } f'(a) \text{ で表せ.}$$

# 58 導関数

(1) 関数 $f(x)$ が微分可能のとき，導関数 $f'(x)$ の定義をかけ．

(2) (1)と $\displaystyle\lim_{x\to 0}\frac{\sin x}{x}=1$ のみを用いて，$f(x)=\cos x$ の導関数を求めよ．

 **精講** 導関数の定義は**解答**の(1)を見てもらうことにして，ここでも(1)の答えの形ではなく，**ポイント**の形で頭に入れておく方がよいでしょう．

**━━━ 解 答 ━━━**

(1) $\displaystyle f'(x)=\lim_{h\to 0}\frac{f(x+h)-f(x)}{h}$

(2) $\displaystyle f(x+h)-f(x)=\cos(x+h)-\cos x$

$$=-2\sin\left(x+\frac{h}{2}\right)\sin\frac{h}{2} \quad \blacktriangleleft \text{注 参照}$$

$$\therefore\quad \frac{f(x+h)-f(x)}{h}=-\sin\left(x+\frac{h}{2}\right)\frac{\sin\frac{h}{2}}{\frac{h}{2}}$$

よって，$\displaystyle\lim_{h\to 0}\frac{f(x+h)-f(x)}{h}=-\sin x \quad \left(\lim_{h\to 0}\frac{\sin\frac{h}{2}}{\frac{h}{2}}=1 \text{ より}\right)$

$$\therefore\quad \boldsymbol{f'(x)=-\sin x}$$

**注** $\cos A-\cos B=-2\sin\dfrac{A+B}{2}\sin\dfrac{A-B}{2}$ (ⅡBベク **57** 和積の公式)

第5章

**◑ ポイント**

$$f'(x)=\lim_{\triangle\to 0}\frac{f(x+\triangle)-f(x)}{\triangle} \quad (\triangle\text{はすべて同じもの})$$

 **演習問題 58**

定義にしたがって，次の導関数を求めよ．

(1) $y=\sqrt{x+1} \quad (x>-1)$ 　　　　(2) $y=\dfrac{x+2}{x+1}$

# 59 微分可能性

関数 $f(x)$ を次のように定める.

$$f(x)=\begin{cases} \dfrac{\log x} {x} & (x \geq 1) \\ x^2+ax+b & (x<1) \end{cases}$$

このとき,関数 $f(x)$ が $x=1$ で微分可能であるように,$a$, $b$ を定めよ.ただし,$\displaystyle\lim_{h \to 0} \dfrac{\log(1+h)}{h}=1$ は用いてよい.

精講  $f(x)$ が $x=a$ で微分可能とは,$f'(a)$ が存在することを意味しますから,ここでは $f'(1)$ が存在することを示します.

定義によると $\displaystyle\lim_{h \to 0} \dfrac{f(1+h)-f(1)}{h}=f'(1)$ ですが,$1+h$ と $1$ の大小,すなわち,$h>0$ と $h<0$ のときで $f(1+h)$ の式が異なるので,$h \to +0$,$h \to -0$ の2つの場合を考え,

$$\lim_{h \to +0} \frac{f(1+h)-f(1)}{h}=\lim_{h \to -0} \frac{f(1+h)-f(1)}{h}$$

◀ **52** 左側極限,右側極限

が成りたてば

$$\lim_{h \to 0} \frac{f(1+h)-f(1)}{h}$$ が存在する

ことになり,目標達成です.これだけで $a$, $b$ の値は求められますが,**ポイント**にある性質と,連続の定義を利用して $a$ と $b$ の式を1つ用意しておくと,ラクに $a$, $b$ の値を求められます.  ◀ **53**

## 解　答

まず,$x=1$ で連続だから,$\displaystyle\lim_{x \to 1}f(x)=f(1)$ が成りたつ.

∴ $\displaystyle\lim_{x \to 1-0}(x^2+ax+b)=0$  ◀ $\dfrac{\log 1}{1}=0$

よって,$1+a+b=0$ ……①

このとき,

$$\lim_{h \to +0} \frac{f(1+h)-f(1)}{h}=\lim_{h \to +0} \frac{1}{h}\left\{\frac{\log(1+h)}{1+h}-0\right\}$$

$$= \lim_{h \to +0} \frac{1}{1+h} \cdot \frac{\log(1+h)}{h} = 1$$

また，$\displaystyle\lim_{h \to -0} \frac{f(1+h) - f(1)}{h} = \lim_{h \to -0} \frac{(1+h)^2 + a(1+h) + b}{h}$ ◀ $f(1)=0$

$$= \lim_{h \to -0} \frac{h^2 + (a+2)h + a + b + 1}{h}$$ ◀ $1+a+b=0$

$$= \lim_{h \to -0} (h + a + 2) = a + 2$$

$f'(1)$ が存在するので，$a+2=1$ ……②

①，②より，$a=-1$，$b=0$

 **参考** $\displaystyle\lim_{h \to 0} \frac{\log(1+h)}{h} = 1$ は次のようにして証明します．

$f(x) = \log x$ とおくと

$$\lim_{h \to 0} \frac{\log(1+h)}{h} = \lim_{h \to 0} \frac{f(1+h) - f(1)}{h} = f'(1)$$ ◀微分係数の定義

$f'(x) = \dfrac{1}{x}$ だから，$f'(1) = 1$

よって，$\displaystyle\lim_{h \to 0} \frac{\log(1+h)}{h} = 1$

**注** $\displaystyle\lim_{h \to 0} \frac{e^h - 1}{h} = 1$ も同様にして示せます．

第5章

**◎ポイント** 関数 $f(x)$ が $x=a$ で微分可能
$\longrightarrow$ $f(x)$ は $x=a$ で連続

**注** 逆は成りたちません．

 **参考** $y = f(x)$ のグラフをかくと右図のように
なり，継ぎ目の $x=1$ でなめらかにつなが
っている様子が読みとれます．これが，微
分可能をビジュアルにとらえた状態です．

**演習問題 59**

関数 $f(x) = |x| \sin x$ は，$x=0$ で微分可能かどうか調べよ．

# 60 積・商の微分

次の関数を微分せよ.

(1) $y=(x+1)(x+2)$

(2) $y=(x+1)(x+2)(x+3)$

(3) $y=\dfrac{x+2}{x+1}$

 精 講

(1), (2)は展開すれば数学Ⅱの範囲で微分できますが, ここでは展開しないで, すなわち, **積の形のままで微分する方法**(積の微分)を学びます.

また, (3)は数学Ⅲで初めて出てくる形の微分(商の微分)です. どちらも確実に使えるようになってください.

〈積の微分〉

・$\{f(x)g(x)\}'=f'(x)g(x)+f(x)g'(x)$

・$\{f(x)g(x)h(x)\}'=f'(x)g(x)h(x)+f(x)g'(x)h(x)+f(x)g(x)h'(x)$

〈商の微分〉

・$\left\{\dfrac{f(x)}{g(x)}\right\}'=\dfrac{f'(x)g(x)-f(x)g'(x)}{\{g(x)\}^2}$

特に, $\left\{\dfrac{1}{f(x)}\right\}'=-\dfrac{f'(x)}{\{f(x)\}^2}$

これが公式ですが, **ポイント**の形の方が覚えやすいでしょう.

■ 解 答 ■

(1) $y'=(x+1)'(x+2)+(x+1)(x+2)'$ ◀ $(x+1)'=1, \ (x+2)'=1$

$\qquad =(x+2)+(x+1)$

$\qquad =2x+3$

(2) $y'=(x+1)'(x+2)(x+3)+(x+1)(x+2)'(x+3)$

$\qquad \quad +(x+1)(x+2)(x+3)'$

$\qquad =(x+2)(x+3)+(x+1)(x+3)+(x+1)(x+2)$

$\qquad =(x^2+5x+6)+(x^2+4x+3)+(x^2+3x+2)$

$\qquad =3x^2+12x+11$

**注** あとの **62**（ⅡBベク**83**）で学ぶ「合成関数の微分」を使うと次のようにすることもできます.

（**別解**）（$x+2$ に着目すると…）

$y=(x+2-1)(x+2)(x+2+1)=(x+2)\{(x+2)^2-1\}$

$\quad =(x+2)^3-(x+2)$

$\quad\quad \therefore\quad y'=3(x+2)^2(x+2)'-1=3(x+2)^2-1$　　◀ $(u^n)'=nu^{n-1}u'$

$\quad\quad\quad =3x^2+12x+11$

(3)　$y'=\dfrac{(x+2)'(x+1)-(x+2)(x+1)'}{(x+1)^2}$　　◀ $\left(\dfrac{u}{v}\right)'=\dfrac{u'v-uv'}{v^2}$

$\quad\quad =\dfrac{(x+1)-(x+2)}{(x+1)^2}=-\dfrac{1}{(x+1)^2}$

**注**　（分子の次数）≧（分母の次数）の形の分数式を微分するとき，

（分子）÷（分母）の計算をして，**次数を下げる**と微分の負担が軽くなります.

（**別解**）　$y=1+\dfrac{1}{x+1}$　より　　$y'=-\dfrac{1}{(x+1)^2}$　　◀ $\left(\dfrac{1}{v}\right)'=-\dfrac{v'}{v^2}$

**ポイント**

- $(uv)'=u'v+uv'$
- $(uvw)'=u'vw+uv'w+uvw'$
- $\left(\dfrac{u}{v}\right)'=\dfrac{u'v-uv'}{v^2}$

　特に，$\left(\dfrac{1}{v}\right)'=-\dfrac{v'}{v^2}$

**注**　上の積の微分で $u=v$ とおくと，

$\quad\quad (u^2)'=u'u+uu'=2uu'$

同様に，$u=v=w$ とおくと，$(u^3)'=3u^2u'$ が示せます.

**演習問題 60**

　次の関数を微分せよ.

(1)　$y=(x-1)(x+1)(x+3)$　　　　(2)　$y=\dfrac{x^2+1}{x-1}$

# 61 基本関数の微分

次の関数を微分せよ.

(1) $y = x\sqrt[3]{x}$

(2) $y = \sin x + 2\cos x + 3\tan x$

(3) $y = 2^x \sin x$

(4) $y = \log_3 3x$

(5) $y = \log_2 |x^2 - 4|$

　ここでは，基本になる関数の微分公式とその使い方を勉強します．
▭内の公式は，使えるようになるまでしっかり練習しましょう．

① $(x^p)' = px^{p-1}$ （$p$：$x$ に無関係な定数）

② $(\sin x)' = \cos x$

③ $(\cos x)' = -\sin x$

④ $(\tan x)' = \dfrac{1}{\cos^2 x}$

⑤ $(a^x)' = a^x \log_e a$ （$a > 0$, $a \neq 1$）

⑥ $(e^x)' = e^x$

⑦ $(\log_a |x|)' = \dfrac{1}{x \log_e a}$ （$a > 0$, $a \neq 1$）

⑧ $(\log_e |x|)' = \dfrac{1}{x}$

　ここで，$e$ は 2.718… となる無理数で，**51** で定義されています．この $e$ を底にすると，微分（あとで出てくる積分も含めて）が簡単になります．
これからは，底が $e$ の対数（これを**自然対数**という）は，誤解が生じない限り $\log x$ というように，底を省略して扱ってかまいません．

---

**解　答**

(1) $y = x\sqrt[3]{x} = x \cdot x^{\frac{1}{3}} = x^{\frac{4}{3}}$ 　　　　◀指数法則

$\therefore \quad y' = \dfrac{4}{3} \cdot x^{\frac{4}{3}-1} = \dfrac{4}{3}x^{\frac{1}{3}} = \dfrac{4}{3}\sqrt[3]{x}$ 　　◀$(x^p)' = px^{p-1}$

(2) $y' = (\sin x)' + (2\cos x)' + (3\tan x)'$

$= \cos x - 2\sin x + \dfrac{3}{\cos^2 x}$ 　　　◀三角関数の微分法

(3) $\quad y' = (2^x)' \sin x + 2^x (\sin x)'$ ◀積の微分 **60**

$\qquad = 2^x \log 2 \cdot \sin x + 2^x \cos x$ ◀底 $e$ は省略

**注** $2^x \log 2 \cdot \sin x$ の $\log 2$ と $\sin x$ の間には「・」を入れておかないと，$\log(2\sin x)$ の意味にとられます．

同じように，$2^x \cos x$ の部分を $\cos x \cdot 2^x$ とかくのはかまいませんが，$\cos x 2^x$ とかくと $\cos(x 2^x)$ と誤解されます．

(4) $\quad y = \log_3 3 + \log_3 x = 1 + \log_3 x$

$\quad \therefore \quad y' = \dfrac{1}{x \log 3}$ ◀$(\log_a |x|)' = \dfrac{1}{x \log a}$

(5) $\quad y = \log_2 |(x-2)(x+2)| = \log_2 |x-2| + \log_2 |x+2|$

$\quad \therefore \quad y' = \dfrac{1}{(x-2)\log 2} + \dfrac{1}{(x+2)\log 2}$

$\qquad = \left( \dfrac{1}{x-2} + \dfrac{1}{x+2} \right) \dfrac{1}{\log 2}$

$\qquad = \dfrac{2x}{(x^2-4)\log 2}$

**注** (4)，(5)は **62** の「合成関数の微分」を用いてもできます．

**演習問題 62** (1)，(2)で各自確認してください．

第5章

**● ポイント** 基本関数の微分のなかで，次の3つは忘れやすいので要注意

$$(\tan x)' = \dfrac{1}{\cos^2 x}, \quad (\log_a |x|)' = \dfrac{1}{x \log a}$$

$$(a^x)' = a^x \log a$$

**演習問題 61**

次の関数を微分せよ．

(1) $\quad y = \left( x + \dfrac{1}{\sqrt{x}} \right)^2$ 　　(2) $\quad y = 2^x \cos x$ 　　(3) $\quad y = \log_2 \left| \dfrac{x-1}{x+1} \right|$

# 62 合成関数の微分

次の関数を微分せよ.

(1) $y=(2x+1)^2$ 　　　　　(2) $y=e^{2x}$

(3) $y=(\log x)^3$ 　　　　　(4) $y=\log(\log x)$ 　$(x>1)$

(5) $y=(x^2+x)e^{-x}$ 　　　　(6) $y=\sin(1+\log x)$

(7) $y=\log(x+\sqrt{x^2+1})$

精講　ここでは,「**合成関数の微分**」について学習します. このときに使う公式は, 下にかいてありますが, 公式を丸覚えするのではなく, **ポイント**にあるように, 言葉で頭に入れておき, 無意識のうちに正しく作業ができるようになるまで練習をしなければなりません.

　微分がうまくできない人のほとんどは, この作業がネックになっているのです.

〈**合成関数の微分**〉

$$\{f(g(x))\}'=f'(g(x))g'(x)$$

解　答

(1) 　$y'=2(2x+1)(2x+1)'=4(2x+1)$
　　　　　　　　└→ $2x+1$ をひとまとめに考え, その微分をかけておく

注　$(2x+1)'$ の部分がないとまずいということは, 次の結果をみると一目瞭然です.

　　$y=4x^2+4x+1$ だから, $y'=8x+4=4(2x+1)$

(2) 　$y'=e^{2x}\cdot(2x)'=2e^{2x}$
　　　　　　　└→ $2x$ をひとまとめに考える

(3) 　$y'=3(\log x)^2(\log x)'=\dfrac{3(\log x)^2}{x}$ 　　　　　◀ $(\log x)'=\dfrac{1}{x}$
　　　　　　　　　└→ $\log x$ をひとまとめに考える

(4) 　$y'=\dfrac{1}{\log x}(\log x)'=\dfrac{1}{x\log x}$ 　　　　　◀ $(\log x)'=\dfrac{1}{x}$
　　　　　　　　└→ $\log x$ をひとまとめに考える

(5) $y'=(x^2+x)'e^{-x}+(x^2+x)(e^{-x})'$ ◀積の微分

$\quad=(2x+1)e^{-x}+(x^2+x)(e^{-x})(-x)'$

$\quad\quad\quad\quad\quad\quad\quad\quad\quad\underset{\longmapsto -x\text{をひとまとめに考える}}{\underbrace{\phantom{aaaaaa}}}$

$\quad=(-x^2+x+1)e^{-x}$

(6) $y'=\cos(1+\log x)\cdot(1+\log x)'$

$\quad\quad\quad\quad\underset{\longmapsto 1+\log x\text{をひとまとめに考える}}{\underbrace{\phantom{aaaaaaa}}}$

$\quad=\dfrac{\cos(1+\log x)}{x}$

(7) $y'=\dfrac{1}{x+\sqrt{x^2+1}}(x+\sqrt{x^2+1})'$

$\quad\quad\quad\quad\quad\underset{\longmapsto x+\sqrt{x^2+1}\text{をひとまとめに考える}}{\underbrace{\phantom{aaaaaaa}}}$

ここで，$(x+\sqrt{x^2+1})'=1+\{(x^2+1)^{\frac{1}{2}}\}'$

$\quad=1+\dfrac{1}{2}(x^2+1)^{\frac{1}{2}-1}(x^2+1)'=1+x(x^2+1)^{-\frac{1}{2}}$

$\quad\quad\quad\quad\quad\quad\underset{\longmapsto x^2+1\text{をひとまとめに考える}}{\underbrace{\phantom{aaaaaa}}}$

$\quad=1+\dfrac{x}{\sqrt{x^2+1}}=\dfrac{x+\sqrt{x^2+1}}{\sqrt{x^2+1}}$

よって，$y'=\dfrac{1}{x+\sqrt{x^2+1}}\cdot\dfrac{x+\sqrt{x^2+1}}{\sqrt{x^2+1}}$

$\quad\quad=\dfrac{1}{\sqrt{x^2+1}}$

第5章

**◑ ポイント** 何かをひとまとめに考えて微分するとき，ひとまとめ
にしたものの微分をかける

演習問題 62

次の関数を微分せよ．

(1) $y=\log_3 3x$　　(2) $y=\log_2|x^2-4|$　　(3) $y=(x^3+2x)^3$

(4) $y=\left(x-\dfrac{1}{x}\right)^3$　　(5) $y=\cos(\sin x)$　　(6) $y=\log|\cos x|$

(7) $y=\left(\dfrac{x}{x^2-1}\right)^2$

# 63 対数微分法

$y=x^x$ $(x>0)$ を微分せよ.

**精 講** 61 の **精講** の①の公式を使って, $y'=x \cdot x^{x-1}$ としてはいけません. 公式①の $p$ は $x$ に無関係な定数でなければなりませんし, また, ⑤ の公式を使って, $y'=x^x \log x$ としてもいけません. 公式⑤の $a$ は $x$ に無関係な正の定数です.

このような形のとき「**対数微分法**」といわれる手段を用います.「対数微分法」を用いなければ微分できない関数は, 大学入試ではあまり見かけないのですが, これを利用すると計算の負担が軽くなる問題は珍しくありません.

一般に, 積や累乗の形をしているものに対しては有効です. たとえば, **演習問題 62**(7)などもその例です. **参考** のところで確認してください.

---

〈対数微分法〉

$y=\{f(x)\}^p\{g(x)\}^q$ のとき, **両辺の絶対値の自然対数をとると**

$$\log|y|=p\log|f(x)|+q\log|g(x)|$$

両辺を $x$ で微分すると　$$\frac{y'}{y}=\frac{pf'(x)}{f(x)}+\frac{qg'(x)}{g(x)}$$

---

**注** $\log|y|$ の両辺を $x$ で微分するとき, $y$ は $x$ に無関係な定数ではなく, $x$ で表された式です. だから, 合成関数の微分の要領で, $y$ をひとまとめに考えて微分したものに「$y$ を $x$ で微分したもの」, すなわち, $y'$ をかけておかなければならないのです. これを 64 **注** 1 を用いて表現すると

$$\frac{d}{dx}\log|y|=\frac{dy}{dx} \cdot \frac{d}{dy}\log|y|=\frac{y'}{y}$$

となります.

$y=x^x \ (x>0)$ の両辺の対数をとると，

$$\log y=\log x^x$$

$\therefore \quad \log y=x\log x$

▶両辺正なので絶対値を考えなくてよい

両辺を $x$ で微分すると

$$\frac{y'}{y}=(x)'\log x+x(\log x)'$$

$\therefore \quad y'=y(\log x+1)=x^x(\log x+1)$

 $y=\left(\dfrac{x}{x^2-1}\right)^2 \ (x\neq 0, \ \pm 1)$ の両辺の対数をとると

$$\log y=\log\left(\frac{x}{x^2-1}\right)^2$$

$$\log y=2\log\left|\frac{x}{(x+1)(x-1)}\right|$$

◀ $\left(\dfrac{x}{x^2-1}\right)^2=\left|\dfrac{x}{x^2-1}\right|^2$

$$\log y=2(\log|x|-\log|x+1|-\log|x-1|)$$

両辺を $x$ で微分して，

$$\frac{y'}{y}=2\left(\frac{1}{x}-\frac{1}{x+1}-\frac{1}{x-1}\right)=\frac{-2(x^2+1)}{x(x+1)(x-1)}$$

$\therefore \quad y'=y\cdot\dfrac{-2(x^2+1)}{x(x^2-1)}=\dfrac{-2x(x^2+1)}{(x^2-1)^3}$

第5章

**ポイント**　対数微分法を用いるとき，次の2点に注意

① $\log|MN|=\log|M|+\log|N|$

$\log|M|^n=n\log|M|$

② $\log|y|$ を $x$ で微分すると，$\dfrac{y'}{y}$

 **演習問題 63**

対数微分法を用いて，次の関数を微分せよ．

(1) $y=x^{\sqrt{x}} \ (x>0)$　　　(2) $y=(x+1)(x+2)(x+3)$

# 64 媒介変数で表された関数の微分

$$\begin{cases} x = \theta - \sin\theta \\ y = 1 - \cos\theta \end{cases} \quad (0 < \theta < 2\pi) \quad \text{で表される関数について } \frac{dy}{dx}, \frac{d^2y}{dx^2} \text{ を}$$
$\theta$ で表せ.

変数 $t$ を用いて $x = f(t)$, $y = g(t)$ の形で $(x, y)$ が与えられているとき, $t$ の値が1つ決まると点 $(x, y)$ が1つに決まるので, $t$ を動かすと点 $(x, y)$ が動いて, ある曲線 $C$ ができ上がることが予想できます. このとき, $\begin{cases} x = f(t) \\ y = g(t) \end{cases}$ を $t$ を媒介変数 (パラメータ) とする曲線 $C$ の

**媒介変数表示**といいます. (ⅡBベク**45**)

このような形で表される関数でも, $t$ を消去して「$y = (x\,\text{の式})$」の形にできれば今までと同じように微分できますが, **そうでないときにどうやって微分するのか**が今回のテーマです. まず, 記号の復習です.

$\dfrac{d}{dx}\bigcirc$ は「$\bigcirc$ を $x$ で微分する」という意味ですから, $\dfrac{dy}{dx}$ は「$y$ を $x$ で微分する」ことを意味する記号です.

また, $\dfrac{d^2y}{dx^2}$ は「$y$ を $x$ で2回微分する」ことを意味する記号です.「2」のついている位置が分子と分母で違うところに注意してください. 次に, 微分するときに使う公式ですが, これは**ポイント**を参照してください.

━━━ 解 答 ━━━

$$\frac{dx}{d\theta} = (\theta - \sin\theta)' = 1 - \cos\theta, \quad \frac{dy}{d\theta} = (1 - \cos\theta)' = \sin\theta$$

$$\therefore \quad \frac{dy}{dx} = \frac{\dfrac{dy}{d\theta}}{\dfrac{dx}{d\theta}} = \frac{\sin\theta}{1 - \cos\theta}$$

次に, $\dfrac{d^2y}{dx^2} = \dfrac{d}{dx}\left(\dfrac{dy}{dx}\right) = \dfrac{d}{dx}\left(\dfrac{\sin\theta}{1 - \cos\theta}\right)$ ◀**注** 1

$$= \frac{d\theta}{dx} \cdot \frac{d}{d\theta}\left(\frac{\sin\theta}{1 - \cos\theta}\right)$$

└→ **注** 2

$$= \frac{1}{1-\cos\theta} \cdot \frac{(\sin\theta)'(1-\cos\theta) - \sin\theta(1-\cos\theta)'}{(1-\cos\theta)^2}$$

→ **60** 商の微分

$$= \frac{\cos\theta - \cos^2\theta - \sin^2\theta}{(1-\cos\theta)^3} = \frac{\cos\theta - 1}{(1-\cos\theta)^3} = -\frac{1}{(1-\cos\theta)^2}$$

🌙 **ポイント** $x = f(t)$, $y = g(t)$ と表されているとき,

$$\frac{dy}{dx} = \frac{\dfrac{dy}{dt}}{\dfrac{dx}{dt}} = \frac{g'(t)}{f'(t)}, \quad \frac{d^2y}{dx^2} = \frac{d}{dx}\left(\frac{dy}{dx}\right)$$

**注** 1　$\dfrac{d}{dx}\left(\dfrac{\sin\theta}{1-\cos\theta}\right)$ は,約束によれば,$\dfrac{\sin\theta}{1-\cos\theta}$ を $\overset{..}{x}$ で微分するという意

味ですが,式に文字 $x$ が入っていないので,次の性質を利用します.

$$\frac{d}{dx}\bigcirc = \frac{d\theta}{dx} \cdot \frac{d}{d\theta}\bigcirc \left(= \frac{d}{d\theta}\bigcirc \cdot \frac{d\theta}{dx}\right)$$　　◀大切な公式

**注** 2　$\dfrac{d\theta}{dx}$ は約束によれば,$\theta$ を $x$ で微分するという意味ですが,

$x = \theta - \sin\theta$ を「$\theta = (x\,$の式)」の形にできそうもありません.そこで,「逆

関数の微分」といわれる次の公式を利用します.

$$\frac{dx}{dy} = \frac{1}{\dfrac{dy}{dx}}$$　　◀大切な公式

この**基礎問**では,　$\dfrac{d\theta}{dx} = \dfrac{1}{\dfrac{dx}{d\theta}}$　として用いています.

そうすると,上の式は $\dfrac{d\bigcirc}{dx} = \dfrac{\dfrac{d\bigcirc}{d\theta}}{\dfrac{dx}{d\theta}}$ と表せることもわかります.

第5章

**演習問題 64**

(1)　関数 $x = y^2 - 2y$ $(y > 1)$ について,$\dfrac{dy}{dx}$ を $x$ で表せ.

(2)　$x = \dfrac{1-t^2}{1+t^2}$, $y = \dfrac{2t}{1+t^2}$ $(t \neq 0)$ について,$\dfrac{dy}{dx}$, $\dfrac{d^2y}{dx^2}$ を $t$ で表せ.

# 65 陰関数の微分

> $x^2-y^2=1$ について，次の問いに答えよ．ただし，$(x, y) \neq (\pm 1, 0)$
> とする．
>
> (1) $\dfrac{dy}{dx}$ を $x$ と $y$ で表せ．
>
> (2) $\dfrac{d^2y}{dx^2}$ を $x$ と $y$ で表せ．

 $x^2-y^2=1$ を「$y=(x の式)$」の形にしようとすると $y=\pm\sqrt{x^2-1}$ となります．この形にして微分してもよいのですが，今回は
**$x^2-y^2=1$ の形のまま微分する**方法を勉強しましょう．

　技術的には，すでに学習済みの道具を使うだけですが，感覚的には，慣れていないと間違いやすい部分があります．入試での出題例は多くないとはいえ，微分という作業では基本になりますので，「いつでもできる」状態にしておく必要があります．

　63(対数微分法) の 精講 注 の「$\log|y|$ を $x$ で微分する」という話のなかで，**「まず $y$ で微分しておいて，$y'$ をかけておく」**という部分がありますが，今回使われるのもこの技術です．最初の段階では 64 注 1 の公式を使っていくことになりますが，早くこの作業に慣れてすぐに結果をかけるようになってほしいものです．

　ここで，いくつかの例をあげておきますので，これらを通して，イメージをつかんでください．

**(例)**

(i) $\dfrac{d}{dx}(y^2)=\dfrac{dy}{dx}\cdot\dfrac{d}{dy}(y^2)=y'\cdot 2y=2yy'$　　◀ $y^2$ は $y$ なら微分できる

(ii) $\dfrac{d}{dx}(xy)=(x)'\cdot y+x\cdot\dfrac{d}{dx}y=y+xy'$　　◀積の微分

(iii) $\dfrac{d}{dx}(\sqrt{y})=\dfrac{dy}{dx}\cdot\dfrac{d}{dy}(y^{\frac{1}{2}})=y'\cdot\dfrac{1}{2}y^{-\frac{1}{2}}=\dfrac{y'}{2\sqrt{y}}$

(iv) $\dfrac{d}{dx}\left(\dfrac{y}{x}\right)=\dfrac{\dfrac{d}{dx}y\cdot x-y\cdot(x)'}{x^2}=\dfrac{xy'-y}{x^2}$　　◀商の微分

(1) $x^2-y^2=1$ の両辺を $x$ で微分すると

$$2x-\frac{d}{dx}y^2=0 \qquad \triangleleft 1\text{の微分は }0$$

$$2x-\frac{dy}{dx}\cdot\frac{d}{dy}y^2=0$$

$$2x-\frac{dy}{dx}\cdot 2y=0$$

$$\therefore\quad \frac{dy}{dx}=\frac{x}{y}$$

(2) $\dfrac{d^2y}{dx^2}=\dfrac{d}{dx}\left(\dfrac{dy}{dx}\right)=\dfrac{d}{dx}\left(\dfrac{x}{y}\right)$

$$=\frac{1\cdot y-x\cdot\dfrac{d}{dx}y}{y^2}$$

$$=\frac{y-xy'}{y^2}=\frac{y-x\cdot\dfrac{x}{y}}{y^2}$$

$$=\frac{y^2-x^2}{y^3}=-\frac{1}{y^3}\quad(x^2-y^2=1\ \text{より})$$

🔵 **ポイント**　 $y$ の式 $f(y)$ を $x$ で微分すると
　　　　　　　$f'(y)y'$ となる

**注**　$(x,\ y)=(\pm 1,\ 0)$ のときは，$\left(\dfrac{dy}{dx}\ \text{の分母}\right)=0$ となるので

$(x,\ y)\neq(\pm 1,\ 0)$ の条件をつけています．

第5章

**演習問題 65**

$x^2-2xy+2y^2=1$ について，$\dfrac{dy}{dx}$，$\dfrac{d^2y}{dx^2}$ を $x,\ y$ で表せ．

ただし，$(x,\ y)\neq\left(\pm\sqrt{2},\ \pm\dfrac{\sqrt{2}}{2}\right)$（複号同順）とする．

# 66 接線と法線

曲線 $f(x)=\dfrac{\sqrt{3}}{x}$ 上の点 $\left(t,\ \dfrac{\sqrt{3}}{t}\right)$ $(t \neq 0)$ における接線と法線が,

$x$ 軸と交わる点をそれぞれ A, B とするとき, 次の問いに答えよ.

(1) 接線, 法線の方程式を求めよ.

(2) A, B の座標を求めよ.

(3) $t>0$ のとき, 線分 AB の長さ $L(t)$ の最小値を求めよ.

 精 講

(1) 接線公式はⅡBベク**86**で学習しましたが, 法線とはどんな直線でしょうか?

法線とは

**「接線とその接点において直交する直線」**

のことです.

だから, 法線を求めるときは, 接線公式における傾きのところを $-\dfrac{1}{接線の傾き}$ にかきかえて使います.

(3) $x$ 軸上の2点 A, B の距離を求めるときは $|\text{A}の x 座標 - \text{B}の x 座標|$ で求めます. 要するに, $x$ 座標の大きい方から小さい方をひかないと負になってしまい, 距離ではなくなってしまうので**絶対値をつけて負になることを防ぎます**.

---

### 解　答

(1) $f'(x)=-\dfrac{\sqrt{3}}{x^2}$ だから, 接線は

$$y-\dfrac{\sqrt{3}}{t}=-\dfrac{\sqrt{3}}{t^2}(x-t)$$  ◀ⅡBベク**86**

$$\therefore\quad y=-\dfrac{\sqrt{3}}{t^2}x+\dfrac{2\sqrt{3}}{t}$$

また, 法線は

$$y-\dfrac{\sqrt{3}}{t}=\dfrac{t^2}{\sqrt{3}}(x-t)$$  ◀ポイント参照

$$\therefore \quad y=\frac{t^2}{\sqrt{3}}x+\frac{\sqrt{3}}{t}-\frac{t^3}{\sqrt{3}}$$

(2) $-\dfrac{\sqrt{3}}{t^2}x+\dfrac{2\sqrt{3}}{t}=0$ より, $x=2t$

$\qquad \therefore \quad \mathrm{A}(2t,\ 0)$

$\qquad \dfrac{t^2}{\sqrt{3}}x+\dfrac{\sqrt{3}}{t}-\dfrac{t^3}{\sqrt{3}}=0$ より, $x=t-\dfrac{3}{t^3}$

$\qquad \therefore \quad \mathrm{B}\Big(t-\dfrac{3}{t^3},\ 0\Big)$

(3) $L(t)=\Big|2t-\Big(t-\dfrac{3}{t^3}\Big)\Big|=t+\dfrac{3}{t^3} \qquad (\because\ t>0)$

$\quad L'(t)=1-\dfrac{9}{t^4}=0$ とすると, $t=\sqrt{3} \qquad (\because\ t>0)$

この $t$ の前後で $L'(t)$ の符号は−から＋に変化するので $t=\sqrt{3}$ のとき, $L(t)$ は極小かつ最小.

よって, 最小値は $L(\sqrt{3})=\dfrac{4\sqrt{3}}{3}$

第5章

**◯ ポイント**

曲線 $y=f(x)$ 上の点 $(t,\ f(t))$ における法線は $f'(t)\neq0$ ならば

$$y-f(t)=-\frac{1}{f'(t)}(x-t)$$

**演習問題 66**

(1) 曲線 $y=\log x$ に点 $(0,\ 2)$ からひいた接線の方程式を求めよ.

(2) 曲線 $y=\log x$ 上の点 $(2,\ \log 2)$ における法線の方程式を求めよ.

# 67 共通接線

> $y=\log x$ と $y=ax^2$ $(a \neq 0)$ のグラフが共有点をもち，その点で共通
> の接線をもつ．このとき，$a$ の値とその接線の方程式を求めよ．

 単に「**共通の接線をもつ**」という表現と「**共有点をもち，その点で
共通の接線をもつ**」では，意味が異なります．前者は〈図Ⅰ〉の状態
か，〈図Ⅱ〉の状態か限定できませんが，後者は〈図Ⅱ〉の状態を指し
ます．すなわち，接点が一致しているか，一致していないかの違いがあります．

これは大変な違いです．それは，(⇨ⅡBベク**87**)「接点がわかっていないと
接線公式が使えない」からです．

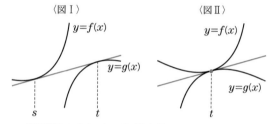

ところで，この**基礎問**は〈図Ⅱ〉の状態を指しているのですが，具体的にはど
のように考えて解いていくのでしょうか？

〈図Ⅱ〉において，$x=t$ のときの $y$ 座標が同じですから，まず，$f(t)=g(t)$
がいえます．

また，同じ接線なら傾きも同じですから，
$f'(t)=g'(t)$ がいえます．(⇨ⅡBベク**86** 精講 Ⅱ )

逆に，この2つがともに成りたてば，傾きと通る点の両方が一致するので2
つの接線は一致します．(⇨ⅡBベク**32** 精講 Ⅱ )

---

## 解　答

$f(x)=\log x$, $g(x)=ax^2$ $(a \neq 0)$ とおくと

$$f'(x)=\frac{1}{x}, \quad g'(x)=2ax$$

共有点の $x$ 座標を $t$ $(t>0)$ とおくと　　　　◀$t>0$ は真数条件
この点で共通の接線をもつことにより，

$f(t)=g(t)$, $f'(t)=g'(t)$ がともに成りたつ.

$$\therefore \begin{cases} \log t = at^2 \\ \dfrac{1}{t}=2at \end{cases} \quad \text{よって,} \quad \begin{cases} \log t = at^2 \quad \cdots\cdots① \\ at^2=\dfrac{1}{2} \quad \cdots\cdots② \end{cases}$$

①, ②より $\quad \log t = \dfrac{1}{2} \quad \therefore \quad t = e^{\frac{1}{2}} = \sqrt{e}$

このとき, $t^2=e$ だから, $a=\dfrac{1}{2e}$

また, 接点は $\left(\sqrt{e}, \dfrac{1}{2}\right)$, 接線の傾きは $\dfrac{1}{\sqrt{e}}$ だから,

共通接線は $y-\dfrac{1}{2}=\dfrac{1}{\sqrt{e}}(x-\sqrt{e})$ すなわち, $\boldsymbol{y=\dfrac{1}{\sqrt{e}}x-\dfrac{1}{2}}$

**◗ ポイント**  曲線 $y=f(x)$ と $y=g(x)$ が $x=t$ で共有点をもち, その点で共通の接線をもつ
$$\rightleftarrows f(t)=g(t), \quad f'(t)=g'(t)$$

第5章

**注 1**　接点が一致しないとき (〈図 I 〉)

接点 $(s, f(s))$ における接線と, 接点 $(t, g(t))$ における接線が同じものになります. すなわち, 傾きどうし, $y$ 切片どうしが等しいという連立方程式をつくることになります. (⇨**演習問題 67**)

**注 2**　2つの曲線 $y=f(x)$ と $y=g(x)$ が $x=t$ で共有点をもち, その点で共通の接線をもつことを2つの曲線が **$x=t$ で接する**といいます.
〈図 II 〉がそのようなグラフになっています.

**演習問題 67**

$xy$ 平面上の2つの曲線
$$\begin{cases} y=-e^{-x} \qquad\qquad\quad \cdots\cdots① \\ y=e^{ax} \text{ (ただし, } a>0) \quad \cdots\cdots② \end{cases}$$
のどちらにも接する直線を $l$ とする. $l$ が①に接する点の $x$ 座標を求めよ.

基礎問

# 68 平均値の定理

> $0<a<b$ のとき，平均値の定理を用いて
> $$\frac{1}{b}<\frac{\log b-\log a}{b-a}<\frac{1}{a}$$
> を示せ.

精講

次の性質を「**平均値の定理**」といいます.

> 関数 $f(x)$ が $a\leqq x\leqq b$ で連続，$a<x<b$ で微分可能ならば
> $$\frac{f(b)-f(a)}{b-a}=f'(c),\ a<c<b$$
> **をみたす $c$ が少なくとも1つ存在する**

この定理の図形的意味は，右図のように，2点
A$(a,\ f(a))$，B$(b,\ f(b))$ を結ぶ線分と平行な接線が，$a$
と $b$ の間に少なくとも1本（右図では2本）存在すること
を示しています．ところでこの定理は，受験生にとっては
気が付きにくい定理ナンバーワンだといわれています.

平均値の定理を使うときは**ポイント**にかいてある2つを考えるところから始
まりますが，この定理の本体は等式にもかかわらず不等式の証明に有効なのは，
$a<c<b$ を活用しているからです．すなわち，$a<c<b$ を使って

$A<f'(c)<B$ **としておいて，$f'(c)$ のところに $\dfrac{f(b)-f(a)}{b-a}$ を代入する**

ことで不等式を証明します．

■━━━━━ 解　答 ━━━━━■

関数 $f(x)=\log x$ の区間 $[a,\ b]$ において平均値の定理を適用すると，

$f'(x)=\dfrac{1}{x}$ であることより，

$$\frac{\log b-\log a}{b-a}=\frac{1}{c}\ (0<a<c<b)$$

をみたす $c$ が少なくとも1つ存在する．

ところで，$f'(x)=\dfrac{1}{x}$ は $x>0$ において単調減少だから，

$$\frac{1}{b}<\frac{1}{c}<\frac{1}{a}$$

◀ $\dfrac{\log b-\log a}{b-a}$ をはさむのでは

$$\therefore\quad \frac{1}{b}<\frac{\log b-\log a}{b-a}<\frac{1}{a}$$

なく $\dfrac{1}{c}$ をはさむことを考える

**注** 解答の1行目について

$a\leqq x\leqq b$ を記号 $[a,\ b]$ で，$a<x<b$ を記号 $(a,\ b)$ で表すことが
ありますが，この記号を使うときは，記号の前に「区間」という日本
語をつけます．そうでないと $(a,\ b)$ は座標のようにみえるからです．

**Ⅰ**．この**基礎問**の図形的意味は次の通りです．

$y=\log x$ 上の2点 $A(a,\ \log a)$，
$B(b,\ \log b)\ (a<b)$ を結ぶ線分 AB
の傾きはAにおける接線の傾きよ
り小さく，Bにおける接線の傾き
より大きい（⇨右図参照）．

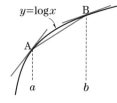

**Ⅱ**．平均値の定理は次のような形で表されることもあります．

関数 $f(x)$ が区間 $[a,\ a+h]$ で連続で，区間 $(a,\ a+h)$ で微分
可能ならば，$f(a+h)=f(a)+hf'(a+\theta h)\ (0<\theta<1)$ をみたす
実数 $\theta$ が少なくとも1つ存在する（下図参照）．

$$\begin{pmatrix} a+h=b \\ a+\theta h=c \end{pmatrix}$$

第5章

🔵**ポイント** 平均値の定理を使うとき，次の2つを考える
① どんな関数の
② どんな範囲で

**演習問題 68**

(1) $f(x)=e^x\sin x$ のとき，$f'(x)$ を求めよ．

(2) $\alpha<\beta$ のとき，平均値の定理を用いて
$$|e^\beta\sin\beta-e^\alpha\sin\alpha|<\sqrt{2}\,(\beta-\alpha)e^\beta$$
を示せ．

# 69 増減・極値（I）

> $f(x)=-x^4+a(x-2)^2$　$(a>0)$ について，次の問いに答えよ．
>
> (1)　$f(x)$ が極小値をもつような $a$ の値の範囲を求めよ．
>
> (2)　(1)のとき極小値を与える $x$ を $x_1$ とすれば，$2<x_1<3$ が成りたつことを示せ．

**精講**　　4次関数の微分は，技術的には，数学 II の微分の考え方と差はありません．

　　(1)　4次関数（$x^4$ の係数 $<0$）が極小値をもつとはどういうことでしょうか？

　とりあえず，$f'(x)=0$ をみたす $x$ が存在しないといけませんが，$y=f(x)$ のグラフを想像すると右図のような形が題意に適するようです．

　ということは，極大値を2つもつ必要もありそうです．このことから，次のことがいえそうです．

　　**$f'(x)=0$ が異なる3つの実数解をもつ**

（⇨ II B ベク **92**）

(2)　$x=x_1$ は $f'(x)=0$ の3つの解を小さい順に並べたときの中央の値になりますが，方程式の解が特定の範囲に存在することを示すとき，グラフを利用します．（⇨ I・A **46** 解の配置）

---

**解　答**

(1)　$f'(x)=-4x^3+2a(x-2)=g(x)$ とおく．

　　$f(x)$ が極小値をもつとき，$g(x)=0$ は異なる3つの実数解をもつ．

　　$g'(x)=-12x^2+2a=0$ を解くと

$$x=\pm\sqrt{\frac{a}{6}}\quad(a>0\text{ より})$$

　　$g(x)$ において，（極大値）・（極小値）$<0$ であればよいので

$$g\left(\sqrt{\frac{a}{6}}\right)\cdot g\left(-\sqrt{\frac{a}{6}}\right)=\left(\frac{4a}{3}\sqrt{\frac{a}{6}}-4a\right)\left(-\frac{4a}{3}\sqrt{\frac{a}{6}}-4a\right)$$

$$= -\frac{16a^2}{9}\left(\sqrt{\frac{a}{6}}-3\right)\left(\sqrt{\frac{a}{6}}+3\right) < 0$$

ここで，$a>0$ より，$a^2>0$，$\sqrt{\dfrac{a}{6}}+3>0$

ゆえに，$\sqrt{\dfrac{a}{6}}-3>0$ すなわち，$\sqrt{\dfrac{a}{6}}>3$

$$\sqrt{\frac{a}{6}}>3 \qquad \frac{a}{6}>9$$

◀ $\sqrt{\dfrac{a}{6}}>3$ の両辺が正より

$$\therefore \quad a>54$$

$a>0$ だから

$$\therefore \quad \boldsymbol{a>54}$$

(2) $x=x_1$ は，$g(x)=0$ の3つの解を小さい順
に並べたときの中央の値，すなわち，$y=g(x)$
のグラフと$x$軸との3個の交点のうち，中央の
点の$x$座標．ここで，$g(2)=-32<0$，
$g(3)=-108+2a>0$ （$a>54$ より）だから，
$y=g(x)$ のグラフは右図のようになり，$2<x_1<3$ が成りたつ．

──── ポイント ────

$x^4$ の係数が正の4次関数 $f(x)$ が極大値をもつ
（$x^4$ の係数が負の4次関数 $f(x)$ が極小値をもつ）
とき，$f'(x)=0$ は異なる3つの実数解をもつ

第5章

演習問題 69

$f(x)=ax^4+bx^3+cx^2+dx+e$ が次の性質(i)〜(iii)をもつとき，
$a$，$b$，$c$，$d$，$e$ の値を求めよ．

(i) $f(x)=f(2-x)$

(ii) $f(x)$ は極大値 4 をもつ．

(iii) $f(x)$ は $x=3$ において，極小値 $-4$ をとる．

**基礎問**

# 70 増減・極値（Ⅱ）

関数 $f(x)=\dfrac{x+b}{x^2+2x+a}$ （$a$, $b$ は定数, $a>1$）について，次の問いに答えよ．

(1) $f(x)$ は極大値，極小値をもつことを示せ．

(2) 極大値，極小値を与える $x$ をそれぞれ，$x_1$, $x_2$ とするとき，$(x_1+1)f(x_1)$, $(x_2+1)f(x_2)$ は $a$, $b$ に無関係な一定値であることを示せ．

(3) $a=3$, $b=1$ のとき，極大値，極小値を求めよ．

 **精 講**

(1) $f'(x)=0$ をみたす $x$ の存在を示すだけでは不十分．その $x$ の前後で $f'(x)$ の符号が変化することを述べなければなりません．

（⇨ⅡBベク **89**）

(2) $(x_1+1)f(x_1)$ と $(x_2+1)f(x_2)$ の2つについて議論する必要はありません．「ともに $f'(x)=0$ の解」という意味で同じ扱いができます．

## 解 答

(1) $f'(x)=\dfrac{1\cdot(x^2+2x+a)-(x+b)(2x+2)}{(x^2+2x+a)^2}$ ◀商の微分：**60**

$=\dfrac{-x^2-2bx+a-2b}{(x^2+2x+a)^2}=\dfrac{-(x^2+2bx-a+2b)}{(x^2+2x+a)^2}$

$f'(x)=0$ とすると $x^2+2bx-a+2b=0$ ……①

①の判別式を $D$ とすると，

$\dfrac{D}{4}=b^2+a-2b=(b-1)^2+a-1>0$ （$a>1$ より）

よって，①は異なる2つの実数解をもつ．

このとき，$f'(x)$ の符号は，$(x^2+2x+a)^2>0$ だから $y=-(x^2+2bx-a+2b)$ の符号と一致する．

右のグラフより，$f'(x)=0$ となる $x$ の前後で，$f'(x)$ の符号は－から＋，＋から－の順に変化するので，$f(x)$ は極大値と極小値を1つずつもつ．

$y=-x^2-2bx+a-2b$

(2) (1)より，$x_1$，$x_2$ は $f'(x)=0$ の2解，すなわち，①の2解だから，解と係数の関係より

$$x_1+x_2=-2b \quad \cdots\cdots② , \quad x_1x_2=-a+2b \quad \cdots\cdots③$$

$f(x_1)=\dfrac{x_1+b}{x_1{}^2+2x_1+a}$ において，②，③より ◀ この式の分母に $x_1+1$ がでてくるはずと考えてよい

$$b=-\frac{x_1+x_2}{2}, \quad a=-x_1x_2-(x_1+x_2)$$

$$\therefore \quad x_1+b=\frac{1}{2}(x_1-x_2),$$

$$x_1{}^2+2x_1+a=x_1{}^2+2x_1-x_1x_2-(x_1+x_2)=(x_1-x_2)(x_1+1)$$

よって，$f(x_1)=\dfrac{x_1-x_2}{2(x_1-x_2)(x_1+1)}=\dfrac{1}{2(x_1+1)} \quad (x_1 \neq x_2$ より$)$

$$\therefore \quad (x_1+1)f(x_1)=\frac{1}{2} \quad 同様にして，\quad (x_2+1)f(x_2)=\frac{1}{2}$$

(3) $a=3$，$b=1$ のとき，①より $x=-1\pm\sqrt{2}$

$x_2<x_1$ だから，$x_1=-1+\sqrt{2}$，$x_2=-1-\sqrt{2}$

ゆえに，**極大値は** $f(x_1)=\dfrac{1}{2\sqrt{2}}$, ◀ (2)の結果に代入

**極小値は** $f(x_2)=-\dfrac{1}{2\sqrt{2}}$

**第5章**

🌀 **ポイント** 関数 $f(x)$ において，$f'(\alpha)=0$ であっても $x=\alpha$ で極値をとるとは限らない

$x=\alpha$ の前後で $f'(x)$ の符号の変化も調べなければならない

**演習問題 70**

$f(x)=\dfrac{x^2+(2\sin\theta+1)x+2\sin\theta+\cos^2\theta}{x+1}$ について，次の問い

に答えよ．ただし，$-\dfrac{\pi}{2}<\theta<\dfrac{\pi}{2}$ とする．

(1) $f'(x)$ を求めよ．

(2) $f(x)$ の極小値が $-1$ になるように，$\theta$ の値を定めよ．

# 71 凹凸・変曲点

$y=xe^x$ について，次の問いに答えよ．

(1) 増減を調べ，極値を求めよ．

(2) 凹凸を調べ，変曲点の座標を求めよ．

 精 講

(1) $y'$ さえ求めることができれば，考え方は数学Ⅱの極値の求め方
と同じです．

(2) 〈**凹凸・変曲点について**〉

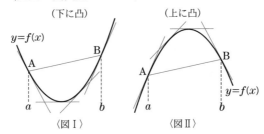

〈図Ⅰ〉のように，曲線 $y=f(x)$ が弦 AB より下側にあるとき，この区間
で $f(x)$ は**下に凸**といいます．これを式でとらえると，AからBに向かって
接線をひいていくと，傾き $(=f'(x))$ が増え続けていることより，$f'(x)$ が
増加する区間，すなわち，$f''(x)>0$ である区間で $f(x)$ は下に凸になること
がわかります．

また，この逆が**上に凸**です．

次に，曲線が上に凸から下に凸（あるいはその逆）へ変わる点を**変曲点**と
いいます．すなわち，$f''(\alpha)=0$ であり，かつ **$x=\alpha$ の前後で $f''(x)$ の符号
が変わる**点 $(\alpha, f(\alpha))$ が変曲点となります．

実際の問題では，凹凸表といわれる表をかいて判断していきます．グラフ
をかく問題では，増減だけでは正しい形状の判断ができないときもあります
から，凹凸を判断できないと「グラフがかけない」という致命的な傷を負う
ことになります．

## 解　答

(1)　$y'=1\cdot e^x+x\cdot e^x=e^x(x+1)$

$y'=0$ を解くと，$x=-1$ だから，

増減は右表のようになり，

**極小値は** $-\dfrac{1}{e}$

| $x$ | $\cdots$ | $-1$ | $\cdots$ |
|---|---|---|---|
| $y'$ | $-$ | $0$ | $+$ |
| $y$ | $\searrow$ | $-\dfrac{1}{e}$ | $\nearrow$ |

(2)　$y''=e^x(x+1)+e^x\cdot1=e^x(x+2)$

$y''=0$ を解くと，$x=-2$ だから，

凹凸は右表のようになる．

よって，**変曲点は** $\left(-2,\ -\dfrac{2}{e^2}\right)$

| $x$ | $\cdots$ | $-2$ | $\cdots$ |
|---|---|---|---|
| $y''$ | $-$ | $0$ | $+$ |
| $y$ | $\cap$ | $-\dfrac{2}{e^2}$ | $\cup$ |

**注**　表中の記号∩は上に凸を表し，∪は下に凸を表します．

 グラフをかきたいとき，増減と凹凸を１つの表にまとめてか

くとグラフの形状がわかりやすくなります．

そのときは，次のようにかきます．

| $x$ | $\cdots$ | $-2$ | $\cdots$ | $-1$ | $\cdots$ |
|---|---|---|---|---|---|
| $y'$ | $-$ | $-$ | $-$ | $0$ | $+$ |
| $y''$ | $-$ | $0$ | $+$ | $+$ | $+$ |
| $y$ | $\searrow$ | $-\dfrac{2}{e^2}$ | $\searrow$ | $-\dfrac{1}{e}$ | $\nearrow$ |

記号 ↘ は，上に凸で減少することを表しま

す．↙，↗，↖ もそれぞれ下に凸で減少，

下に凸で増加，上に凸で増加を表します．

第5章

**ポイント**

・$f(x)$ は $f''(x)>0$ となる区間では下に凸

　　　　　　$f''(x)<0$ となる区間では上に凸

・$f''(a)=0$ となっても，その前後で符号が変化しな

　ければ変曲点ではない

**演習問題 71**

$f(x)=x(x-1)^3$ について，次の問いに答えよ．

(1)　増減を調べ，極値を求めよ．

(2)　凹凸を調べ，変曲点の座標を求めよ．

# 72 三角関数の最大・最小（I）

> $f(x)=2\sin x+\sin 2x\ \left(0\leqq x\leqq\dfrac{\pi}{2}\right)$ について、最大値、最小値と、それらを与える $x$ の値を求めよ.

 **精 講**　数学 I, II でも「三角関数の最大・最小」を扱いましたが、そのときは、「**おきかえて既知の関数になる**」三角関数がテーマでした. 数学 III では、そういうものも含めて「**微分して増減表をかく**」三角関数がテーマです.

　「微分する」という作業を除けば、数学 II で学んだ内容が主たる道具ですから、忘れていたこと、知らなかったことをその都度、補ってください.

　ところで、この**基礎問**は数学 II の範囲では解けないのでしょうか？

　$\sin 2x=2\sin x\cos x$ としたところで $f(x)=2\sin x+2\sin x\cos x$ ですから、$\sqrt{\ \ }$ を使わないで1種類に統一することができません.

　ということで、微分するしか手がないのですが、解答は2つできます.

---

## 解　答

$$f'(x)=2\cos x+\cos 2x\cdot(2x)'=2\cos x+2\cos 2x$$

（⇨合成関数の微分：**62**）

$$=2\cos x+2(2\cos^2 x-1)=2(2\cos^2 x+\cos x-1)$$

（⇨2倍角の公式：IIBベク**55**）

$$=2(\cos x+1)(2\cos x-1)$$

$0\leqq x\leqq\dfrac{\pi}{2}$ のとき、$0\leqq\cos x\leqq 1$ だから、

$f'(x)=0$ とすると　　$\cos x=\dfrac{1}{2}$　　$\therefore\ x=\dfrac{\pi}{3}$

　よって、増減は右表のようになり、

最大値　$\dfrac{3\sqrt{3}}{2}$　$\left(x=\dfrac{\pi}{3}\right)$

最小値　　$0$　　$(x=0)$

| $x$ | $0$ | $\cdots$ | $\dfrac{\pi}{3}$ | $\cdots$ | $\dfrac{\pi}{2}$ |
|---|---|---|---|---|---|
| $f'(x)$ | | $+$ | $0$ | $-$ | |
| $f(x)$ | $0$ | ↗ | $\dfrac{3\sqrt{3}}{2}$ | ↘ | $2$ |

注　次に，(**別解**)をあげておきますが，これは「こんな解答をつくって
ほしい」ということではありません．$\sqrt{\phantom{x}}$ のついた関数の微分に，受
験生の方々は意外と苦労しているようなので，「微分の練習問題」のつ
もりでかいてあります．途中をわざと省略しているところもあります
ので，自分で鉛筆をもって実行してみましょう．

(**別解**)　$\sin x = t$ とおくと，$0 \le t \le 1$

$$\cos x = \sqrt{1-\sin^2 x} = \sqrt{1-t^2} \quad (0 \le \cos x \le 1 \text{ より})$$

$$\therefore \ f(x) = 2t + 2t\sqrt{1-t^2} \ (=g(t) \text{ とおく})$$

$$g'(t) = 2 + 2\sqrt{1-t^2} + 2t \cdot \frac{-2t}{2\sqrt{1-t^2}} \quad (0 \le t < 1)$$

$$= \frac{2}{\sqrt{1-t^2}}(\sqrt{1-t^2} + 1 - 2t^2)$$

$g'(t) = 0$ とすると

$$\sqrt{1-t^2} = 2t^2 - 1 \quad \left(t \ge \frac{1}{\sqrt{2}}\right)$$

| $t$ | 0 | $\cdots$ | $\frac{\sqrt{3}}{2}$ | $\cdots$ | 1 |
|---|---|---|---|---|---|
| $g'(t)$ | | $+$ | 0 | $-$ | |
| $g(t)$ | 0 | ↗ | $\frac{3\sqrt{3}}{2}$ | ↘ | 2 |

両辺を 2 乗して，$t^2(4t^2-3) = 0$

$$\therefore \ t = \frac{\sqrt{3}}{2} \quad \left(\frac{1}{\sqrt{2}} \le t < 1 \text{ より}\right)$$

よって，増減は表のようになる．(以下略)

**● ポイント**｜三角関数の最大・最小は，微分する前に，おきかえて
最大・最小を求められる関数になっているかどうかを
考えて，だめなら，そこで微分することを考える

**演習問題 72**

$a$ を 0 でない定数とし，$f(x) = a(x - \sin 2x)$ は $-\dfrac{\pi}{2} \le x \le \dfrac{\pi}{2}$

で定義された関数とするとき，次の問いに答えよ．

(1)　$2\cos\theta - 1 = 0 \ (-\pi \le \theta \le \pi)$ を解け．

(2)　$a > 0$ のとき，$f(x)$ の最大値が $\pi$ となる $a$ の値を求めよ．

(3)　$a < 0$ のとき，$f(x)$ の最大値が $\pi$ となる $a$ の値を求めよ．

# 73 対数関数の最大・最小

$$f(x)=n\log x+\log(n+2-nx) \quad \left(0<x<\frac{n+2}{n},\ n:自然数\right)$$

について，次の問いに答えよ．

(1) 最大値$M$を$n$で表せ．

(2) $\displaystyle\lim_{n\to\infty} M$ を求めよ．

精 講　対数関数の最大・最小も三角関数と同様で，おきかえなどで微分をしないですむものならそちらの方がラクですが，この問題もそれは無理です．

(1) 微分することが方針であることは当然として，そのまま微分しますか？それとも変形して微分しますか？

## 解 答

(1) $f'(x)=\dfrac{n}{x}+\dfrac{(n+2-nx)'}{n+2-nx}=\dfrac{n}{x}-\dfrac{n}{n+2-nx}$

（⇨合成関数の微分：62）

$=\dfrac{n\{(n+2)-(n+1)x\}}{x(n+2-nx)}$

$f'(x)=0$ を解くと　　$x=\dfrac{n+2}{n+1}$

$0<\dfrac{n+2}{n+1}<\dfrac{n+2}{n}$　より

増減は右表のようになる．

| $x$ | 0 | $\cdots$ | $\dfrac{n+2}{n+1}$ | $\cdots$ | $\dfrac{n+2}{n}$ |
|---|---|---|---|---|---|
| $f'(x)$ | | $+$ | $0$ | $-$ | |
| $f(x)$ | | ↗ | 最大 | ↘ | |

$\therefore\ M=f\left(\dfrac{n+2}{n+1}\right)=n\log\dfrac{n+2}{n+1}+\log\left\{n+2-\dfrac{n(n+2)}{n+1}\right\}$

$=\log\left(\dfrac{n+2}{n+1}\right)^n+\log\left(\dfrac{n+2}{n+1}\right)=\log\left(\dfrac{n+2}{n+1}\right)^{n+1}$

(2) $\displaystyle\lim_{n\to\infty}\left(\dfrac{n+2}{n+1}\right)^{n+1}=\lim_{n+1\to\infty}\left(1+\dfrac{1}{n+1}\right)^{n+1}=e$ ◀ 51

よって，$\displaystyle\lim_{n\to\infty} M=\lim_{n\to\infty}\log\left(\dfrac{n+2}{n+1}\right)^{n+1}=\log e=1$

注 ところで，(1)の最後の 2 行で $M$ の値を計算していますが，このとき log を 1 つにまとめる作業をしています．

それなら，最初からまとめてみたらどうでしょうか？

**（別解）** （log△ が最大になるのは△が最大のときだから…）

(1) $f(x)=\log x^n(n+2-nx)$

$g(x)=x^n(n+2-nx)$ とおくと，

$g'(x)=nx^{n-1}(n+2-nx)+x^n(-n)=nx^{n-1}\{(n+2)-(n+1)x\}$

$g'(x)=0$ を解くと $x=\dfrac{n+2}{n+1}$ $\left(0<\dfrac{n+2}{n+1}<\dfrac{n+2}{n}\ \ より\right)$

よって，増減は右表のようになり，
最大値は

$$g\left(\frac{n+2}{n+1}\right)=\left(\frac{n+2}{n+1}\right)^{n+1}$$

| $x$ | 0 | $\cdots$ | $\dfrac{n+2}{n+1}$ | $\cdots$ | $\dfrac{n+2}{n}$ |
|---|---|---|---|---|---|
| $g'(x)$ | | $+$ | 0 | $-$ | |
| $g(x)$ | | ↗ | 最大 | ↘ | |

底$=e$ $(>1)$ だから，

$f(x)$ が最大になるのは，$g(x)$ が最大になるとき．

$$\therefore\ \ M=\log g\left(\frac{n+2}{n+1}\right)=\log\left(\frac{n+2}{n+1}\right)^{n+1}$$

注 増減表をかくときの最大のポイントは導関数の符号変化です．この**基礎問**では，右図のようなグラフを利用しましたが，0 と $\dfrac{n+2}{n+1}$ の間に 1 があるので，$g'(1)=n>0$ を利用することもできるでしょう．

🔘**ポイント**

・関数 $f(x)$ の増減を考えるとき，$f'(x)$ の符号変化のとらえ方が最大のポイント

・関数の最大・最小を考えるとき，まずおきかえて微分しないですませられないか考えて，ダメなら微分することを考えるが，そのときは式の形がこのままでよいか，変形した方がよいか考える

**演習問題 73**

$f(x)=x\log x-2x\ (x>0)$ の最小値を求めよ．

# 74 指数関数の最大・最小

---

$a>0$, $x>0$ のとき, $f(x)=x^a e^{-x}$ について, 次の問いに答えよ.

(1) $f(x)$ の最大値 $M$ を $a$ で表せ.

(2) $M$ が最小となる $a$ を求めよ.

---

基本的には, 72, 73 と同様ですが, 大きな違いは, 定数 $a$ が含まれていることです.

これによって, 方程式 $f'(x)=0$ の解を求める場面で, その解に文字 $a$ が含まれることになり, **場合分けが起こるかもしれません**.

---

## 解 答

(1) $x>0$ のとき

$$f'(x)=ax^{a-1}e^{-x}-x^a e^{-x}$$
$$=x^{a-1}e^{-x}(a-x)$$

$x^{a-1}e^{-x}>0$ だから,

$f'(x)=0$ を解くと

$$x=a$$

よって, 増減は右表のようになる.

$$\therefore\quad M=a^a e^{-a}$$

| $x$ | $0$ | $\cdots$ | $a$ | $\cdots$ |
|---|---|---|---|---|
| $f'(x)$ | | $+$ | $0$ | $-$ |
| $f(x)$ | | ↗ | $a^a e^{-a}$ | ↘ |

**注** もし $a>0$ がなければ, $0$ と $a$ の大小の判断がつかないので場合分けをすることになります. (⇨ 参考 **I**)

(2) $M=a^a e^{-a}$ において, $a>0$ だから,

$$\log M=\log a^a e^{-a}$$

よって, $\log M=a\log a-a$

両辺を $a$ で微分すると, ◀対数微分法：63

$$\frac{M'}{M}=\log a+a\cdot\frac{1}{a}-1$$

$$\therefore\quad M'=M\log a$$

$M>0$ だから, $M'=0$ のとき $a=1$

よって, 増減は右表のようになり,

$M$ は $a=1$ のとき, 最小.

| $a$ | $0$ | $\cdots$ | $1$ | $\cdots$ |
|---|---|---|---|---|
| $M'$ | | $-$ | $0$ | $+$ |
| $M$ | | ↘ | $e^{-1}$ | ↗ |

Ⅰ. ところで, $a<0$ だったら, (1)はどうなるのでしょうか?

$x>0$ のとき $f'(x)=x^{a-1}e^{-x}(a-x)$

ここで $x^{a-1}>0$, $e^{-x}>0$, $a-x<0$ だから, $f'(x)<0$

よって, 単調減少となり, 最大値はない.

Ⅱ. $f(x)$ に変曲点はあるのでしょうか?

71 の復習のつもりで調べてみましょう.

$x>0$ のとき

$f''(x)=(a-1)x^{a-2}e^{-x}(a-x)+x^{a-1}(-e^{-x})(a-x)+x^{a-1}e^{-x}(-1)$

$\qquad =x^{a-2}e^{-x}\{(a-1)(a-x)-x(a-x)-x\}$

$\qquad =x^{a-2}e^{-x}\{x^2-2ax+a(a-1)\}$

$x^2-2ax+a(a-1)=0$ を解くと, $x=a\pm\sqrt{a}$ ($a>0$ より)

ここで, $a-\sqrt{a}>0$ すなわち, $a>1$ のとき,

$\quad a+\sqrt{a}>a-\sqrt{a}>0$

$\quad \therefore\quad f''(x)=0$ の解は

$\qquad x=a\pm\sqrt{a}$

$0\geqq a-\sqrt{a}$ すなわち $0<a\leqq1$ のとき,

$\quad a+\sqrt{a}>0\geqq a-\sqrt{a}$

$\quad \therefore\quad f''(x)=0$ の解は

$\qquad x=a+\sqrt{a}$ のみ

これらと右図より, 変曲点は, $a>1$ のとき 2 個あり,

$0<a\leqq1$ のとき, 1 個ある.

**ポイント** 文字定数が含まれている関数の最大・最小は, 場合分けになる可能性があるので, 要注意

演習問題 74

$f(x)=e^x-ax$ ($a>0$) の最小値を求めよ.

第5章

# 75 分数関数の最大・最小

---

曲線 $y=1-x^2$ がある．点 $P(a, 1-a^2)$ は第1象限の中でこの曲線上を動く．

(1) Pにおける接線 $l$ の方程式を $a$ を用いて表せ．

(2) $l$ と $x$ 軸，$y$ 軸によってつくられる三角形の面積 $S$ を $a$ を用いて表せ．

(3) $S$ が最小となるようなPの座標を求めよ．

---

 精 講

典型的な最大・最小の問題です．

(1), (2)は数学Ⅱの範囲で，使う道具は**接線公式**（ⅡBベク**86**）です．

(3) 微分法を図形へ応用するとき，**変数のとりうる値の範囲**に注意します．

---

### 解　答

(1) $y'=-2x$ だから，Pにおける接線は

$$y-(1-a^2)=-2a(x-a)$$

$$\therefore\ l:y=-2ax+a^2+1\ (0<a<1)$$

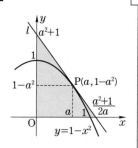

(2) $l$ の $y$ 切片は　$a^2+1\ (>0)$

$x$ 切片は $\dfrac{a^2+1}{2a}\ (>0)$

$$\therefore\ S=\frac{1}{2}\cdot\frac{a^2+1}{2a}\cdot(a^2+1)=\frac{(a^2+1)^2}{4a}$$

(3) $S'=\dfrac{\{(a^2+1)^2\}'\cdot 4a-(a^2+1)^2(4a)'}{(4a)^2}$

$$=\frac{2(a^2+1)\cdot 2a\cdot 4a-4(a^2+1)^2}{16a^2}$$

$$=\frac{(a^2+1)\{4a^2-(a^2+1)\}}{4a^2}=\frac{(a^2+1)(3a^2-1)}{4a^2}$$

◀$a^2+1$ が共通因数になることが見えている

$0<a<1$ だから，

$S'=0$ を解くと　$a=\dfrac{1}{\sqrt{3}}$

よって，増減は右表のようになる．

| $a$ | $0$ | $\cdots$ | $\dfrac{1}{\sqrt{3}}$ | $\cdots$ | $1$ |
|---|---|---|---|---|---|
| $S'$ | | $-$ | $0$ | $+$ | |
| $S$ | | $\searrow$ | $\dfrac{4\sqrt{3}}{9}$ | $\nearrow$ | |

したがって，$a=\dfrac{1}{\sqrt{3}}$ のとき，$S$ は最小となり，求める座標は，

$$P\left(\dfrac{1}{\sqrt{3}},\ \dfrac{2}{3}\right)$$

(3) $S$ を最小にするとあるので，微分することに疑問はないでしょう．**ポイント**にあるように，微分する前に，**そのまま微分するか，変形して微分するか**を考える習慣をつけておくと，負担が軽くなることがあります．**解答**でそのまま微分しているのは，このあと方程式 $S'=0$ を解くことになるので，$S'$ を因数分解された形で手に入れたかったからです．ただ単に微分するだけなら，次のようにした方が気分的にはラクです．

$$S=\dfrac{(a^2+1)^2}{4a}=\dfrac{a^4+2a^2+1}{4a}=\dfrac{1}{4}\left(a^3+2a+\dfrac{1}{a}\right)$$

$$\therefore\ \ S'=\dfrac{1}{4}\left(3a^2+2-\dfrac{1}{a^2}\right)=\dfrac{3a^4+2a^2-1}{4a^2}$$

**73**にもでてきているのですが，「微分する」と決まったとき，「**そのまま微分するか**」，「**式変形をして微分するか**」の選択は，問題によっては，大きな作業量の差になることがあります．いろいろな関数の微分が一通りできるようになった人の**次のテーマ**といえるでしょう．

第5章

● ポイント　関数を微分するとき
　　　　　　　① そのまま微分
　　　　　　　② 式変形をして微分
　　　　　　の2つの選択がある

演習問題 75

$f(x)=e^{-2x}$ とし，曲線 $C:y=f(x)$ を考える．

(1) 点 $(\alpha,\ e^{-2\alpha})$ $(\alpha>0)$ における曲線$C$の接線 $l$ の方程式を求めよ．

(2) $l$ と$x$軸，$y$軸によって囲まれる三角形の面積 $S(\alpha)$ を求めよ．

(3) $S(\alpha)$ の最大値と，それを与える $\alpha$ の値を求めよ．

# 76 三角関数の最大・最小（Ⅱ）

$f(x) = \dfrac{\sin x + \cos x}{\sin^4 x + \cos^4 x}$ に対して，次の問いに答えよ．

(1) $t = \sin x + \cos x$ とおくとき，$f(x)$ を $t$ で表せ．

(2) $f(x)$ の $0 \le x \le \pi$ における最大値と最小値を求めよ．

72 の**ポイント**をみると，(1)がなくても，まず，おきかえることを考えた方がよいでしょう．

(1) $f(x)$ は $\sin x$ と $\cos x$ をとりかえても同じ式ですから，$\sin x$，$\cos x$ に関する対称式（Ⅰ・A 5）といえます．だから，$f(x)$ は $\sin x + \cos x$ と $\sin x \cos x$ の式で表せます．Ⅰ・A 72 によれば，$\sin x \cos x$ は $\sin x + \cos x$ で表すことができます．(1)は，このことをいっているのです．

Ⅰ・A 3 の 精講 に「**式の特徴を見ぬく**」力が大切であるとかいておいたのは，こういうときのためなのです．

## 解 答

(1) $t^2 = 1 + 2\sin x \cos x$ より　　　　　　◀ $\sin^2 x + \cos^2 x = 1$

$\quad \sin x \cos x = \dfrac{1}{2}(t^2 - 1)$

このとき，

$\quad \sin^4 x + \cos^4 x$

$= (\sin^2 x + \cos^2 x)^2 - 2\sin^2 x \cos^2 x$

$= 1 - 2\left\{\dfrac{1}{2}(t^2 - 1)\right\}^2$

$= 1 - \dfrac{1}{2}(t^2 - 1)^2$

$= -\dfrac{1}{2}(t^4 - 2t^2 - 1)$

よって，$f(x) = \dfrac{-2t}{t^4 - 2t^2 - 1}$

(2) $t = \sqrt{2}\,\sin\left(x + \dfrac{\pi}{4}\right)$ において　　　◀ ⅡBベク 59：三角関数の合成

$0 \leqq x \leqq \pi$ より，$\dfrac{\pi}{4} \leqq x + \dfrac{\pi}{4} \leqq \dfrac{5\pi}{4}$ だから，

$$-\dfrac{1}{\sqrt{2}} \leqq \sin\left(x + \dfrac{\pi}{4}\right) \leqq 1$$

（右図参照）

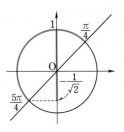

$\therefore \quad -1 \leqq t \leqq \sqrt{2}$

次に，$g(t) = \dfrac{-2t}{t^4 - 2t^2 - 1}$ とおくと

$$g'(t) = \dfrac{-2(t^4 - 2t^2 - 1) - (-2t)(4t^3 - 4t)}{(t^4 - 2t^2 - 1)^2}$$

$$= \dfrac{2(3t^4 - 2t^2 + 1)}{(t^4 - 2t^2 - 1)^2}$$

$$= \dfrac{2\{2t^4 + (t^2 - 1)^2\}}{(t^4 - 2t^2 - 1)^2}$$

ここで，$2t^4 \geqq 0$，$(t^2 - 1)^2 \geqq 0$ であり，等号は同時に成立しないので

$\quad 2t^4 + (t^2 - 1)^2 > 0$

ゆえに $g'(t) > 0$ となり，$g(t)$ は単調増加．

よって，$t = \sqrt{2}$　すなわち，$x = \dfrac{\pi}{4}$ のとき，**最大値 $2\sqrt{2}$**

$\qquad t = -1$　すなわち，$x = \pi$ のとき，**最小値 $-1$**

**注** (2)において，$g'(t) > 0$ でも，$g'(t) \geqq 0$ でも，大ざっぱにとらえれば，「単調増加」ですから，「$2t^4 \geqq 0$，$(t^2 - 1)^2 \geqq 0$ より，$2t^4 + (t^2 - 1)^2 \geqq 0$」でもよいのでしょうが，やはり，等号が成りたたないのは事実ですから，**解答**はきちんとかいておきました．

第5章

**◑ ポイント**

$f'(x) \geqq 0$ となる $x$ の範囲で $f(x)$ は単調増加

**演習問題 76**

$f(x) = \dfrac{\sin x - \cos x}{2 + \sin x \cos x}$ について，次の問いに答えよ．

(1) $\sin x - \cos x = t$ とおくとき，$f(x)$ を $t$ で表せ．

(2) $f(x)$ の最大値，最小値を求めよ．

# 77 微分法のグラフへの応用（Ⅰ）

$y = x + \dfrac{1}{x-2}$ の増減，極値，漸近線を調べてグラフをかけ．

本問のテーマは「**漸近線**」です．漸近線は，次のように定義されます．

曲線上の点が限りなく遠ざかる場合，その曲線がある直線に限りなく近づくとき，近づいていく直線をその曲線の**漸近線**という．

**37** で，$y = \dfrac{r}{x-p} + q$ の形で，漸近線が $x=p$，$y=q$ であることを学びましたが，この関数も同じような形をしています（⇨**ポイント**）．

一般的なことは 参考 を見てください．

---

## 解　答

$y' = 1 - \dfrac{1}{(x-2)^2}$ だから，

$y' = 0$ とすると $(x-2)^2 = 1$

$\therefore \quad x = 1,\ 3$

また，増減は右表のようになるので

**極大値 0，極小値 4**

次に，$\displaystyle \lim_{x \to 2+0} y = +\infty$，$\displaystyle \lim_{x \to 2-0} y = -\infty$ より

**直線 $x=2$ が漸近線．**

また，$\displaystyle \lim_{x \to \pm\infty} \dfrac{1}{x-2} = 0$ だから，

**直線 $y=x$ も漸近線．**

以上のことより，グラフは右図．

▼注 3参照

| $x$ | $\cdots$ | 1 | $\cdots$ | 2 | $\cdots$ | 3 | $\cdots$ |
|---|---|---|---|---|---|---|---|
| $y'$ | $+$ | 0 | $-$ | | $-$ | 0 | $+$ |
| $y$ | ↗ | 0 | ↘ | | ↘ | 4 | ↗ |

**注1** 凹凸については，要求されていないので調べていません．

**注2** 「$\displaystyle \lim_{x \to a+0} y$」とは，$x$ の値を右側から $a$ に近づけたときの $y$ の極限を表します．逆に，$x \to a-0$ は，左側から $a$ に近づけることを表します．

注3　この関数は，$x=2$ では定義されません．このようなときには，増減表に，$x=2$ の欄も用意します．

 参考

（**タテ型漸近線**）
$$\lim_{x \to a+0} f(x)=+\infty \ (\text{または} -\infty), \ \text{あるいは}$$
$$\lim_{x \to a-0} f(x)=+\infty \ (\text{または} -\infty) \ \text{のどちらかが成りたてば，}$$

**直線 $x=a$ が漸近線.**

（**ヨコ型漸近線**）
$$\lim_{x \to \infty} f(x)=a \ (\text{または} \ \lim_{x \to -\infty} f(x)=a) \ \text{が成りたてば，直線 } y=a \ \text{が}$$

漸近線.

（**ナナメ型漸近線**）
$$\lim_{x \to \infty} \frac{f(x)}{x}=a, \ \lim_{x \to \infty}(f(x)-ax)=b \ \text{のとき，} (x \to -\infty \ \text{でもよい})$$

**直線 $y=ax+b$ が漸近線.**

　また，分子，分母ともに整式であれば次のようなこともいえます．

① $x=a$ で分母が $0$ となるならば，直線 $x=a$ が漸近線

② (分母の次数)≧(分子の次数) のとき，ヨコ型漸近線がある

③ (分母の次数)$+1$=(分子の次数) のとき，ナナメ型漸近線がある

（**例**）　基礎問の関数を変形すると，$y=\dfrac{x^2-2x+1}{x-2}$

　　　これは，まさしく③の形で，$y=x$ がナナメの漸近線です．

(⇨演習問題 77)

第5章

**●ポイント**

$y=mx+n+\dfrac{a}{x-p}$ のとき

2直線 $x=p$, $y=mx+n$ が漸近線

**演習問題 77**

$y=\dfrac{x^2+2x-2}{x+3}$ の増減，極値，漸近線を調べてグラフをかけ．

# 78 微分法のグラフへの応用（Ⅱ）

$y=\dfrac{x}{e^x}$ の増減，極値，凹凸，変曲点，漸近線を調べて，グラフの概形

をかけ．ただし，$\displaystyle\lim_{x\to\infty}\dfrac{x}{e^x}=0$ を用いてよい．

 **精 講**　グラフをかくときに必要なものは，次の通りです．

　① 増減，極値　　② 凹凸，変曲点
　③ 座標軸との交点　④ 存在すれば，漸近線

ということは，次の作業ができればグラフがかけるということになります．

　　Ⅰ．微分ができる
　　Ⅱ．関数の符号変化がよめる
　　Ⅲ．漸近線が求められる

最大のハードルはⅢですが，本問では，Ⅲに必要な材料は与えられています．

この基礎問では $\displaystyle\lim_{x\to\infty}\dfrac{x}{e^x}=0$ がそれにあたります．

まず，Ⅰ，Ⅱが確実にできるようになってください．

特に，微分するとき，**75** のポイントを思い出すと…．

## 解 答

$y=\dfrac{x}{e^x} \Longleftrightarrow y=xe^{-x}$

◀商の微分より積の微分の方がラク

$\therefore\ y'=e^{-x}+x(-e^{-x})=(1-x)e^{-x}$

また，$y''=-e^{-x}+(1-x)(-e^{-x})=(x-2)e^{-x}$

$e^{-x}>0$ だから

　　$y'=0$ を解くと　　$x=1$
　　$y''=0$ を解くと　　$x=2$

よって，増減，凹凸は右表のようになり，

$x=1$ のとき，**極大値 $\dfrac{1}{e}$** をとり，

**変曲点**は $\left(2,\ \dfrac{2}{e^2}\right)$.

| $x$ | $\cdots$ | $1$ | $\cdots$ | $2$ | $\cdots$ |
|---|---|---|---|---|---|
| $y'$ | $+$ | $0$ | $-$ | $-$ | $-$ |
| $y''$ | $-$ | $-$ | $-$ | $0$ | $+$ |
| $y$ | $\nearrow$ | $\dfrac{1}{e}$ | $\searrow$ | $\dfrac{2}{e^2}$ | $\searrow$ |

$\displaystyle\lim_{x\to\infty}\frac{x}{e^x}=0$ より，$x$ 軸が漸近線.

また，$\displaystyle\lim_{x\to-\infty}\frac{x}{e^x}=-\infty$ である. ◀ 48

以上のことより，グラフの概形は右図.

**注** 「概形」をそのまま訳せば，「だいたいの形」と

いうことでしょうが，数学では，増減，凹凸などをきちんと調べた図でも「概形」とよびます. この問題でいうと，曲線の曲がり具合とか，$\dfrac{1}{e}$ や $\dfrac{2}{e^2}$ の $y$ 軸上の位置はどうしても正確にかけないからです.

ところで，与えられた形のまま微分するとどうなるのでしょうか？

$$y'=\frac{1\cdot e^x-x\cdot e^x}{(e^x)^2}=\frac{(1-x)e^x}{(e^x)^2}=\frac{1-x}{e^x}$$

$$y''=\frac{-1\cdot e^x-(1-x)e^x}{(e^x)^2}=\frac{(x-2)e^x}{(e^x)^2}=\frac{x-2}{e^x}$$

このように，いろいろな手段が存在するときは，自分の手で確かめることが大切です. この経験が試験本番で役に立つのです.

第5章

---

**◯ ポイント** グラフをかくとき，次の 4 つを調べる
① 増減，極値　　　② 凹凸，変曲点
③ 座標軸との交点　④ 漸近線

**注** $\displaystyle\lim_{x\to\infty}\frac{x}{e^x}=0$ については，**81** 参照.

---

**演習問題 78**

$y=\dfrac{e^x}{x^2}$ の増減，極値を調べて，グラフの概形をかけ.

ただし，$\displaystyle\lim_{x\to\infty}\frac{x^2}{e^x}=0$ を用いてよい.

# 79 微分法のグラフへの応用（Ⅲ）

$y = \dfrac{\log x}{x}$ $(x>0)$ の増減，極値，凹凸，変曲点，漸近線を調べて，グラフの概形をかけ．ただし，$\displaystyle \lim_{t \to \infty} \dfrac{t}{e^t} = 0$ を用いてよい．

**精講**　**78** と全く同じ問題形式をしていますが，ただし書き「$\displaystyle \lim_{t \to \infty} \dfrac{t}{e^t} = 0$」の部分に違和感がありませんか？

　これが，漸近線を求めるために与えてあることは想像できるでしょうか？しかし，与えられた関数は対数ですからこのままでは使えません．

## 解答

$$y' = \dfrac{\dfrac{1}{x} \cdot x - \log x \cdot 1}{x^2} = \dfrac{1 - \log x}{x^2} \qquad y' = 0 \text{ を解くと } x = e$$

$$y'' = \dfrac{-\dfrac{1}{x} \cdot x^2 - (1 - \log x) \cdot 2x}{x^4} = \dfrac{-3 + 2\log x}{x^3} \qquad y'' = 0 \text{ を解くと } x = e^{\frac{3}{2}}$$

よって，増減，凹凸は右表のようになるので

**極大値** $\dfrac{1}{e}$ $(x = e \text{ のとき})$，

**変曲点** $\left( e^{\frac{3}{2}},\ \dfrac{3}{2e^{\frac{3}{2}}} \right)$

| $x$ | $0$ | $\cdots$ | $e$ | $\cdots$ | $e^{\frac{3}{2}}$ | $\cdots$ |
|---|---|---|---|---|---|---|
| $y'$ | | $+$ | $0$ | $-$ | $-$ | $-$ |
| $y''$ | | $-$ | $-$ | $-$ | $0$ | $+$ |
| $y$ | | $\nearrow$ | $\dfrac{1}{e}$ | $\searrow$ | $\dfrac{3}{2e^{\frac{3}{2}}}$ | $\searrow$ |

　ここで，$\displaystyle \lim_{x \to +0} \dfrac{\log x}{x} = -\infty$ （⇨**注1**）

ゆえに，**$y$ 軸が漸近線**．

$t = \log x$ とおくと，$e^t = e^{\log x} = x$ （⇨**注2**）

$$\therefore \quad \dfrac{t}{e^t} = \dfrac{\log x}{x}$$

そして，$x \to \infty$ のとき $t \to \infty$ であるから

$\displaystyle \lim_{x \to \infty} \dfrac{\log x}{x} = \lim_{t \to \infty} \dfrac{t}{e^t} = 0$ となり **$x$ 軸も漸近線**．

よって，グラフは右図．

**注1**　$\lim_{x \to +0} \log x = -\infty$, $\lim_{x \to +0} x = 0$ だから

$\lim_{x \to +0} \dfrac{\log x}{x}$ は不定形ではありません.

**注2**　$e^{\log x} = x$ となる理由はⅡBベク**70**の
**参考**をみてください. 次のように考える
こともできます.

$f(x) = e^x$ と $g(x) = \log x$ は互いに逆関数の関係にあるので　◀**40**
$$f(g(x)) = x$$
すなわち,
$$e^{\log x} = x$$

　この**基礎問**の関数には,漸近線が2本もありましたが,**77**
**参考**によれば,漸近線は,タテ,ヨコ,ナナメの3種類あり,
それぞれ調べ方も決まっています. ということは,「**どの形
の漸近線がありそうか**」予想できれば(＝疑うことができれば)求め
られることになります. そこで,**疑い方**をお伝えしておきましょう.

　Ⅰ. 指数がらみ → ヨコ型
　Ⅱ. 対数, tan がらみ → タテ型
　Ⅲ. 分数がらみ → タテ型, ヨコ型, ナナメ型

　この基礎問について疑ってみると,ⅡとⅢが該当するので,「タテ型,
ヨコ型, ナナメ型がありそう」と予想できるはずです.
　ただし,これはあくまでも予想以外の何者でもありません.
　きちんと調べると,**現実と予想は異なることがあります**.

**演習問題 79**)

**ポイント**

$$\lim_{x \to \infty} \frac{x}{e^x} = 0 \Longleftrightarrow \lim_{x \to \infty} \frac{\log x}{x} = 0$$

**演習問題 79**

　$y = x \log x\ (x > 0)$ について,増減,極値,凹凸,変曲点を調べて,
グラフの概形をかけ. ただし,$\lim_{t \to \infty} \dfrac{\log t}{t} = 0$ を用いてよい.

第5章

# 80 微分法の方程式への応用

曲線 $y = x^4 - 4x^3$ について

(1) $y = x^4 - 4x^3$ のグラフの概形をかけ.

(2) $x$ の方程式 $x^4 - 3x^3 = x^3 + a$ の異なる実数解の個数を $a$ の値で分類して答えよ.

**精 講**

(1) グラフの概形をかくときに必要なことは **78** のポイントにあげた4項目です.

(2) 3次で定数 $a$ を含んだ方程式の解についてⅡBベク **95** で学んでいますが，考え方は次の通りです.

$f(x) = a$ の形に変形して，$y = f(x)$ と $y = a$ のグラフを利用する

---

## 解 答

(1) $y' = 4x^3 - 12x^2 = 4x^2(x-3)$

$y' = 0$ を解くと $\underset{\text{注}1}{\underwave{x = 0,\ 3}}$

$y'' = 12x^2 - 24x = 12x(x-2)$

$y'' = 0$ を解くと $x = 0,\ 2$

また，増減，凹凸は下表のようになる.

| $x$ | $\cdots$ | $0$ | $\cdots$ | $2$ | $\cdots$ | $3$ | $\cdots$ |
|---|---|---|---|---|---|---|---|
| $y'$ | $-$ | $0$ | $-$ | $-$ | $-$ | $0$ | $+$ |
| $y''$ | $+$ | $0$ | $-$ | $0$ | $+$ | $+$ | $+$ |
| $y$ | $\searrow$ | $0$ | $\searrow$ | $-16$ | $\searrow$ | $-27$ | $\nearrow$ |

ゆえに，グラフは右図.

**注 1** $x = 0$ のとき $y' = 0$ ですが，極値ではありません.

（⇨ⅡBベク **89**）

**注 2** 整式で表された関数は漸近線をもちません.

(2) $x^4 - 3x^3 = x^3 + a \rightleftarrows x^4 - 4x^3 = a$

ゆえに，$y = x^4 - 4x^3$ のグラフと直線 $y = a$ の

共有点の個数が，与えられた方程式の異なる実数解の個数と一致する．

よって，異なる実数解の個数は，$a$ の値によって，次のようになる．

$$\begin{cases} a<-27 \text{ のとき 0 個} \\ a=-27 \text{ のとき 1 個} \\ a>-27 \text{ のとき 2 個} \end{cases}$$

**注** 3 「異なる実数解の個数」とは「重解は 1 つと数える」という意味です．たとえば，この**基礎問**で，$a=0$ のときを考えると $x^3(x-4)=0$ が与えられた方程式ですが，「この方程式の実数解は $x=0$ と $x=4$ の 2 個」といういい方はおかしく，正しくは「この方程式の異なる実数解は 2 個」というべきです．ただし，個数がテーマでなければ「この方程式の実数解は，$x=0$ と $x=4$」といってもかまいません． (⇨ⅡBベク**17** **注**)

もし，「この方程式が重解をもつような $a$ の値は？」と聞かれたら，「2 つのグラフが接するとき」を考えて，「$a=0,-27$」と答えればよいのですが，$y=x^4-4x^3$ と $y=0$（$x$ 軸）が接していると思えない人はいませんか？

「接する」ことを右図のようなイメージでとらえていると，このように誤解してしまうことになります．

> $y=x^4-4x^3$ 上の点 $(0,\ 0)$ における接線を接線公式（⇨ⅡBベク**86**）で求めてみましょう．
> $y=0$ となるはずです．

**第5章**

🌑**ポイント** 定数 $a$ を含んだ $x$ の方程式は，$f(x)=a$ と変形し，$y=f(x)$ と $y=a$ のグラフを利用する

**演習問題 80**

$a$ を実数として，方程式 $2x^3-3ax^2+8=0$ が $0\leqq x\leqq 3$ の範囲に少なくとも 1 個の実数解をもつように $a$ の値の範囲を定めよ．

# 81 微分法の不等式への応用

(1) $x>0$ のとき,$e^x>\dfrac{1}{2}x^2+x+1$ が成りたつことを示せ.

(2) $\displaystyle\lim_{x\to\infty}\dfrac{x}{e^x}=0$ を示せ.

(3) $\displaystyle\lim_{x\to+0}x\log x=0$ を示せ.

 精 講

(1) 微分法の不等式への応用はⅡBベク **97**,ⅡBベク **98** で学習済みです.考え方自体は何ら変わりはありません.

(2)は **78** に,(3)は**演習問題 79** にでています.

大学入試で,これらが必要になるときは,

Ⅰ.**直接与えてある**(**78**)

Ⅱ.**間接的に与えてある**(**演習問題 79**)

Ⅲ.**証明ができるように,使う場面以前に材料が与えてある**(**81**)

のいずれかの形態になっているのがフツウですが,たまに,そうでない出題もあります.

だから,この結果は知っておくにこしたことはありません.もちろん,証明の手順もそうです.(1)や(2)で不等式の証明,(3)で極限という流れは **44**,**45** で学んだ**はさみうちの原理**です.

---

**解　答**

(1) $f(x)=e^x-\left(\dfrac{1}{2}x^2+x+1\right)$ とおく.

$f'(x)=e^x-(x+1),\ f''(x)=e^x-1$

$x>0$ のとき,$e^x>1$ が成りたち,$f''(x)>0$

したがって,$f'(x)$ は $x>0$ において単調増加.

ここで,$f'(0)=0$ だから,$x>0$ のとき,$f'(x)>0$

よって,$f(x)$ は $x>0$ において単調増加.

ここで,$f(0)=0$ だから,$x>0$ のとき,$f(x)>0$

ゆえに,$x>0$ のとき,$e^x>\dfrac{1}{2}x^2+x+1$

参考　$y=e^x$ 上の点 $(0, 1)$ における接線を求めると, $y=x+1$ になります. このとき, 右図より $y=e^x$ が $y=x+1$ より上側にあります. だから, $x>0$ では $e^x>x+1$, すなわち, $f'(x)>0$ であることがわかります.

(2)　$x>0$ のとき, (1)より　$e^x>\dfrac{1}{2}x^2+x+1>\dfrac{1}{2}x^2$

$$\therefore \quad 0<\frac{x}{e^x}<\frac{2}{x}$$

$\displaystyle\lim_{x\to\infty}\dfrac{2}{x}=0$ だから, はさみうちの原理より　$\displaystyle\lim_{x\to\infty}\dfrac{x}{e^x}=0$

注　**解答**では, $x+1$ を切り捨てていますが, そのままだと次のようになります.

$$0<\frac{x}{e^x}<\frac{2x}{x^2+2x+2} \ \text{より} \ 0<\frac{x}{e^x}<\frac{2}{x+2+\dfrac{2}{x}}$$

(3)　(2)において, $x=\log\dfrac{1}{t}$ とおくと, $t\to+0$ のとき, $x\to\infty$

また, $e^x=e^{\log\frac{1}{t}}=\dfrac{1}{t},\ x=-\log t$ だから,

$$\lim_{t\to+0}(-t\log t)=\lim_{x\to\infty}\frac{x}{e^x}=0$$

また, $\displaystyle\lim_{t\to+0}(-t\log t)=-\lim_{t\to+0}(t\log t)$

$\therefore \quad \displaystyle\lim_{t\to+0}t\log t=0$ すなわち, $\displaystyle\lim_{x\to+0}x\log x=0$

ポイント

$$\lim_{x\to\infty}\frac{x}{e^x}=0 \ \rightleftarrows \ \lim_{x\to\infty}\frac{\log x}{x}=0 \ \rightleftarrows \ \lim_{x\to+0}x\log x=0$$

演習問題 81

(1)　$x>0$ のとき, $\sqrt{x}>\log x$ を示せ.

(2)　$\displaystyle\lim_{x\to\infty}\dfrac{\log x}{x}=0$ を示せ.

第5章

# 82 媒介変数で表された関数のグラフ

xy平面上で媒介変数 $\theta$ を用いて $\begin{cases} x=\theta-\sin\theta \\ y=1-\cos\theta \end{cases}$ $(0\leqq\theta\leqq2\pi)$ で表される曲線C上の点Pにおける接線が $x$ 軸の正方向と $\dfrac{\pi}{6}$ の角をなすとき,

(1) Cのグラフをかけ.　　　　　(2) 点Pの座標を求めよ.

精　講

(1) 媒介変数で表された関数の微分については 64 で学びました. ここでは, それを用いてグラフをかく練習をしましょう. 最大のヤマは増減表のかき方です. **解答**の中では, スペースの関係上, 64 で求めた $\dfrac{d^2y}{dx^2}$ をそのまま (途中を省略して) 使ってあります.

(2) 直線と $x$ 軸の正方向とのなす角を $\alpha$ とすると $\left(ただし, -\dfrac{\pi}{2}<\alpha<\dfrac{\pi}{2}\right)$, その直線の傾きは $\tan\alpha$ で表せます. (ⅡBベク 58)

■━━━━━━━ 解　答 ━━━━━━━■

(1) $0<\theta<2\pi$ のとき,　　　　　　　　　　　◀注 参照

$$\frac{dx}{d\theta}=1-\cos\theta, \quad \frac{dy}{d\theta}=\sin\theta \quad より \quad \frac{dy}{dx}=\frac{\sin\theta}{1-\cos\theta}$$

また,　$\dfrac{d^2y}{dx^2}=-\dfrac{1}{(1-\cos\theta)^2}<0$　　　　◀64

よって, グラフは上に凸.　　　　　　　　　　◀71

また, $\dfrac{dy}{dx}=0$ とすると　　$\sin\theta=0$ ∴ $\theta=\pi$ $(0<\theta<2\pi$ より$)$

$1-\cos\theta>0$ だから, 増減は右表のようになる. また,

$$\lim_{\theta\to+0}\frac{dy}{dx}=\lim_{\theta\to+0}\frac{\sin\theta(1+\cos\theta)}{1-\cos^2\theta}$$

$$=\lim_{\theta\to+0}\frac{\theta}{\sin\theta}\cdot\frac{1+\cos\theta}{\theta}=+\infty$$

| $\theta$ | 0 | $\cdots$ | $\pi$ | $\cdots$ | $2\pi$ |
|---|---|---|---|---|---|
| $x$ | 0 | $\cdots$ | $\pi$ | $\cdots$ | $2\pi$ |
| $\dfrac{dy}{dx}$ | | $+$ | 0 | $-$ | |
| $y$ | 0 | ↗ | 2 | ↘ | 0 |

$\theta-2\pi=t$ とおくと, $\theta\to2\pi-0$ のとき, $t\to-0$　◀50(5)

$$\lim_{\theta\to2\pi-0}\frac{dy}{dx}=\lim_{t\to-0}\frac{\sin(2\pi+t)}{1-\cos(2\pi+t)}$$

$$= \lim_{t \to -0} \frac{\sin t}{1 - \cos t}$$

$$= \lim_{t \to -0} \frac{t}{\sin t} \cdot \frac{1 + \cos t}{t} = -\infty$$

だから $(0, 0)$, $(2\pi, 0)$ において曲線 $C$ は
それぞれ直線 $x = 0$, $x = 2\pi$ に接する.
以上のことより, グラフは右図.

注　$\theta = 0$ と $2\pi$ のときを除外して微分しているのは, この 2 つの $\theta$ に

対して, $\dfrac{dx}{d\theta} = 0$ となるからです.

$\dfrac{dy}{dx} = \dfrac{\dfrac{dy}{d\theta}}{\dfrac{dx}{d\theta}}$ は $\dfrac{dx}{d\theta} \neq 0$ のときに使うことができる式です.

その影響で, $\theta = 0$ と $2\pi$ のときのグラフの様子がわからないので,

$\displaystyle \lim_{\theta \to +0} \frac{dy}{dx}$, $\displaystyle \lim_{\theta \to 2\pi - 0} \frac{dy}{dx}$ を調べてあるというわけです.

(2)　$0 < \theta < 2\pi$ において

$$\frac{\sin \theta}{1 - \cos \theta} = \tan \frac{\pi}{6} \quad \text{より} \quad \sqrt{3}\, \sin \theta = 1 - \cos \theta$$

$\therefore \quad \sqrt{3}\, \sin \theta + \cos \theta = 1$　合成して　$2 \sin\left(\theta + \dfrac{\pi}{6}\right) = 1$　◀ ⅡBベク **59**

$\dfrac{\pi}{6} < \theta + \dfrac{\pi}{6} < \dfrac{13\pi}{6}$ より　$\theta + \dfrac{\pi}{6} = \dfrac{5\pi}{6}$　$\therefore \quad \theta = \dfrac{2\pi}{3}$

よって,　$\mathrm{P}\left(\dfrac{2\pi}{3} - \dfrac{\sqrt{3}}{2}, \dfrac{3}{2}\right)$

第5章

🌙 ポイント　ある直線が $x$ 軸の正方向と $\alpha$ の角をなすとき

傾きは $\tan \alpha \left(-\dfrac{\pi}{2} < \alpha < \dfrac{\pi}{2}\right)$ で表せる

演習問題 82

$xy$ 平面上で媒介変数 $t$ を用いて, $\begin{cases} x = \sqrt{3}\, t^2 - 1 \\ y = t^3 - t \end{cases}$ $(-1 < t < 1)$ で

表される曲線上の点 $\mathrm{P}(x, y)$ における接線の傾きが $0$ になるとき,
点 $\mathrm{P}$ の座標を求めよ.

基礎問

# 第**6**章 積 分 法

## 83 基本関数の積分

> 次の定積分の値を求めよ．
>
> (1) $\displaystyle\int_0^1 \sqrt{x}\,(1+x)\,dx$　　　　(2) $\displaystyle\int_1^2 \frac{(\sqrt{x}+1)^3}{x}\,dx$
>
> (3) $\displaystyle\int_0^{\frac{\pi}{2}}(\sin x+\cos x)\,dx$　　(4) $\displaystyle\int_0^1 e^x\,dx$　　　　(5) $\displaystyle\int_1^2 2^x\,dx$

　　　数学Ⅱの積分に比べて，数学Ⅲの積分はかなりメンドウです．しか
し，何事にも順序というものがあります．1つ1つ下から積み上げ
ていくことが大切ですから，各**基礎問**のテーマを確実に身につけて
いくことが最終的に入試問題が解けることにつながるのです．今回は，基本に
なる関数の不定積分をいくつか覚えることになります．これらは公式として，
**ポイント**にまとめてあります．

---

### 解 答

(1) $\displaystyle\int_0^1 x^{\frac{1}{2}}(1+x)\,dx=\int_0^1 \left(x^{\frac{1}{2}}+x^{\frac{3}{2}}\right)dx$

$\displaystyle =\left[\frac{2}{3}x^{\frac{3}{2}}+\frac{2}{5}x^{\frac{5}{2}}\right]_0^1=\frac{2}{3}+\frac{2}{5}=\frac{16}{15}$

(2) $\displaystyle\int_1^2 \frac{(\sqrt{x}+1)^3}{x}\,dx=\int_1^2 \frac{x\sqrt{x}+3x+3\sqrt{x}+1}{x}\,dx$

$\displaystyle =\int_1^2 \frac{x^{\frac{3}{2}}+3x+3x^{\frac{1}{2}}+1}{x}\,dx$

$\displaystyle =\int_1^2 \left(x^{\frac{1}{2}}+3+3x^{-\frac{1}{2}}+\frac{1}{x}\right)dx$

$\displaystyle =\left[\frac{2}{3}x^{\frac{3}{2}}+3x+6x^{\frac{1}{2}}+\log x\right]_1^2$

$\displaystyle =\left(\frac{4\sqrt{2}}{3}+6+6\sqrt{2}+\log 2\right)-\left(\frac{2}{3}+3+6\right)$

$$=\frac{22\sqrt{2}-11}{3}+\log 2$$

(3) $\displaystyle\int_0^{\frac{\pi}{2}}(\sin x+\cos x)\,dx=\Big[-\cos x+\sin x\Big]_0^{\frac{\pi}{2}}$

$$=1-(-1)=\mathbf{2}$$

(4) $\displaystyle\int_0^1 e^x\,dx=\Big[e^x\Big]_0^1=\boldsymbol{e-1}$

(5) $\displaystyle\int_1^2 2^x\,dx=\Big[\frac{2^x}{\log 2}\Big]_1^2=\frac{4-2}{\log 2}=\frac{\mathbf{2}}{\boldsymbol{\log 2}}$

注 $\tan x$ の積分と $\log x$ の積分が入っていませんが，これらは特別な技術を要します．84, 85 で学ぶことになります．

---

⦿ **ポイント**

・$\displaystyle\int x^p\,dx=\frac{1}{p+1}x^{p+1}+C\quad(p\neq -1)$

・$\displaystyle\int\frac{1}{x}\,dx=\log|x|+C$

・$\displaystyle\int\sin x\,dx=-\cos x+C$

・$\displaystyle\int\cos x\,dx=\sin x+C$

・$\displaystyle\int\frac{dx}{\cos^2 x}=\tan x+C$　　　（**61** 精講 ④）

・$\displaystyle\int a^x\,dx=\frac{a^x}{\log a}+C\quad(a>0,\ a\neq 1)$　（**61** 精講 ⑤）

・$\displaystyle\int e^x\,dx=e^x+C$

（$C$ は積分定数）

第6章

---

演習問題 83

次の定積分の値を求めよ．

(1) $\displaystyle\int_0^1 \sqrt[3]{x}\,(1-x)\,dx$　　　(2) $\displaystyle\int_{\frac{\pi}{3}}^{\frac{4\pi}{3}}(\cos x-\sin x)\,dx$

(3) $\displaystyle\int_1^2 3^{x+1}\,dx$　　　(4) $\displaystyle\int_0^1 e^{x-1}\,dx$

# 84 tan x の積分

置換積分法を用いて，不定積分 $\int \tan x\, dx$ を求めよ．

 **精　講**　置換積分の公式は，一般に次のようにかかれます．

$$\int f(g(x))g'(x)\,dx = \int f(t)\,dt \quad (g(x)=t)$$

でも，これでは何のことやら意味がわからない人もいるはずです．そこで次の手順を頭に入れておくとよいでしょう．

> ある $x$ の式 $g(x)$ を $=t$ とひとまとめにおくとき，$g'(x)dx$ のところを
> $\dfrac{dt}{dx}=g'(x)$，すなわち，
> **形式的に $dt=g'(x)dx$ を用いて，$dt$ にかえておく．**

置換積分については，このあと **86** 以降でもっと詳しく勉強していきます．

## 解　答

$\displaystyle \int \tan x\, dx = \int \frac{\sin x}{\cos x}\, dx$ において，

$\cos x = t$ とおくと，$\dfrac{dt}{dx}=-\sin x$ ∴ $-dt=\sin x\, dx$

∴ $\displaystyle \int \tan x\, dx = -\int \frac{dt}{t} = -\log|t|+C$ ◀ **83**

$\qquad\qquad\qquad = -\log|\cos x|+C$ （$C$ は積分定数）

**◉ ポイント**　$\displaystyle \int \tan x\, dx = -\log|\cos x|+C$

**注**　これは覚えておくか，いつでも導けるようにしておきましょう．

 演習問題 84

置換積分法を用いて，$\displaystyle \int \frac{dx}{\tan x}$ を求めよ．

# 85 $\log x$ の積分

部分積分法を用いて，$\displaystyle\int \log x\,dx$ を求めよ．

 部分積分の公式は，一般に次のようにかかれます．

$$\int f(x)g'(x)\,dx = f(x)g(x) - \int f'(x)g(x)\,dx$$

これは，$\displaystyle\int f(x)g'(x)\,dx$ は計算できなくても，$\displaystyle\int f'(x)g(x)\,dx$ が計算できれば，積分できるという意味ですが，部分積分には次の 2 つの使い方があります．

Ⅰ．じゃまもの消去型　　　Ⅱ．同型出現型

詳しくは，95 以降で勉強します．

ちなみに，この積分は Ⅰ 型です．

## 解　答

$$\int \log x\,dx = \int 1\cdot \log x\,dx \qquad \blacktriangleleft 1 を補うところがコツ$$

$$= \int (x)'\log x\,dx = x\log x - \int x(\log x)'\,dx$$

$$= x\log x - \int x\cdot \frac{1}{x}\,dx \qquad \blacktriangleleft 何がじゃまなのか$$

$$= x(\log x - 1) + C \quad (C は積分定数)$$

第6章

🌙 ポイント

$$\int \log x\,dx = x(\log x - 1) + C$$

注　これは，公式として，覚えておく方がよいでしょう．

演習問題 85

部分積分法を用いて，$\displaystyle\int \log(x+1)\,dx$ を求めよ．

# 86 置換積分（Ⅰ）

次の定積分の値を求めよ.

(1) $\displaystyle\int_0^1 (2x+1)^3\,dx$

(2) $\displaystyle\int_0^1 (3x+1)\sqrt{3x+1}\,dx$

(3) $\displaystyle\int_1^e \frac{1}{2x-1}\,dx$

 **精 講**

(1)では, $2x+1$ を, (2)では, $3x+1$ を, (3)では, $2x-1$ を**ひとまとめ**におけば, 基本の形(**83**) になります.

今回は定積分ですから, $=t$ とおいたあと $dx$ だけではなく, **積分の範囲も, $t$ の範囲に変えて**おかなければなりません.

**解答**では, 基本に忠実に置換積分していますが, 今後は**ポイント**にかいてある考え方を利用して, 積分できるようにならなければなりません.

実は, 本当におきかえないといけない置換積分は意外と少ないのです.

## 解 答

(1) $2x+1=t$ とおくと, $x:0\to1$ のとき, $t:1\to3$

また, $\dfrac{dt}{dx}=2$ より $\dfrac{1}{2}dt=dx$

$\therefore \displaystyle\int_0^1 (2x+1)^3\,dx=\int_1^3 t^3\cdot\frac{1}{2}\,dt=\frac{1}{2}\int_1^3 t^3\,dt$

$\displaystyle =\frac{1}{8}\Big[t^4\Big]_1^3=\frac{81-1}{8}=\mathbf{10}$

(2) $3x+1=t$ とおくと, $x:0\to1$ のとき, $t:1\to4$

また, $\dfrac{dt}{dx}=3$ より $\dfrac{1}{3}dt=dx$

$\therefore \displaystyle\int_0^1 (3x+1)\sqrt{3x+1}\,dx=\int_0^1 (3x+1)^{\frac{3}{2}}\,dx$

$\displaystyle =\int_1^4 t^{\frac{3}{2}}\cdot\frac{1}{3}\,dt=\frac{1}{3}\int_1^4 t^{\frac{3}{2}}\,dt=\frac{2}{15}\Big[t^{\frac{5}{2}}\Big]_1^4$

$\displaystyle =\frac{2}{15}(4^{\frac{5}{2}}-1^{\frac{5}{2}})=\frac{2}{15}(2^5-1)=\mathbf{\frac{62}{15}}$

(3) $2x-1=t$ とおくと, $x:1\to e$ のとき, $t:1\to 2e-1$

また, $\dfrac{dt}{dx}=2$ より $\dfrac{1}{2}dt=dx$

$\therefore \displaystyle\int_1^e \dfrac{1}{2x-1}dx=\int_1^{2e-1}\dfrac{1}{t}\cdot\dfrac{1}{2}dt=\dfrac{1}{2}\int_1^{2e-1}\dfrac{1}{t}dt$

$=\dfrac{1}{2}\Bigl[\log t\Bigr]_1^{2e-1}=\dfrac{1}{2}\log(2e-1)$

🌑 **ポイント** | $\displaystyle\int f(x)\,dx=F(x)$ のとき

$\displaystyle\int f(ax+b)\,dx=\dfrac{1}{a}F(ax+b)+C \quad (a\neq 0)$

**注** この公式の意味していることは,

「ある一次式をひとまとめにして積分したければ, $x$ の係数の逆数をかけ
ておかないといけない」

ということです.

**(別解)** ポイントの考え方にしたがえば, 次のような解答になります.

(1) $\displaystyle\int_0^1 (2x+1)^3\,dx=\Bigl[\dfrac{1}{2}\cdot\dfrac{1}{4}(2x+1)^4\Bigr]_0^1=\dfrac{3^4-1^4}{8}=10$

$\underset{\llcorner(2x+1)'=2 \text{ の逆数}}{}$

(2) $\displaystyle\int_0^1 (3x+1)\sqrt{3x+1}\,dx=\int_0^1 (3x+1)^{\frac{3}{2}}\,dx$

$=\Bigl[\dfrac{1}{3}\cdot\dfrac{2}{5}(3x+1)^{\frac{5}{2}}\Bigr]_0^1=\dfrac{2}{15}(4^{\frac{5}{2}}-1^{\frac{5}{2}})=\dfrac{62}{15}$

$\underset{\llcorner(3x+1)'=3 \text{ の逆数}}{}$

(3) $\displaystyle\int_1^e \dfrac{1}{2x-1}\,dx=\Bigl[\dfrac{1}{2}\log(2x-1)\Bigr]_1^e=\dfrac{1}{2}\log(2e-1)$

$\underset{\llcorner(2x-1)'=2 \text{ の逆数}}{}$

第6章

次の定積分の値を求めよ.

(1) $\displaystyle\int_1^2 (2x-1)^4\,dx$ (2) $\displaystyle\int_0^4 \sqrt{2x+1}\,dx$ (3) $\displaystyle\int_e^{2e}\dfrac{dx}{3x-1}$

# 87 積分の工夫

次の定積分の値を求めよ.

(1) $\displaystyle\int_{-1}^{1} x(2x+1)^3\,dx$

(2) $\displaystyle\int_{2}^{3}(2x-3)\sqrt{x-1}\,dx$

 精 講

今回の**基礎問**では，式や積分の範囲などの特徴の**着目箇所**によって
**定積分の手間が大きく変わる**ことを勉強します.

(1)は，普通に積分してもできますが，それ以外にも2つの手段があ
ります. 1つは式に，もう1つは積分の範囲に着目します.

(2)は，86(2)と同じような形をしています. 実はこれがヒントです.

**解 答**

(1) （**解Ⅰ**）（範囲に着目）
$$\int_{-1}^{1} x(8x^3+12x^2+6x+1)\,dx=\int_{-1}^{1}(8x^4+12x^3+6x^2+x)\,dx$$
$$=2\int_{0}^{1}(8x^4+6x^2)\,dx=2\left(\frac{8}{5}+2\right)=\frac{36}{5} \qquad \blacktriangleleft\text{ポイント}\,\mathrm{I}$$

（**解Ⅱ**）（$(2x+1)^3$ の計算をしたくなければ…）

$2x+1=t$ とおくと，$x:-1\rightarrow1$ のとき，$t:-1\rightarrow3$

また，$\dfrac{dt}{dx}=2$ より $\dfrac{1}{2}dt=dx$

$$\therefore\quad \int_{-1}^{3}\frac{t-1}{2}\cdot t^3\cdot\frac{1}{2}\,dt=\frac{1}{4}\int_{-1}^{3}(t^4-t^3)\,dt=\frac{1}{4}\left[\frac{t^5}{5}-\frac{t^4}{4}\right]_{-1}^{3}$$
$$=\frac{1}{4}\left\{\left(\frac{3^5}{5}-\frac{3^4}{4}\right)-\left(-\frac{1}{5}-\frac{1}{4}\right)\right\}=\frac{1}{4}\left(\frac{243+1}{5}-\frac{81-1}{4}\right)$$
$$=\frac{1}{4}\left(\frac{244}{5}-20\right)=\frac{36}{5}$$

(2) （**解Ⅰ**）

$2x-3=2(x-1)-1$ だから，
$$(2x-3)\sqrt{x-1}=\{2(x-1)-1\}\sqrt{x-1}$$
$$=2(x-1)^{\frac{3}{2}}-(x-1)^{\frac{1}{2}}$$
$$\therefore\quad \int_{2}^{3}(2x-3)\sqrt{x-1}\,dx=\int_{2}^{3}\{2(x-1)^{\frac{3}{2}}-(x-1)^{\frac{1}{2}}\}\,dx$$

$$=\left[\frac{4}{5}(x-1)^{\frac{5}{2}}-\frac{2}{3}(x-1)^{\frac{3}{2}}\right]_2^3=\left(\frac{4}{5}\cdot2^{\frac{5}{2}}-\frac{2}{3}\cdot2^{\frac{3}{2}}\right)-\left(\frac{4}{5}-\frac{2}{3}\right)$$

$$=\frac{2^{\frac{5}{2}}}{15}(12-5)-\frac{2}{15}=\frac{28\sqrt{2}-2}{15}$$

**注** これは $x-1=t$ とおいて置換積分したものですが，$2x-3=t$ と
おいたら計算がメンドウになります．置換積分は**積分しやすい型にす
るために行います**．ここでのおきかえる目的は，**根号内に含まれる項
を2つから1つにすることです**．

例えば $\int x\sqrt{x+1}\,dx$ と $\int(x-1)\sqrt{x}\,dx$ を比べたら，どちらが積
分しやすいかわかるはずです．

（**解Ⅱ**）

$\sqrt{x-1}=t$ とおくと，$x=t^2+1$

$x:2\to3$ のとき，$t:1\to\sqrt{2}$

また，$\dfrac{dx}{dt}=2t$ より　$dx=2t\,dt$

$$\therefore\ \int_2^3(2x-3)\sqrt{x-1}\,dx=\int_1^{\sqrt{2}}(2t^2-1)\cdot t\cdot2t\,dt$$

$$=\int_1^{\sqrt{2}}(4t^4-2t^2)\,dt=\left[\frac{4}{5}t^5-\frac{2}{3}t^3\right]_1^{\sqrt{2}}$$

$$=\left(\frac{4\cdot4\sqrt{2}}{5}-\frac{2\cdot2\sqrt{2}}{3}\right)-\left(\frac{4}{5}-\frac{2}{3}\right)=\frac{28\sqrt{2}-2}{15}$$

第6章

**ポイント**

Ⅰ．$\displaystyle\int_{-a}^a x^{2n-1}dx=0,\ \int_{-a}^a x^{2n}dx=2\int_0^a x^{2n}dx$
$(n=1,\ 2,\ 3,\ \cdots)$

Ⅱ．$\sqrt{1次式}$ を含む関数の積分は
根号内または，根号全体をひとまとめにしてみる

**演習問題 87**

次の定積分の値を求めよ．

(1) $\displaystyle\int_{-1}^1 x^2(x^2+1)^2\,dx$　　(2) $\displaystyle\int_1^2\frac{x+1}{\sqrt{2x+1}}\,dx$

# 88 三角関数の積分（I）

次の定積分の値を求めよ.

(1) $\displaystyle\int_0^{\frac{\pi}{2}} \sin 2x\,dx$

(2) $\displaystyle\int_0^{\frac{\pi}{8}} \sin^2 x \cos^2 x\,dx$

(3) $\displaystyle\int_0^{\frac{\pi}{2}} \cos 3x \sin x\,dx$

(4) $\displaystyle\int_0^{\frac{\pi}{3}} \sin^3 x\,dx$

 精 講

今回は三角関数の積分の勉強ですが，三角関数の場合，積分の手段が1通りとは限らないという特徴があります.

(3)と(4)は，いずれも置換積分を使う方法とそうでない方法の2つがあります. 解答を2つともかいておきます. ここでも，「**式の特徴を見ぬく**」力（I・A **3**）が必要になります.

## 解 答

(1) $\displaystyle\int_0^{\frac{\pi}{2}} \sin 2x\,dx = \left[-\frac{1}{2}\cos 2x\right]_0^{\frac{\pi}{2}} = \frac{1}{2} + \frac{1}{2} = 1$ ◀**2x をひとまとめ**

(2) $\displaystyle\int_0^{\frac{\pi}{8}} \sin^2 x \cos^2 x\,dx = \int_0^{\frac{\pi}{8}} \frac{1}{4}\sin^2 2x\,dx$ ◀**2倍角の公式**

$\displaystyle= \frac{1}{8}\int_0^{\frac{\pi}{8}}(1-\cos 4x)\,dx = \frac{1}{8}\left[x - \frac{1}{4}\sin 4x\right]_0^{\frac{\pi}{8}} = \frac{1}{8}\left(\frac{\pi}{8} - \frac{1}{4}\right) = \boldsymbol{\dfrac{\pi-2}{64}}$

(3) $\displaystyle\int_0^{\frac{\pi}{2}} \cos 3x \sin x\,dx = \frac{1}{2}\int_0^{\frac{\pi}{2}}(\sin 4x - \sin 2x)\,dx$ ◀**積を和・差に変える公式**

$\displaystyle= \frac{1}{2}\left[\frac{1}{2}\cos 2x - \frac{1}{4}\cos 4x\right]_0^{\frac{\pi}{2}} = \frac{1}{2}\left\{\left(-\frac{1}{2}-\frac{1}{4}\right)-\left(\frac{1}{2}-\frac{1}{4}\right)\right\} = \boldsymbol{-\dfrac{1}{2}}$

(4) $\displaystyle\int_0^{\frac{\pi}{3}} \sin^3 x\,dx = \frac{1}{4}\int_0^{\frac{\pi}{3}}(3\sin x - \sin 3x)\,dx$ ◀**3倍角の公式**

$\displaystyle= \frac{1}{4}\left[\frac{1}{3}\cos 3x - 3\cos x\right]_0^{\frac{\pi}{3}} = \frac{1}{4}\left\{\left(-\frac{1}{3}-\frac{3}{2}\right)-\left(\frac{1}{3}-3\right)\right\} = \boldsymbol{\dfrac{5}{24}}$

**注** さて，ここで**ポイント**を見ると(1), (3), (4)には，次のような積分方法も存在することがわかります.

**（別解）** (1) $\displaystyle\int_0^{\frac{\pi}{2}} \sin 2x\,dx = 2\int_0^{\frac{\pi}{2}} \sin x \cos x\,dx$

$\sin x = t$ とおくと，$x : 0 \to \dfrac{\pi}{2}$ のとき $t : 0 \to 1$

また，$\dfrac{dt}{dx} = \cos x$ より $dt = \cos x \, dx$ $\therefore$ $2\displaystyle\int_0^1 t \, dt = \Big[t^2\Big]_0^1 = 1$

(3) $\displaystyle\int_0^{\frac{\pi}{2}} \cos 3x \sin x \, dx = \int_0^{\frac{\pi}{2}} (4\cos^3 x - 3\cos x)\sin x \, dx$

$\cos x = t$ とおくと，$x : 0 \to \dfrac{\pi}{2}$ のとき $t : 1 \to 0$，

また，$\dfrac{dt}{dx} = -\sin x$ より $-dt = \sin x \, dx$

$\therefore$ $-\displaystyle\int_1^0 (4t^3 - 3t)\,dt = \int_0^1 (4t^3 - 3t)\,dt = \Big[t^4 - \dfrac{3}{2}t^2\Big]_0^1 = -\dfrac{1}{2}$

(4) $\displaystyle\int_0^{\frac{\pi}{3}} \sin^3 x \, dx = \int_0^{\frac{\pi}{3}} \sin^2 x \cdot \sin x \, dx = \int_0^{\frac{\pi}{3}} (1 - \cos^2 x)\sin x \, dx$

$\cos x = t$ とおくと，$x : 0 \to \dfrac{\pi}{3}$ のとき $t : 1 \to \dfrac{1}{2}$

$-dt = \sin x \, dx$

$\therefore$ $-\displaystyle\int_1^{\frac{1}{2}} (1 - t^2)\,dt = \int_{\frac{1}{2}}^1 (1 - t^2)\,dt = \Big[t - \dfrac{1}{3}t^3\Big]_{\frac{1}{2}}^1 = \dfrac{5}{24}$

**ポイント**
- $\sin x$ の式に $\cos x$ がかけてある式は $\sin x = t$ とおけば積分できる
- $\cos x$ の式に $\sin x$ がかけてある式は $\cos x = t$ とおけば積分できる

第6章

**注** このタイプの積分に慣れてきたら，次のように積分できるようになると，少しラクになります．

(1) $\displaystyle\int_0^{\frac{\pi}{2}} \sin 2x \, dx = 2\int_0^{\frac{\pi}{2}} \sin x (\sin x)' \, dx = \Big[\sin^2 x\Big]_0^{\frac{\pi}{2}} = 1$

これが 86 精講 の最後の3行にかいてあることの1例です．

**演習問題 88**

次の定積分の値を求めよ．

(1) $\displaystyle\int_0^{\pi} \sin 3x \cos x \, dx$ (2) $\displaystyle\int_0^{\frac{\pi}{2}} \cos^3 x \, dx$

# 89 分数関数の積分

次の定積分の値を求めよ.

(1) $\displaystyle\int_0^1 \frac{dx}{x^2-2x-3}$  (2) $\displaystyle\int_1^2 \frac{x-1}{x^2-2x-3}dx$

分数関数の積分の勉強ですが，基本は次の2つです.

$$\cdot \int x^p\,dx = \frac{x^{p+1}}{p+1}+C \quad (p \neq -1)$$

$$\cdot \int \frac{1}{x}\,dx = \log|x|+C$$

しかし，これだけでは積分できません．これらを使う前に必要な作業が今回の**ポイント**です．また，(1), (2)は同じように見えるかもしれませんが，ふつうは同じ方法では積分しません．(2)は，特殊な形をしているのです（実は，**84**も同じなのです）.

結局，ここでも「**式の特徴を見ぬく**」力が要求されます.

## 解 答

(1) $\dfrac{1}{x^2-2x-3} = \dfrac{1}{(x-3)(x+1)} = \dfrac{1}{4}\left(\dfrac{1}{x-3}-\dfrac{1}{x+1}\right)$

                  └→下の**注**

$\therefore \displaystyle\int_0^1 \frac{dx}{x^2-2x-3} = \frac{1}{4}\int_0^1\left(\frac{1}{x-3}-\frac{1}{x+1}\right)dx$

$\displaystyle = \frac{1}{4}\Big[\log|x-3|-\log|x+1|\Big]_0^1 = \frac{1}{4}\Big[\log\Big|\frac{x-3}{x+1}\Big|\Big]_0^1$ ◀ $\int \frac{1}{x}\,dx=\log|x|+C$

$\displaystyle = \frac{1}{4}(\log 1-\log 3) = -\frac{1}{4}\log 3$

**注** この作業は，ⅡBベク**6**(1), ⅡBベク**120**にでてきている「**部分分数に分ける**」という作業です．このように，分母を1次式にできれば，積分の基本の公式（**83**）が使えるわけです.

(2)（(1)と同じ方法で）

$\dfrac{x-1}{x^2-2x-3} = \dfrac{a}{x-3}+\dfrac{b}{x+1}$ とおくと，

$(右辺) = \dfrac{a(x+1)+b(x-3)}{(x-3)(x+1)} = \dfrac{(a+b)x+a-3b}{x^2-2x-3}$

係数を比較して

$$\begin{cases} a+b=1 \\ a-3b=-1 \end{cases} \quad \therefore \quad a=b=\frac{1}{2}$$

$$\therefore \quad \int_1^2 \frac{x-1}{x^2-2x-3}\,dx=\frac{1}{2}\int_1^2\left(\frac{1}{x-3}+\frac{1}{x+1}\right)dx$$

$$=\frac{1}{2}\Big[\log|x-3|+\log|x+1|\Big]_1^2=\frac{1}{2}\Big[\log|(x-3)(x+1)|\Big]_1^2$$

$$=\frac{1}{2}(\log 3-\log 4)=\frac{1}{2}\log\frac{3}{4}$$

（**別解**）（式の特徴を利用して）

$x^2-2x-3=t$ とおくと，$x:1\to 2$ のとき，$t:-4\to -3$

また，$\dfrac{dt}{dx}=2x-2$ より　$\dfrac{1}{2}dt=(x-1)dx$

$$\therefore \quad \int_1^2 \frac{x-1}{x^2-2x-3}\,dx=\int_{-4}^{-3}\frac{1}{t}\cdot\frac{1}{2}\,dt=\frac{1}{2}\int_{-4}^{-3}\frac{dt}{t}$$

$$=\frac{1}{2}\Big[\log|t|\Big]_{-4}^{-3}=\frac{1}{2}(\log 3-\log 4)=\frac{1}{2}\log\frac{3}{4}$$

**注**　この事実を式でかくと，**ポイント**のIにあたりますが，言葉にすると，「**何かをひとまとめに考えたとき，その微分がかけてあれば，必ず，置換積分ができる**」ということです.

● ポイント

分数関数の積分は

I. まず，$\displaystyle\int \frac{f'(x)}{f(x)}\,dx=\log|f(x)|+C$

II. Iがダメなら，部分分数に分ける

**参考**

84 は**ポイント**Iの形です.すなわち，

$$\int \tan x\,dx=\int \frac{\sin x}{\cos x}\,dx=-\int \frac{(\cos x)'}{\cos x}\,dx$$

$$=-\log|\cos x|+C$$

**注**　分数関数の積分には**もう1つ形があります**.次の 90 (1)です.

演習問題 89

定積分 $\displaystyle\int_2^3 \frac{x^2-2x-1}{(x^2-2x+3)(x-1)}\,dx$ の値を求めよ.

第6章

基礎問

# 90 置換積分（Ⅱ）

次の定積分の値を求めよ.

(1) $\displaystyle\int_0^1 \dfrac{dx}{x^2+1}$ 　　　　(2) $\displaystyle\int_0^1 \sqrt{1-x^2}\,dx$

精講　(1), (2)ともに, 特殊なおきかえをする定積分です.

特に, (2)は, 第1章の「式と曲線」で勉強した, **だ円の面積**を求めるときに, 必ず登場する形ですから, ここで, きちんと覚えておきましょう.

━━━━━ 解 答 ━━━━━

(1) $x=\tan\theta$ とおくと 　　　　◀知らないとできない!!

$x:0\to 1$ のとき, $\theta:0\to\dfrac{\pi}{4}$ 　　◀最初に, 積分の範囲をおさえておく

また, $\dfrac{1}{x^2+1}=\dfrac{1}{1+\tan^2\theta}=\cos^2\theta$

次に, $\dfrac{dx}{d\theta}=\dfrac{1}{\cos^2\theta}$ より 　$\dfrac{d\theta}{\cos^2\theta}=dx$

$\therefore \displaystyle\int_0^1 \dfrac{1}{x^2+1}\,dx=\int_0^{\frac{\pi}{4}}\cos^2\theta\cdot\dfrac{d\theta}{\cos^2\theta}=\int_0^{\frac{\pi}{4}}d\theta=\Big[\theta\Big]_0^{\frac{\pi}{4}}=\dfrac{\pi}{4}$

参考　この考え方は, 89 と関連しています.

たとえば, $\displaystyle\int_1^2 \dfrac{dx}{x^2-2x+2}$ は, 分母が因数分解できません.

しかし, $x^2-2x+2=(x-1)^2+1$ と変形できるので, $\displaystyle\int_1^2 \dfrac{dx}{(x-1)^2+1}$

とかけます. これは, (1)と全く同じ形で $x-1=\tan\theta$ とおくことによって, 解決します.

答えは(1)と同じです. （⇨96 📖 Ⅱ）

(2) $x=\sin\theta$ とおくと, $x:0\to 1$ のとき, $\theta:0\to\dfrac{\pi}{2}$

また, $\sqrt{1-x^2}=\sqrt{1-\sin^2\theta}=\sqrt{\cos^2\theta}=|\cos\theta|$ 　◀ Ⅰ・A 12

$0\le\theta\le\dfrac{\pi}{2}$ のとき, $\cos\theta\ge 0$ だから, $|\cos\theta|=\cos\theta$

次に, $\dfrac{dx}{d\theta}=\cos\theta$ より $\quad dx=\cos\theta\,d\theta$

$$\therefore \int_0^1 \sqrt{1-x^2}\,dx=\int_0^{\frac{\pi}{2}}\cos\theta\cdot\cos\theta\,d\theta=\int_0^{\frac{\pi}{2}}\cos^2\theta\,d\theta$$

$$=\frac{1}{2}\int_0^{\frac{\pi}{2}}(1+\cos 2\theta)\,d\theta=\frac{1}{2}\Big[\theta+\frac{1}{2}\sin 2\theta\Big]_0^{\frac{\pi}{2}}=\boldsymbol{\frac{\pi}{4}}$$

**注** この定積分は図形的に処理することができます.

　$y=\sqrt{1-x^2}$ は単位円 $x^2+y^2=1$ の上半分
を表す式です.

　(下半分は $y=-\sqrt{1-x^2}$ )

　よって, $\displaystyle\int_0^1\sqrt{1-x^2}\,dx$ は曲線 $y=\sqrt{1-x^2}$,

$x$ 軸, $y$ 軸で囲まれた部分を表します (右図).

　だから, 定積分の値は半径 1 の円の面積の $\dfrac{1}{4}$, すなわち, $\dfrac{\pi}{4}$ です.

**注** の考え方を使えば, だ円
$\dfrac{x^2}{a^2}+\dfrac{y^2}{b^2}=1$ ($a>b>0$) の面積 $S$ を

次のようにして求められます.

$$\frac{S}{4}=\int_0^a\frac{b}{a}\sqrt{a^2-x^2}\,dx=\frac{b}{a}\int_0^a\sqrt{a^2-x^2}\,dx$$

ここで, $\displaystyle\int_0^a\sqrt{a^2-x^2}\,dx=\frac{\pi a^2}{4}$ だから

$$S=\pi ab$$

**第6章**

**◯ ポイント**

- $\displaystyle\int_0^a\frac{dx}{x^2+a^2}$ は $x=a\tan\theta$ と置換

- $\displaystyle\int_0^a\sqrt{a^2-x^2}\,dx$ は $x=a\sin\theta$

　(または $a\cos\theta$) と置換

**演習問題 90**

次の定積分の値を求めよ.

(1) $\displaystyle\int_0^a\frac{dx}{x^2+a^2}$ $\quad(a\neq0)$ 　　(2) $\displaystyle\int_{\frac{1}{2}}^1\sqrt{1-x^2}\,dx$

# 91 三角関数の積分 (Ⅱ)

次の定積分の値を求めよ.

(1) $\displaystyle\int_0^{\frac{\pi}{2}} \frac{\sin 2x}{1+\sin^2 x}\,dx$

(2) $\displaystyle\int_0^{\frac{\pi}{3}} \frac{\sin x \cos^2 x}{1+\cos x}\,dx$

(3) $\displaystyle\int_0^{\frac{\pi}{6}} \frac{\sin x}{\cos^3 x}\,dx$

 精 講　三角関数がゴチャゴチャとした形です. 基本は 88 **ポイント**の形にできるかどうかですが, それだけではスタートは切れてもゴールには到達できません. これらは複数の技術を身につけていないと積分できないタイプで大学入試では避けられない形です.

---

## 解　答

(1) $\displaystyle\int_0^{\frac{\pi}{2}} \frac{2\sin x}{1+\sin^2 x}\cos x\,dx$ において, $\sin x = t$ とおくと

$x : 0 \to \dfrac{\pi}{2}$ のとき, $t : 0 \to 1$

また, $\dfrac{dt}{dx} = \cos x$ より　$dt = \cos x\,dx$

$\therefore\ \displaystyle\int_0^1 \frac{2t}{1+t^2}\,dt = \int_0^1 \frac{(1+t^2)'}{(1+t^2)}\,dt$ ◀ 89 ポイント Ⅰ

$\displaystyle = \Big[\log(1+t^2)\Big]_0^1 = \boldsymbol{\log 2}$

(2) $\displaystyle\int_0^{\frac{\pi}{3}} \frac{\cos^2 x}{1+\cos x}\sin x\,dx$ において, $\cos x = t$ とおくと

$x : 0 \to \dfrac{\pi}{3}$ のとき, $t : 1 \to \dfrac{1}{2}$

また, $\dfrac{dt}{dx} = -\sin x$ より　$-dt = \sin x\,dx$

$\therefore\ \displaystyle\int_1^{\frac{1}{2}} \frac{t^2}{1+t}(-dt) = \int_{\frac{1}{2}}^1 \frac{t^2}{1+t}\,dt$ ◀ 注 1

$\displaystyle = \int_{\frac{1}{2}}^1 \Big(t-1+\frac{1}{t+1}\Big)dt$ ◀ 注 2

$$=\left[\frac{1}{2}t^2-t+\log(t+1)\right]_{\frac{1}{2}}^{1}$$

$$=\left(\frac{1}{2}-1+\log 2\right)-\left(\frac{1}{8}-\frac{1}{2}+\log\frac{3}{2}\right)$$

$$=\log 2-\log\frac{3}{2}-\frac{1}{8}=\boldsymbol{\log\frac{4}{3}-\frac{1}{8}}$$

**注** 1　$\displaystyle\int_a^b f(x)\,dx=-\int_b^a f(x)\,dx$ を使いました.

**注** 2　「(分母の次数)≦(分子の次数)」の形は**好まし
くない形**です. そこで, わり算(右)を実行して,
「**(分母の次数)**>**(分子の次数)**」の形にしてから積
分に入ります.

$$\begin{array}{r} t-1 \\ t+1\overline{)t^2\phantom{00}} \\ \underline{t^2+t} \\ -t \\ \underline{-t-1} \\ 1 \end{array}$$

(3) $\displaystyle\int_0^{\frac{\pi}{6}}\frac{\sin x}{\cos^3 x}\,dx=\int_0^{\frac{\pi}{6}}\tan x\cdot\frac{1}{\cos^2 x}\,dx$ において

$\tan x=t$ とおくと, $x:0\to\dfrac{\pi}{6}$ のとき, $t:0\to\dfrac{1}{\sqrt{3}}$

また, $\dfrac{dt}{dx}=\dfrac{1}{\cos^2 x}$ より $dt=\dfrac{1}{\cos^2 x}dx$

$\therefore \displaystyle\int_0^{\frac{1}{\sqrt{3}}}t\,dt=\left[\frac{1}{2}t^2\right]_0^{\frac{1}{\sqrt{3}}}=\boldsymbol{\frac{1}{6}}$

**(別解)** この程度の置換積分は, 次のようにしてほしいものです.

$$\int_0^{\frac{\pi}{6}}\tan x\,(\tan x)'\,dx=\left[\frac{1}{2}(\tan x)^2\right]_0^{\frac{\pi}{6}}=\frac{1}{6}$$

**注**　$\cos x=t$ とおいても積分できます.

第6章

**ポイント**

・$\displaystyle\int f(\sin x)\cos x\,dx$ は, $\sin x=t$ とおく

・$\displaystyle\int f(\cos x)\sin x\,dx$ は, $\cos x=t$ とおく

・$\displaystyle\int f(\tan x)\frac{1}{\cos^2 x}\,dx$ は, $\tan x=t$ とおく

演習問題 91

定積分 $\displaystyle\int_0^{\frac{\pi}{3}}\sin^2 x\tan x\,dx$ の値を求めよ.

## 92 指数関数の積分

> 次の定積分の値を求めよ.
>
> (1) $\displaystyle\int_0^1 e^x(e^x+1)^2\,dx$　　　　(2) $\displaystyle\int_{-1}^0 \frac{dx}{1+e^{-x}}$
>
> (3) $\displaystyle\int_0^1 xe^{-x^2}\,dx$

指数関数のゴチャゴチャ型です. 積分において $e^x$ のもつ最大の利益は「$(e^x)'=e^x$」ですが, その理由は

**何かをひとまとめに考えたとき, その微分がかけてあれば,**
**必ず置換積分ができる**

からです（**89** 注）. ただし, この**基礎問**も単にこの知識だけでゴールに着けるわけではありません.

---

### 解　答

(1) $\displaystyle\int_0^1 e^x(e^x+1)^2\,dx$ において, $e^x=t$ とおくと

$x:0\to1$ のとき, $t:1\to e$

また, $\dfrac{dt}{dx}=e^x$ より　$dt=e^x dx$

$\therefore\ \displaystyle\int_1^e (t+1)^2\,dt=\left[\dfrac{1}{3}(t+1)^3\right]_1^e=\dfrac{1}{3}\{(e+1)^3-2^3\}$

$\qquad\qquad=\dfrac{(e+1)^3-8}{3}$　　◀無理に展開する必要はない

（**別解**）（$(e^x+1)$ をひとまとめと考えると, その微分は…）

$\displaystyle\int_0^1 (e^x+1)^2(e^x+1)'\,dx=\left[\dfrac{1}{3}(e^x+1)^3\right]_0^1=\dfrac{(e+1)^3-8}{3}$

(2) $\displaystyle\int_{-1}^0 \frac{dx}{1+e^{-x}}$ において, $1+e^{-x}=t$ とおくと

$x:-1\to0$ のとき, $t:1+e\to2$

また, $\dfrac{dt}{dx}=-e^{-x}\ \Longleftrightarrow\ \dfrac{dt}{dx}=1-t$ より

$\qquad\dfrac{dt}{1-t}=dx$

$$\therefore \quad \int_{1+e}^{2} \frac{dt}{t(1-t)} = \int_{2}^{1+e} \frac{dt}{t(t-1)} = \int_{2}^{1+e}\left(\frac{1}{t-1}-\frac{1}{t}\right)dt$$

$$\left(\hookrightarrow \boxed{89}\right)$$

$$= \Big[\log(t-1)-\log t\Big]_{2}^{1+e} = \Big[\log\frac{t-1}{t}\Big]_{2}^{1+e}$$

$$= \log\frac{e}{1+e}-\log\frac{1}{2} = \boldsymbol{\log\frac{2e}{1+e}}$$

**(別解)** $\displaystyle\int_{-1}^{0}\frac{dx}{1+e^{-x}} = \int_{-1}^{0}\frac{e^{x}}{e^{x}+1}dx$    ◀分子，分母に $e^x$ をかける

$$= \int_{-1}^{0}\frac{(e^{x}+1)'}{(e^{x}+1)}dx = \Big[\log(e^{x}+1)\Big]_{-1}^{0} = \log 2-\log(e^{-1}+1)$$

$$= \log 2-\log\frac{1+e}{e} = \log\frac{2e}{1+e}$$

(3) $\displaystyle\int_{0}^{1}xe^{-x^{2}}dx$ において，$x^2=t$ とおくと

$x : 0 \to 1$ のとき，$t : 0 \to 1$

また，$\dfrac{dt}{dx}=2x$ より    $\dfrac{1}{2}dt=x\,dx$

$$\therefore \quad \int_{0}^{1}e^{-t}\cdot\frac{1}{2}dt = \frac{1}{2}\int_{0}^{1}e^{-t}dt = \frac{1}{2}\Big[-e^{-t}\Big]_{0}^{1} = \boldsymbol{\frac{1}{2}\left(1-\frac{1}{e}\right)}$$

**(別解)** $((-x^2)$ をひとまとめと考えると…$)$

$$\int_{0}^{1}xe^{-x^{2}}dx = -\frac{1}{2}\int_{0}^{1}(-x^{2})'e^{-x^{2}}dx = -\frac{1}{2}\Big[e^{-x^{2}}\Big]_{0}^{1}$$

$$= \frac{1}{2}\left(1-\frac{1}{e}\right)$$

第6章

**◑ポイント**    $e^x$（あるいは $e^{-x}$）からできている式の積分は
$e^x=t$（あるいは $e^{-x}=t$）とおくことを考える

**演習問題 92**

定積分 $\displaystyle\int_{0}^{1}\frac{dx}{1+e^{x}}$ の値を求めよ．

# 93 対数関数の積分

次の定積分の値を求めよ.

(1) $\displaystyle\int_1^e \frac{\log x}{x}\,dx$

(2) $\displaystyle\int_e^{e^2} \frac{dx}{x\log x}$

(3) $\displaystyle\int_{\frac{\pi}{4}}^{\frac{\pi}{2}} \cos x\log(\sin x)\,dx$

 精 講

対数関数のゴチャゴチャ型です（**97** も同じような形をしています）.
**対数関数の積分では，置換積分と部分積分（84 と 85）の区別が重要
なポイントです.** 着眼点は **92** の 精講 にあること，すなわち

$(\log x)'=\dfrac{1}{x}$ がかけてあれば置換積分を疑い，そうでなければ部分積分を疑う

ということです.

---

## 解 答

(1) $\displaystyle\int_1^e \log x\cdot\frac{1}{x}\,dx$ において，$\log x=t$ とおくと

$x:1\to e$ のとき，$t:0\to 1$

また，$\dfrac{dt}{dx}=\dfrac{1}{x}$ より $dt=\dfrac{1}{x}\,dx$

$\therefore\ \displaystyle\int_0^1 t\,dt=\left[\frac{1}{2}t^2\right]_0^1=\boldsymbol{\frac{1}{2}}$

**（別解）** （慣れたら，次のようにすると計算がラクです）

$\displaystyle\int_1^e \frac{\log x}{x}\,dx=\int_1^e \log x(\log x)'\,dx=\left[\frac{1}{2}(\log x)^2\right]_1^e=\frac{1}{2}$

(2) $\displaystyle\int_e^{e^2} \frac{1}{\log x}\cdot\frac{1}{x}\,dx$ において，$\log x=t$ とおくと

$x:e\to e^2$ のとき，$t:1\to 2$

また，$\dfrac{dt}{dx}=\dfrac{1}{x}$ より $dt=\dfrac{1}{x}\,dx$

$\therefore\ \displaystyle\int_1^2 \frac{1}{t}\,dt=\left[\log t\right]_1^2=\boldsymbol{\log 2}$

（別解）　$\displaystyle\int_e^{e^2}\frac{dx}{x\log x}=\int_e^{e^2}\frac{1}{\log x}(\log x)'\,dx=\Big[\log|\log x|\Big]_e^{e^2}$

$\qquad\qquad\qquad =\log|\log e^2|-\log|\log e|=\log 2$

(3)　$\displaystyle\int_{\frac{\pi}{4}}^{\frac{\pi}{2}}\cos x\log(\sin x)\,dx$ において，$\sin x=t$ とおくと

$\quad x:\dfrac{\pi}{4}\to\dfrac{\pi}{2}$ のとき，$t:\dfrac{\sqrt{2}}{2}\to 1$

また，$\dfrac{dt}{dx}=\cos x$ より　$dt=\cos x\,dx$

$\quad\therefore\quad \displaystyle\int_{\frac{\sqrt{2}}{2}}^{1}\log t\,dt=\Big[t(\log t-1)\Big]_{\frac{\sqrt{2}}{2}}^{1}$　　◀ 85

$\qquad =1\cdot(\log 1-1)-\dfrac{\sqrt{2}}{2}\cdot\Big(\log\dfrac{\sqrt{2}}{2}-1\Big)$

$\qquad =-1+\dfrac{\sqrt{2}}{2}-\dfrac{\sqrt{2}}{2}\log\dfrac{\sqrt{2}}{2}=\mathbf{-1+\dfrac{\sqrt{2}}{2}+\dfrac{\sqrt{2}}{4}\log 2}$

**注**　$\log\dfrac{\sqrt{2}}{2}=\log\dfrac{1}{\sqrt{2}}=\log 2^{-\frac{1}{2}}=-\dfrac{1}{2}\log 2$

（別解）　$\displaystyle\int_{\frac{\pi}{4}}^{\frac{\pi}{2}}\cos x\log(\sin x)\,dx=\int_{\frac{\pi}{4}}^{\frac{\pi}{2}}(\sin x)'\log(\sin x)\,dx$

$\quad =\Big[\sin x\{\log(\sin x)-1\}\Big]_{\frac{\pi}{4}}^{\frac{\pi}{2}}=-1-\dfrac{\sqrt{2}}{2}\cdot\Big(\log\dfrac{\sqrt{2}}{2}-1\Big)$

$\qquad\qquad\qquad =-1+\dfrac{\sqrt{2}}{2}+\dfrac{\sqrt{2}}{4}\log 2$

**第6章**

● **ポイント**

$\displaystyle\int f(\log x)\cdot\dfrac{1}{x}\,dx$ は，$\log x=t$ とおく

演習問題 93

定積分 $\displaystyle\int_0^1\frac{x}{1+x^2}\log(1+x^2)\,dx$ の値を求めよ．

# 94 無理関数の積分

次の定積分の値を求めよ.

(1) $\displaystyle\int_0^2 x^2\sqrt{4-x^2}\,dx$

(2) $\displaystyle\int_0^2 x\sqrt{4-x^2}\,dx$

(3) $\displaystyle\int_1^3 \dfrac{x}{\sqrt{x+1}+1}\,dx$

 (1), (2)はそっくりの形をしています. ともに $\sqrt{4-x^2}$ が含まれているので, **90**(2)と同じようにやればできそうですが, はたして….

(3)は **87**(2)と同じ感覚, すなわち, $x+1=t$, $\sqrt{x+1}=t$, $\sqrt{x+1}+1=t$ などが通用するのでしょうか?

## 解　答

(1) $\displaystyle\int_0^2 x^2\sqrt{4-x^2}\,dx$ において, $x=2\sin\theta$ とおくと

$x:0\to 2$ のとき, $\theta:0\to\dfrac{\pi}{2}$

このとき, $x^2=4\sin^2\theta$, $\sqrt{4-x^2}=2|\cos\theta|$　◀**90**(2)

$0\leqq\theta\leqq\dfrac{\pi}{2}$ のとき, $\cos\theta\geqq 0$ だから,

$|\cos\theta|=\cos\theta$

また, $\dfrac{dx}{d\theta}=2\cos\theta$ より　$dx=2\cos\theta\,d\theta$

$\therefore\quad \displaystyle\int_0^{\frac{\pi}{2}} 4\sin^2\theta\cdot 2\cos\theta\cdot 2\cos\theta\,d\theta$

$=16\displaystyle\int_0^{\frac{\pi}{2}}\sin^2\theta\cos^2\theta\,d\theta$　◀**88**(2)

$=4\displaystyle\int_0^{\frac{\pi}{2}}\sin^2 2\theta\,d\theta=2\int_0^{\frac{\pi}{2}}(1-\cos 4\theta)\,d\theta$

$=2\Big[\theta-\dfrac{1}{4}\sin 4\theta\Big]_0^{\frac{\pi}{2}}=\boldsymbol{\pi}$

(2) $\displaystyle\int_0^2 x\sqrt{4-x^2}\,dx=-\dfrac{1}{2}\int_0^2 (4-x^2)'(4-x^2)^{\frac{1}{2}}\,dx$

$$=-\frac{1}{2}\left[\frac{2}{3}(4-x^2)^{\frac{3}{2}}\right]_0^2=\frac{1}{3}\cdot4^{\frac{3}{2}}=\frac{8}{3}$$

注　この解答は，$4-x^2=t$ と置換した積分になっています．
また，$x=2\sin\theta$ と置換してもできます．（⇨**演習問題 94**）

(3) $\dfrac{x}{\sqrt{x+1}+1}=\dfrac{x(\sqrt{x+1}-1)}{(\sqrt{x+1}+1)(\sqrt{x+1}-1)}=\sqrt{x+1}-1$

$$\therefore \int_1^3\frac{x}{\sqrt{x+1}+1}\,dx=\int_1^3(\sqrt{x+1}-1)\,dx$$

$$=\left[\frac{2}{3}(x+1)^{\frac{3}{2}}-x\right]_1^3$$

$$=\frac{2}{3}(4^{\frac{3}{2}}-2^{\frac{3}{2}})-(3-1)=\frac{2}{3}(8-2\sqrt{2})-2$$

$$=\frac{10-4\sqrt{2}}{3}$$

注　[精講]で述べた 3 つの置換は，いずれも成功しますが，ここではそ
のうちの 1 つだけを（**別解**）として示しておきます．
残り 2 つは，自分で鉛筆をもって確かめてみましょう．

（**別解**）$\sqrt{x+1}=t$ とおくと，$x=t^2-1$

また，$x:1\to3$ のとき，$t:\sqrt{2}\to2$

次に，$\dfrac{dt}{dx}=\dfrac{1}{2\sqrt{x+1}}$ より　$2t\,dt=dx$

$$\therefore \int_{\sqrt{2}}^2\frac{t^2-1}{t+1}\cdot2t\,dt=2\int_{\sqrt{2}}^2t(t-1)\,dt=2\int_{\sqrt{2}}^2(t^2-t)\,dt$$

$$=\left[\frac{2}{3}t^3-t^2\right]_{\sqrt{2}}^2=\left(\frac{16}{3}-4\right)-\left(\frac{4\sqrt{2}}{3}-2\right)=\frac{10-4\sqrt{2}}{3}$$

第6章

🌑 ポイント　　定積分は式の形や範囲の特徴にあわせて手法を考える

演習問題 94

定積分 $\displaystyle\int_0^2x\sqrt{4-x^2}\,dx$ の値を $x=2\sin\theta$ と置換して求めよ．

# 95 部分積分法（Ⅰ）

次の定積分の値を求めよ.

(1) $\displaystyle\int_0^\pi x\sin x\,dx$　　　　(2) $\displaystyle\int_0^\pi e^x\cos x\,dx$

 いままで置換積分を中心に勉強してきましたが，これから**部分積分**について学んでいきます. 公式は 85 で学んだ通りですが，ここでの問題は，

Ⅰ. じゃまもの消去型　　Ⅱ. 同型出現型

のどちらになるかということです.

なお，(2)は頻繁にでてきますので，できるだけ（**解Ⅲ**）の方でもできるようにしておきましょう.

**解　答**

(1)　（Ⅰ型です：「$x$ さえいなければ…」と考える）

$$\int_0^\pi x\sin x\,dx = \int_0^\pi x(-\cos x)'\,dx$$
$$= \Big[-x\cos x\Big]_0^\pi + \int_0^\pi \cos x\,dx = \pi + \Big[\sin x\Big]_0^\pi$$
$$= \pi$$

（**別解**）（慣れるまでは，次のようにしてもよいでしょう）

$$\begin{cases} u = x \\ v' = \sin x \end{cases} \text{とおくと} \quad \begin{cases} u' = 1 \\ v = -\cos x \end{cases}$$

$$\therefore \quad \int_0^\pi uv'\,dx = \Big[uv\Big]_0^\pi - \int_0^\pi u'v\,dx = \Big[-x\cos x\Big]_0^\pi + \int_0^\pi \cos x\,dx$$
$$= \pi$$

(2)　（Ⅱ型です）

（**解Ⅰ**）（部分積分2回）

$I = \displaystyle\int_0^\pi e^x\cos x\,dx$ とおくと

$$I = \int_0^\pi e^x(\sin x)'\,dx = \Big[e^x\sin x\Big]_0^\pi - \int_0^\pi e^x\sin x\,dx = \int_0^\pi e^x(\cos x)'\,dx$$

$$=\Big[e^x\cos x\Big]_0^\pi-\int_0^\pi e^x\cos x\,dx=-e^\pi-1-I$$

$$\therefore\quad 2I=-e^\pi-1\quad\therefore\quad I=-\frac{e^\pi+1}{2}$$

(**解Ⅱ**)（部分積分 1 回ずつ）

$$I=\int_0^\pi e^x\cos x\,dx,\ \ J=\int_0^\pi e^x\sin x\,dx\ \ とおくと$$

$$I=\Big[e^x\sin x\Big]_0^\pi-\int_0^\pi e^x\sin x\,dx=-J$$

$$J=\int_0^\pi e^x(-\cos x)'\,dx=-\Big[e^x\cos x\Big]_0^\pi+\int_0^\pi e^x\cos x\,dx=e^\pi+1+I$$

$$\therefore\quad\begin{cases}I=-J\\ J=e^\pi+1+I\end{cases}\quad よって,\ \ I=-\frac{e^\pi+1}{2}$$

(**解Ⅲ**)（部分積分 0 回）

$$\begin{cases}(e^x\sin x)'=e^x\sin x+e^x\cos x &\cdots\cdots① \\ (e^x\cos x)'=e^x\cos x-e^x\sin x &\cdots\cdots②\end{cases}$$

◀積の微分

①＋② より　$2e^x\cos x=(e^x\sin x)'+(e^x\cos x)'$

$$\therefore\quad\int_0^\pi e^x\cos x\,dx=\frac{1}{2}\Big[e^x(\sin x+\cos x)\Big]_0^\pi=-\frac{e^\pi+1}{2}$$

**注**　過去の入試問題をみると，親切か，不親切かよくわからない「部分積分を 2 回用いて」という条件付きの出題もあります．だから，(**解Ⅰ**)，(**解Ⅱ**) はメンドウだから (**解Ⅲ**) だけ頭に入れておく，という姿勢は好ましくありません．

第6章

● ポイント

$$\int e^{ax}\sin bx\,dx,\ \int e^{ax}\cos bx\,dx\ は$$

同型出現型の部分積分

演習問題 95

定積分 $\displaystyle\int_0^{\frac{\pi}{4}}e^{-x}\sin x\,dx$ の値を求めよ．

# 96 部分積分法（Ⅱ）

次の定積分の値を求めよ.

(1) $\displaystyle\int_1^2 xe^{2x}\,dx$ 　　　　(2) $\displaystyle\int_0^1 (x^2-2x)e^x\,dx$

(3) $\displaystyle\int_1^2 (x-1)^2 e^{-x}\,dx$

 (1)は 92 (3)とよく似ていますが, $e^{-x^2}$ と $e^{2x}$ の違いがあります. そのため置換積分はメンドウになります.

　　実は(1), (2), (3)はいずれも **(整式)** $e^{ax}$ **型** をしているので, すべて部分積分の Ⅰ 型, すなわち, **じゃまもの消去型** になります.

　また(3)では, 定積分の負担を軽くするための新しい技術も勉強しましょう.

## 解　答

(1) $\displaystyle\int_1^2 xe^{2x}\,dx = \frac{1}{2}\int_1^2 x(e^{2x})'\,dx = \left[\frac{1}{2}xe^{2x}\right]_1^2 - \frac{1}{2}\int_1^2 e^{2x}\,dx$

$= e^4 - \frac{1}{2}e^2 - \frac{1}{4}\left[e^{2x}\right]_1^2 = e^4 - \frac{1}{2}e^2 - \frac{1}{4}e^4 + \frac{1}{4}e^2 = \dfrac{3e^4-e^2}{4}$

(2) $\displaystyle\int_0^1 (x^2-2x)e^x\,dx = \int_0^1 (x^2-2x)(e^x)'\,dx$

$= \left[(x^2-2x)e^x\right]_0^1 - \int_0^1 (2x-2)e^x\,dx = -e - 2\int_0^1 (x-1)(e^x)'\,dx$

$= -e - 2\left[(x-1)e^x\right]_0^1 + 2\int_0^1 e^x\,dx = -e - 2 + 2\left[e^x\right]_0^1 = \boldsymbol{e-4}$

 次のような公式があります.

$$\int f(x)e^x\,dx = \{f(x) - f'(x) + f''(x) - \cdots\}e^x + C$$

この公式を使うと, 次のような解答になります.

$$\int_0^1 (x^2-2x)e^x\,dx = \left[\{(x^2-2x)-(2x-2)+2\}e^x\right]_0^1$$

$$= \left[(x-2)^2 e^x\right]_0^1 = e-4$$

(3) $\displaystyle\int_1^2 (x-1)^2 e^{-x}\,dx = \int_1^2 (x-1)^2 (-e^{-x})'\,dx$

$$= -\left[(x-1)^2 e^{-x}\right]_1^2 + 2\int_1^2 (x-1)e^{-x}\,dx$$

$$= -e^{-2} + 2\int_1^2 (x-1)(-e^{-x})'\,dx$$

$$= -e^{-2} - 2\left[(x-1)e^{-x}\right]_1^2 + 2\int_1^2 e^{-x}\,dx$$

$$= -e^{-2} - 2e^{-2} - 2\left[e^{-x}\right]_1^2 = -5e^{-2} + 2e^{-1} = \frac{2e-5}{e^2}$$

 **参考**　　Ⅰ．次のような公式があります．

$$\int f(x)e^{-x}\,dx = -\{f(x) + f'(x) + f''(x) + \cdots\}e^{-x} + C$$

この公式を使うと，次のような解答になります．

$$\int_1^2 (x-1)^2 e^{-x}\,dx = \left[-\{(x-1)^2 + 2(x-1) + 2\}e^{-x}\right]_1^2$$

$$= \left[-(x^2+1)e^{-x}\right]_1^2 = 2e^{-1} - 5e^{-2} = \frac{2e-5}{e^2}$$

Ⅱ．$\displaystyle\int_1^2 (x-1)^2 e^{-x}\,dx = \int_0^1 x^2 e^{-(x+1)}\,dx = e^{-1}\int_0^1 x^2 e^{-x}\,dx$

として部分積分をすると，少し計算がラク
になります．これは，数式的には $x-1=t$
と置換して積分することを意味しています
が，図形的には，右図のように $x$ 軸方向に
$-1$ だけ平行移動することを意味していま
す．（⇨ⅡBベク**48**）

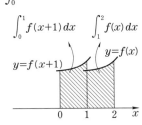

**◐ ポイント**

$\displaystyle\int (整式)e^{ax}\,dx$ は，

じゃまもの消去型の部分積分

**演習問題 96**

$f(a) = \displaystyle\int_1^a (x^2-2x)e^{-x}\,dx \ (a>1)$ について，次の問いに答えよ．

(1) $f(a)$ を $a$ で表せ．　　(2) $f(a)$ の最小値を求めよ．

**第6章**

**基礎問**

# 97 部分積分法（Ⅲ）

次の定積分の値を求めよ.

(1) $\displaystyle\int_0^1 \log(x+1)\,dx$

(2) $\displaystyle\int_1^2 x\log x\,dx$

(3) $\displaystyle\int_2^3 x\log(x^2-1)\,dx$

 **精 講**

(1)は **85** とそっくりですからもうわかっていると思いますが，ひと工夫してほしいところです.

(2) じゃまもの（$=\log x$）消去型の部分積分です.

(3) $x^2-1$ をひとまとめに考えると，$(x^2-1)'$ がかけてあるので置換積分と言えそうですが，$x^2-1=(x+1)(x-1)$ と考えると，(1)と(2)をあわせたような形をしているので部分積分でもできそうです.

---

## 解 答

(1) $\displaystyle\int_0^1 \log(x+1)\,dx = \int_0^1 (x+1)'\log(x+1)\,dx$　　◀$(x+1)'$ を $(x)'$ と考えるとあとがつらい

$\displaystyle = \Big[(x+1)\log(x+1)\Big]_0^1 - \int_0^1 (x+1)\cdot\frac{1}{x+1}\,dx$

$\displaystyle = 2\log 2 - \int_0^1 dx = \mathbf{2\log 2 - 1}$

**注** $(x+1)'$ のところを $(x)'$ としてしまうと，〰部分が繁雑になります. ただし，答えはでてきます.

**（別解）** （**96**(3)の 📖 Ⅱ を利用して）

$\displaystyle\int_0^1 \log(x+1)\,dx = \int_1^2 \log x\,dx = \Big[x(\log x - 1)\Big]_1^2 = 2\log 2 - 1$

(2) $\displaystyle\int_1^2 x\log x\,dx = \int_1^2 \Big(\frac{1}{2}x^2\Big)'\log x\,dx$

$\displaystyle = \Big[\frac{1}{2}x^2\log x\Big]_1^2 - \int_1^2 \frac{1}{2}x^2\cdot\frac{1}{x}\,dx = 2\log 2 - \frac{1}{2}\int_1^2 x\,dx$

$\displaystyle = 2\log 2 - \frac{1}{4}\Big[x^2\Big]_1^2 = \mathbf{2\log 2 - \frac{3}{4}}$

(3) **（解Ⅰ）** （置換積分で）

$\displaystyle\int_2^3 x\log(x^2-1)\,dx$ において，$x^2-1=t$ とおくと

$x:2\to 3$ のとき，$t:3\to 8$

また，$\dfrac{dt}{dx}=2x$ より $\dfrac{1}{2}dt=x\,dx$

$\therefore \displaystyle\int_3^8 \log t\cdot\dfrac{1}{2}\,dt=\dfrac{1}{2}\Big[t(\log t-1)\Big]_3^8$

$=\dfrac{1}{2}\{8(\log 8-1)-3(\log 3-1)\}=\dfrac{1}{2}(8\log 8-3\log 3-5)$

$=12\log 2-\dfrac{3}{2}\log 3-\dfrac{5}{2}$

（**解Ⅱ**）（部分積分で）

$2\le x\le 3$ のとき，$\log(x^2-1)=\log(x-1)+\log(x+1)$

$\therefore \displaystyle\int_2^3 x\log(x^2-1)\,dx=\int_2^3 x\log(x-1)\,dx+\int_2^3 x\log(x+1)\,dx$

ここで，$\displaystyle\int_2^3 x\log(x-1)\,dx=\int_1^2 (x+1)\log x\,dx$

$=\displaystyle\int_1^2 x\log x\,dx+\int_1^2 \log x\,dx$

$=\Big(2\log 2-\dfrac{3}{4}\Big)+(2\log 2-1)$  ◀(1)（**別解**），(2)参照

$=4\log 2-\dfrac{7}{4}$

同様にして，$\displaystyle\int_2^3 x\log(x+1)\,dx=8\log 2-\dfrac{3}{2}\log 3-\dfrac{3}{4}$

$\therefore \displaystyle\int_2^3 x\log(x^2-1)\,dx=12\log 2-\dfrac{3}{2}\log 3-\dfrac{5}{2}$

注 「同様にして」のところは，たいへんな計算量です．自分で鉛筆を
もってやってみるとわかります．

**第6章**

**◗ポイント**

$\displaystyle\int$ (整式)$\log x\,dx$ は，部分積分

**演習問題 97**

定積分 $\displaystyle\int_1^2 \dfrac{(\log x)^2}{x^2}\,dx$ の値を求めよ．

# 98 部分積分法（Ⅳ）

$I_n = \displaystyle\int_0^{\frac{\pi}{2}} \sin^n x \, dx$ とおくとき，部分積分法を用いて，

$I_n = \dfrac{n-1}{n} I_{n-2} \ (n \geqq 3)$ を示せ.

 入試では頻出テーマですが，「部分積分法を用いて」の部分が**かいて ない**ことが多いようです．結果を覚えておく必要はありませんが， **解答の流れは頭に入れておく必要があります．**

## 解 答

$$I_n = \int_0^{\frac{\pi}{2}} \sin^{n-1} x \cdot \sin x \, dx = \int_0^{\frac{\pi}{2}} \sin^{n-1} x \cdot (-\cos x)' \, dx$$

$$= \Big[ -\sin^{n-1} x \cos x \Big]_0^{\frac{\pi}{2}} + \int_0^{\frac{\pi}{2}} (n-1) \sin^{n-2} x (\sin x)' \cos x \, dx$$

→合成関数の微分：**62**

$$= (n-1) \int_0^{\frac{\pi}{2}} \sin^{n-2} x \cdot \cos^2 x \, dx$$

$$= (n-1) \int_0^{\frac{\pi}{2}} \sin^{n-2} x (1 - \sin^2 x) \, dx$$

$$= (n-1)(I_{n-2} - I_n)$$

$$\therefore \quad n I_n = (n-1) I_{n-2} \qquad \text{よって，} \ I_n = \frac{n-1}{n} I_{n-2} \quad (n \geqq 3)$$

🌙 **ポイント** $\displaystyle\int_0^{\frac{\pi}{2}} \sin^n x \, dx$ は，$\sin^{n-1} x \cdot \sin x$ と考えて

部分積分をすると，$\displaystyle\int_0^{\frac{\pi}{2}} \sin^{n-2} x \, dx$ とつながる

**演習問題 98**

$I_n = \displaystyle\int_0^{\frac{\pi}{2}} \cos^n x \, dx$ とおくとき，$I_n = \dfrac{n-1}{n} I_{n-2} \ (n \geqq 3)$ を示せ.

# 99 部分積分法（Ⅴ）

$I_n = \displaystyle\int_1^e (\log x)^n\,dx$ とおくとき，部分積分法を用いて，

$I_n = e - nI_{n-1}\ (n \geqq 2)$ を示せ.

技術的には，$\displaystyle\int_1^e \log x\,dx$ と同じです. 考え方は，$I_n$ と $I_{n-1}$ をつなぐ
ためには，$(\log x)^n$ から $(\log x)^{n-1}$ をつくらなければならないとい
うことです.

$(\log x)^n = \log x (\log x)^{n-1}$ としてもうまくいきません. **次数を落とす**と考え
て「微分」すなわち，**部分積分**という流れです.

## 解　答

$$I_n = \int_1^e (x)'(\log x)^n\,dx$$

$$= \Big[ x(\log x)^n \Big]_1^e - \int_1^e x \cdot n(\log x)^{n-1} \cdot \frac{1}{x}\,dx$$

└→合成関数の微分：62

$$= e(\log e)^n - n\int_1^e (\log x)^{n-1}\,dx$$

$$= e - nI_{n-1}$$

$$\therefore\ \ I_n = e - nI_{n-1}\ \ (n \geqq 2)$$

第6章

● ポイント

$\displaystyle\int (\log x)^n\,dx$ は，部分積分

$$\int_1^e (\log x)^3\,dx = I_3 = e - 3I_2 = e - 3(e - 2I_1) = -2e + 6I_1$$

$$= -2e + 6\int_1^e \log x\,dx = -2e + 6\Big[ x(\log x - 1) \Big]_1^e = -2e + 6$$

演習問題 99

$I_n = \displaystyle\int_0^1 e^{-x}x^n\,dx\ (n=0,\ 1,\ 2,\ \cdots)$ とおくとき，$I_{n+1}$ を $I_n$ で表せ.

## 100 定積分で表された関数（Ⅰ）

$f(x)=\cos x+3\displaystyle\int_0^{\frac{\pi}{2}}f(x)\sin x\,dx$ をみたす関数 $f(x)$ を求めよ.

 ⅡＢベク **104** と同じです.

$\displaystyle\int_0^{\frac{\pi}{2}}f(x)\sin x\,dx$ は**定数**ですから，「$=a$」とおきます. このあと，もう一度「$a=$」とおいた式に戻すところがコツです.

解　答

$\displaystyle\int_0^{\frac{\pi}{2}}f(x)\sin x\,dx=a$ とおくと，

$\qquad f(x)=\cos x+3a$

$\therefore\quad a=\displaystyle\int_0^{\frac{\pi}{2}}(\cos x+3a)\sin x\,dx=\int_0^{\frac{\pi}{2}}\Big(\frac{1}{2}\sin 2x+3a\sin x\Big)dx$

$\qquad =\Big[-\dfrac{1}{4}\cos 2x-3a\cos x\Big]_0^{\frac{\pi}{2}}$

$\qquad =\dfrac{1}{4}-\Big(-\dfrac{1}{4}-3a\Big)=\dfrac{1}{2}+3a$

したがって，$a=\dfrac{1}{2}+3a$　　$\therefore\quad a=-\dfrac{1}{4}$

よって，$\boldsymbol{f(x)=\cos x-\dfrac{3}{4}}$

**● ポイント**　$\displaystyle\int_a^b f(x)\,dx$ は定数

**演習問題 100**

$f'(x)=xe^x-2\displaystyle\int_0^1 f(x)\,dx,\ f(0)=0$ をみたす関数 $f(x)$ を求めよ.

# 101 定積分で表された関数（Ⅱ）

任意の $x$ に対して，$\displaystyle\int_\pi^x f(t)\,dt = \cos^3 x + a$ ……① （$a$ は定数）
が成りたつとき，$a$ の値と $f(x)$ を求めよ．

 **精 講**

ⅡBベク **103** と同じです．

$\displaystyle\int_\pi^x f(t)\,dt$ を $x$ で微分すると $f(x)$ です．

（$t$ が $x$ にかわっている点に注意）

## 解　答

①の両辺に，$x=\pi$ を代入すると，$\displaystyle\int_\pi^\pi f(t)\,dt = 0$ だから

$0 = (\cos\pi)^3 + a$ 　　よって　$a-1=0$ 　　∴　$a=1$

次に，$\dfrac{d}{dx}\displaystyle\int_\pi^x f(t)\,dt = f(x)$ だから，①の両辺を $x$ で微分すると

（⟶記号の意味は **64** **注** 1 参照）

$f(x) = 3\cos^2 x (\cos x)' = -3\cos^2 x \sin x$

**�𝅘 ポイント**

Ⅰ．$\displaystyle\int_a^a f(t)\,dt = 0$

Ⅱ．$\dfrac{d}{dx}\displaystyle\int_a^x f(t)\,dt = f(x)$

**注**　$\displaystyle\int_a^x \boxed{\phantom{xx}}\,dt$ の形の式を $x$ で微分したいとき，$\boxed{\phantom{xx}}$ の部分に $x$ が含まれているときはそのまま微分してはいけません．必ず積分記号の外に出して積の微分の公式を使います．（⇨**演習問題 101**）

第6章

 演習問題 101

$f(x) = \displaystyle\int_0^x (x-t)\sin^2 t\,dt$ のとき，$f''(x)$ を求めよ．

# 102 絶対値のついた関数の積分 (I)

次の定積分を計算せよ.

(1) $\displaystyle\int_0^{\frac{\pi}{2}}\left|\cos\left(x+\frac{\pi}{4}\right)\right|dx$　　　(2) $\displaystyle\int_e^{2e}|\log(x-2)|dx$

 精 講

$$|f(x)|=\begin{cases} f(x) & (f(x)\geqq0) \\ -f(x) & (f(x)\leqq0) \end{cases}$$ を用いて絶対値をはずします.

このとき気をつけることは

$\displaystyle\int_a^b\boxed{\phantom{xx}}dx$ ($a<b$) となっていたら,

$a\leqq x\leqq b$ の範囲での $\boxed{\phantom{xx}}$ の様子を考えれば十分

ということです. また $f(x)\geqq0$ などを考えるとき

　　　　　　I. 不等式を解く　　　II. グラフを利用する

の2つの手段があることも知っておきましょう.

## 解 答

(1) $0\leqq x\leqq\dfrac{\pi}{2}$ のとき, $\dfrac{\pi}{4}\leqq x+\dfrac{\pi}{4}\leqq\dfrac{3\pi}{4}$ だから　◀下の**注**

$$\left|\cos\left(x+\frac{\pi}{4}\right)\right|=\begin{cases} \cos\left(x+\dfrac{\pi}{4}\right) & \left(0\leqq x\leqq\dfrac{\pi}{4}\right) \\ -\cos\left(x+\dfrac{\pi}{4}\right) & \left(\dfrac{\pi}{4}\leqq x\leqq\dfrac{\pi}{2}\right) \end{cases}$$

$\therefore$ (与式)$=\displaystyle\int_0^{\frac{\pi}{4}}\cos\left(x+\frac{\pi}{4}\right)dx+\int_{\frac{\pi}{4}}^{\frac{\pi}{2}}\left\{-\cos\left(x+\frac{\pi}{4}\right)\right\}dx$

　　　　　　$=\left[\sin\left(x+\dfrac{\pi}{4}\right)\right]_0^{\frac{\pi}{4}}-\left[\sin\left(x+\dfrac{\pi}{4}\right)\right]_{\frac{\pi}{4}}^{\frac{\pi}{2}}$

　　　　　　$=2\times\sin\dfrac{\pi}{2}-\sin\dfrac{\pi}{4}-\sin\dfrac{3\pi}{4}=\boldsymbol{2-\sqrt{2}}$

**注** $\cos\left(x+\dfrac{\pi}{4}\right)$ の符号は, $x$ ではなく, $x+\dfrac{\pi}{4}$ のとりうる値の範囲で考えます.

(2) $e \leqq x \leqq 2e$ において,

$y=|\log(x-2)|$ のグラフは右図.

($\longrightarrow$ I・A **34** 精講 I )

$\therefore$ $|\log(x-2)|$

$$=\begin{cases} -\log(x-2) & (e \leqq x \leqq 3) \\ \log(x-2) & (3 \leqq x \leqq 2e) \end{cases}$$

よって,

$$（与式）=-\int_e^3 \log(x-2)\,dx+\int_3^{2e} \log(x-2)\,dx$$

ここで, $\displaystyle\int \log(x-2)\,dx=\int (x-2)' \log(x-2)\,dx$

$$=(x-2)\log(x-2)-\int dx$$

$$=(x-2)\log(x-2)-x+C$$

より, $F(x)=(x-2)\log(x-2)-x$ とおくと,

$$F(e)=(e-2)\log(e-2)-e, \quad F(3)=-3$$

$$F(2e)=(2e-2)\log(2e-2)-2e$$

よって, $（与式）=-\Big[F(x)\Big]_e^3+\Big[F(x)\Big]_3^{2e}$

$$=-2F(3)+F(e)+F(2e)$$

$$=(e-2)\log(e-2)+(2e-2)\log(2e-2)-3e+6$$

**注** この答案のかき方（＝を左端にそろえる）は, 定積分がダラダラと横に長くなりそうなときに使います. 計算ミスを防ぐための1つの方法として知っておきましょう.

**ポイント** 絶対値のついた関数の定積分は

$$|f(x)|=\begin{cases} f(x) & (f(x) \geqq 0) \\ -f(x) & (f(x) \leqq 0) \end{cases}$$

を用いて絶対値をはずす

演習問題 102

定積分 $\displaystyle\int_{-\frac{\pi}{4}}^{\frac{\pi}{3}} |\tan x|\,dx$ の値を求めよ.

**基礎問**

# 103 絶対値のついた関数の積分（Ⅱ）

$f(x)=\int_0^1 |e^t-x|\,dt \ (1<x<e)$ とするとき，次の問いに答えよ.

(1) $f(x)$ を求めよ.

(2) $f(x)$ を最小にする $x$ の値を求めよ.

精講 定積分する関数には，$x$ と $t$ の2文字が含まれています．このようなとき，「どちらの文字で積分するのか？」ということが第1のポイントですが，これは「$dt$」を見るとわかります．すなわち，これは「$t$ で積分しなさい」といっているのです．だから，積分を実行すると $t$ はなくなって，$x$ だけが残ることになります．左辺が「$f(x)$」とかいてあるのはこのためです．

　第2のポイントは，積分の方法です．基本的には絶対値がついているので「はずす」ことになりますが，102 の 精講 に，

　　　　Ⅱ．**グラフを利用する**

とあります．今回はこれを利用します．すなわち，$y=e^t$ と $y=x$ のグラフを利用しますが，問題は，$y=x$ のグラフです．「原点を通り，傾き1の直線でしょ？」と思った人は**要注意**です.

## 解　答

(1) $1<x<e$ だから，$0 \leqq t \leqq 1$ において
$e^t=x$ をみたす $t$ が存在し，そのときの $t$ の
値は $t=\log x$（右図参照）

$\therefore \ |e^t-x|=\begin{cases} -(e^t-x) & (0 \leqq t \leqq \log x) \\ e^t-x & (\log x \leqq t \leqq 1) \end{cases}$

よって，

$f(x)=-\int_0^{\log x}(e^t-x)\,dt+\int_{\log x}^1(e^t-x)\,dt$

$\qquad =-\Big[e^t-xt\Big]_0^{\log x}+\Big[e^t-xt\Big]_{\log x}^1$

$\qquad =-2(e^{\log x}-x\log x)+1+e-x$

$\qquad =\boldsymbol{2x\log x-3x+e+1} \quad (e^{\log x}=x \ より)$

> **注** 直線 $y=x$ が「原点を通る傾き1の直線」といえるのは，横軸が $x$ 軸のときです．今回は横軸は $t$ 軸です．だから $xy$ 平面上の直線 $y=a$ と同じように，**ヨコ型直線になります**．
>
> ということは**演習問題103** の $y=\sin x$ もヨコ型直線です．
>
> (2) $f'(x)=2\log x+2-3=2\log x-1$
>
> $f'(x)=0$ とすると $\log x=\dfrac{1}{2}$ $\therefore$ $x=e^{\frac{1}{2}}$
>
> $1<e^{\frac{1}{2}}<e$ だから，増減は右表のようになる．
>
> よって，$f(x)$ を最小にする $x$ は $e^{\frac{1}{2}}$，すなわち，$\sqrt{e}$

| $x$ | 1 | $\cdots$ | $e^{\frac{1}{2}}$ | $\cdots$ | $e$ |
|---|---|---|---|---|---|
| $f'(x)$ | | $-$ | 0 | $+$ | |
| $f(x)$ | | $\searrow$ | 最小 | $\nearrow$ | |

 **ポイント**　横軸が $t$ 軸のとき，$y=x$ は
$t$ 軸に平行な直線を表す

**参考**　このあと学ぶ「**面積**」という観点から $f(x)$ をみると，$f(x)$ は

> 曲線 $y=e^t$ と3つの直線 $y=x$,
> $t=0$, $t=1$ で囲まれた面積

を表しています．一般的にいえば，

> $\displaystyle\int_a^b|f(x)-g(x)|dx\ (a<b)$ は曲線 $y=f(x)$,
> $y=g(x)$, 直線 $x=a$, $x=b$ で囲まれた面積を表す

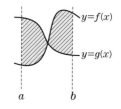

ということです（右図参照）．

**演習問題 103**

$f(x)=\displaystyle\int_0^{\frac{\pi}{2}}|\sin t-\sin x|dt\ \left(0\le x\le\dfrac{\pi}{2}\right)$ を求めよ．

# 104 面積（Ⅰ）

$f(x)=|2x^3-x^2-8x+4|$ $(0\leqq x\leqq 2)$ と $x$ 軸，$y$ 軸で囲まれた部分の面積 $S$ を求めよ．

精講 数学Ⅱで学んだ考え方とまったく同じです．

まず $y=f(x)$ のグラフをかいて，求める面積がどの部分にあたるのか確かめるところから始まりますが，グラフは面積を求めるために必要な程度でよいので，必ずしも「微分して，増減表をかいて」という手順を踏む必要はありません．

いずれにしても，「**$x$ 軸で囲まれた部分**」という表現があるので「**$x$ 軸との交点を用意する**」，すなわち，因数分解が第1の作業となりそうです．

## 解答

$g(x)=2x^3-x^2-8x+4$ とおくと

$g(x)=2x(x^2-4)-(x^2-4)$

$\quad\quad=(2x-1)(x-2)(x+2)$

よって，$y=g(x)$ のグラフは
右図のようになる．

ゆえに $0\leqq x\leqq 2$ において
$y=f(x)$，すなわち，$y=|g(x)|$ のグラフは図のようになり，求める面積 $S$ は図の斜線部分の面積を合わせたもの．

$$S=\int_0^{\frac{1}{2}}g(x)\,dx+\int_{\frac{1}{2}}^2\{-g(x)\}\,dx$$

$$=\int_0^{\frac{1}{2}}g(x)\,dx-\int_{\frac{1}{2}}^2g(x)\,dx$$

ここで，

$$G(x)=\int g(x)\,dx=\frac{1}{2}x^4-\frac{1}{3}x^3-4x^2+4x \text{ とおくと，}$$

$$S=\Big[G(x)\Big]_0^{\frac{1}{2}}-\Big[G(x)\Big]_{\frac{1}{2}}^2=2G\Big(\frac{1}{2}\Big)-G(0)-G(2)$$

$G\left(\dfrac{1}{2}\right)=\dfrac{95}{96}$, $G(0)=0$, $G(2)=-\dfrac{8}{3}$ より

$$S=\dfrac{95}{48}+\dfrac{8}{3}=\dfrac{223}{48}$$

 参 考 $y=g(x)$ の増減をまじめに（？）調べると次のようになります が，面積は**ポイント**にあるように $x$ 軸との上下関係が決ま ればよいので必要のない作業です．

| $x$ | $\cdots$ | $-1$ | $\cdots$ | $\dfrac{4}{3}$ | $\cdots$ |
|---|---|---|---|---|---|
| $g'(x)$ | $+$ | $0$ | $-$ | $0$ | $+$ |
| $g(x)$ | ↗ | $9$ | ↘ | $-\dfrac{100}{27}$ | ↗ |

● ポイント

$y=f(x)$ と $x$ 軸で囲まれた部分の面積は

$y=f(x)$ が $x$ 軸より

　上側にある部分では $f(x)$ を，

　下側にある部分では $-f(x)$ を

積分して加える

注　この問題文は次のようにいいかえることができます．

曲線 $y=2x^3-x^2-8x+4$ $(0\leqq x\leqq2)$ と $x$ 軸，$y$ 軸で囲まれた部分の面積 $S$ を求めよ．

第6章

演習問題 104

(1) $f(x)=x^3-3x$ の接線のうち，点 $\left(0,\ \dfrac{1}{4}\right)$ を通るものを求めよ．

(2) $y=f(x)$ と(1)の接線で囲まれた図形の面積 $S$ を求めよ．

# 105 面積（Ⅱ）

曲線 $y=x^4-2a^2x^2+x+2$ $(a>0)$ ……① について，次の問いに答えよ．

(1) $x$ 座標が $a$ であるような曲線①上の点Pにおける接線を $l$ とするとき，$l$ は曲線①とP以外の点で再び接することを示せ．

(2) $l$ と曲線①とによって囲まれる部分の面積 $S$ を求めよ．

典型的な微分と積分の融合問題です．

(1) ⅡBベク**87**によれば，接線の方程式を求めるためには，接点の $x$ 座標が必要ですが，これは「$x=a$」と与えられています．問題は，「**P以外の点で接する**」という結論に対して，「**何がいえればよいのか？**」です．

曲線①と接線 $l$ を連立して，$y$ を消去すると「**共有点の$x$座標**」がでてきます．①と $l$ が $x=a$ で接しているので，この式（$=4$次式）は $(x-a)^2(2次式)$ と因数分解できるはずで，P以外の共有点は（〜〜部分）$=0$ の解です．だから，示すべきことは「〜〜**部分が完全平方式になる**」ということです．

(2) ①と $l$ の共有点は(1)で求まるので，あとは①と $l$ の上下関係です（**ポイント**参照）．

■■■ 解 答 ■■■

(1) $f(x)=x^4-2a^2x^2+x+2$ とおくと，　$f(a)=-a^4+a+2$

また，$f'(x)=4x^3-4a^2x+1$ より　$f'(a)=1$

ゆえに，$\mathrm{P}(a,\ f(a))$ における接線は，

$y-(-a^4+a+2)=1\cdot(x-a)$ ◀ⅡBベク**86**

よって，　$l:y=x-a^4+2$ ……②

①，②を連立して，$y$ を消去すると

$x^4-2a^2x^2+x+2=x-a^4+2 \Longleftrightarrow x^4-2a^2x^2+a^4=0$

$\Longleftrightarrow (x^2-a^2)^2=0 \Longleftrightarrow (x-a)^2(x+a)^2=0$

∴　$x=a,\ -a$　（重解）

よって，$l$ と①のP以外の共有点は，$x=-a$ で，これが重解である
ことより，この点でも接している．

(2) $a>0$ であることから，(1)より，

$y=f(x)$ と $l$ のグラフは右図のような関係
にあり，$S$ は図の斜線部分の面積．

$$\therefore \quad S=\int_{-a}^{a}(x^4-2a^2x^2+a^4)\,dx$$

$$=2\int_{0}^{a}(x^4-2a^2x^2+a^4)\,dx$$

$$\left(\longrightarrow \boxed{87}\ \text{ポイント}\,\text{I}\right)$$

$$=2\left[\frac{x^5}{5}-\frac{2a^2}{3}x^3+a^4x\right]_{0}^{a}=2a^5\left(\frac{1}{5}-\frac{2}{3}+1\right)=\frac{16}{15}a^5$$

**注** $a>0$ でないと $-a$ と $a$ の大小が確定しないので，

$\int_{-a}^{a}(x^4-2a^2x^2+a^4)\,dx$ が面積を表すとは断言できません．

$\left(\longrightarrow \text{ポイント②参照}\right)$

**参考** 次のような公式があります．

$$\int_{\alpha}^{\beta}(x-\alpha)^2(x-\beta)^2\,dx=\frac{1}{30}(\beta-\alpha)^5$$

客観式のときや，検算用として知っておくと得をします．

**◉ ポイント**

2つの曲線 $y=f(x)$ と $y=g(x)$ で囲まれた部分の
面積は

① 上から下をひいて 　② 左から右に向かって
積分すればよい

第6章

曲線 $y=x^4-2x^2+a$ が $x$ 軸と異なる2点で接している．

(1) $a$ の値を求めよ．

(2) この曲線と直線 $y=b\ (0<b<a)$ とで囲まれる3つの部分の
うち，直線 $y=b$ より上側にある部分の面積が，他の2つの部分
の面積の和に等しい．このとき $b$ の値を求めよ．

# 106 面積（Ⅲ）

2つの曲線 $y=x(x-1)^2$ ……①, $y=kx^2$ $(k>0)$ ……②
について，次の問いに答えよ．

(1) この2つの曲線は異なる3点で交わることを示せ．

(2) この2つの曲線で囲まれる2つの部分の面積が等しくなるような $k$
の値を求めよ．

(1) 「異なる3点で交わる」

$\Longleftrightarrow$「①，②から $y$ を消去した式が異なる3つの実数解をもつ」

実数解の個数だけであれば，ⅡBベク **95** 参考 の手順でよいので
しょうが，(2)で面積がテーマになっているので，出せるものなら，直接，解
を出しておいた方がよいでしょう．

(2) 問題文の通りに式をつくればよいのでしょうが，**ポイント**の考え方を最初
から使えるようになれば，少しですが，負担が軽くなります．

**解答**では，**ポイント**の考え方がでてくる過程がわかるようにかいてあります．

---

## 解 答

(1) ①，②を連立して，$y$ を消去すると，

$$x(x-1)^2=kx^2$$
$$x\{(x-1)^2-kx\}=0$$
$$x\{x^2-(k+2)x+1\}=0$$

ここで，$x^2-(k+2)x+1=0$ ……③

の判別式を $D$ とすると

$$D=(k+2)^2-4=k^2+4k>0 \quad (k>0 \text{ より})$$

よって，③は異なる2つの実数解 $\alpha$, $\beta$ $(\alpha<\beta)$ をもつ．

次に，$x=0$ は③をみたさないので $x=0$ は③の解ではない．

したがって，$\alpha\neq0$, $\beta\neq0$

よって，①，②は異なる3点で交わる．

(2) 解と係数の関係より

$$\alpha+\beta=k+2>0, \quad \alpha\beta=1>0 \text{ だから}$$

$\alpha$, $\beta>0$ ∴ $0<\alpha<\beta$

よって，図のように $S_1$，$S_2$ を定めると，

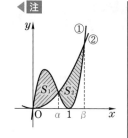

◀注

$$S_1=\int_0^\alpha \{x^3-(k+2)x^2+x\}\,dx$$

$$S_2=-\int_\alpha^\beta \{x^3-(k+2)x^2+x\}\,dx$$

$S_1=S_2$ だから，$S_1-S_2=0$

∴ $\displaystyle\int_0^\alpha \{x^3-(k+2)x^2+x\}\,dx$

$\displaystyle+\int_\alpha^\beta \{x^3-(k+2)x^2+x\}\,dx=0$

$\displaystyle\int_0^\beta \{x^3-(k+2)x^2+x\}\,dx=0$　　　◀ポイント

$\dfrac{1}{4}\beta^4-\dfrac{(k+2)}{3}\beta^3+\dfrac{\beta^2}{2}=0$

∴ $3\beta^2-4(k+2)\beta+6=0$ ……④ （$\beta\neq0$ より）

また，$\beta$ は③の解だから，$\beta^2-(k+2)\beta+1=0$ ……⑤

④−⑤×4 より　　$-\beta^2+2=0$ ∴ $\beta=\sqrt{2}$ （$\beta>0$ より）

これと，⑤より　　$k=\dfrac{3\sqrt{2}-4}{2}$

**注**　**105** の**ポイント**②にあるように「左から右に向かって」積分するので，$0$，$\alpha$，$\beta$ の大小を確定する必要があります．

**◉ ポイント**

上下関係の入れかわる2つの曲線で囲まれた2つの部分の面積が等しいとき
左端から右端まで積分すれば値は0

**演習問題 106**

$0\leqq x\leqq\dfrac{\pi}{2}$，$0\leqq y\leqq\sin 2x$ で定められる図形を $D$ とする．

(1) $y=a\sin x$ と $y=\sin 2x$ が $0<x<\dfrac{\pi}{2}$ で交わるような定数 $a$ の範囲を求めよ．

(2) $y=a\sin x$ が図形 $D$ を面積の等しい2つの部分に分けるような定数 $a$ の値を求めよ．

# 107 面積（Ⅳ）

$xy$ 平面上の曲線 $y=\sin x$ と3直線

$y=\sin\theta,\ x=0,\ x=\dfrac{\pi}{2}$ とで囲まれる図の斜

線部分の面積を $S(\theta)$ とする. ただし,

$0\leqq\theta\leqq\dfrac{\pi}{2}$ とする.

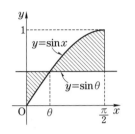

(1) $S(\theta)$ を求めよ.

(2) $S(\theta)$ の最小値とそのときの $\theta$ の値を求めよ.

精講 図がありますから, $S(\theta)$ がどの部分を指しているかすぐにわかる
でしょうが, 103 で学んだことがでてきています. 問題文に「$xy$ 平
面上の」とありますから $y=\sin\theta$ は**ヨコ型直線**であるということ
です. ここでもう一度確認しておきましょう.
　考え方は 103 の**ポイント**にあります.

---

**解　答**

(1)　$S(\theta)=\displaystyle\int_0^\theta(\sin\theta-\sin x)\,dx+\int_\theta^{\frac{\pi}{2}}(\sin x-\sin\theta)\,dx$

$\qquad=\Big[\cos x+x\sin\theta\Big]_0^\theta-\Big[\cos x+x\sin\theta\Big]_\theta^{\frac{\pi}{2}}$　◀下の**注**

$\qquad=2(\cos\theta+\theta\sin\theta)-1-\dfrac{\pi}{2}\sin\theta$

$\qquad=\mathbf{2\cos\theta+\Big(2\theta-\dfrac{\pi}{2}\Big)\sin\theta-1}$

**注**　$\displaystyle\int\sin\theta\,dx=-\cos\theta+C$ と考えてはいけません.

　「$\boldsymbol{dx}$」とありますから, 「$\boldsymbol{x}$ **で積分しなさい**」ということ.
　よって, $\sin\theta$ は1とか2と同じ定数扱いです. ただし, 「$\sin\theta x$」と
かくと誤解されますから, $x\sin\theta$ とかくか, $(\sin\theta)x$ とかくかのどち
らかにします.

(2) $S'(\theta)=-2\sin\theta+2\sin\theta+\left(2\theta-\dfrac{\pi}{2}\right)\cos\theta$

$\qquad\quad=\left(2\theta-\dfrac{\pi}{2}\right)\cos\theta$

$0\leqq\theta\leqq\dfrac{\pi}{2}$ において，$S'(\theta)=0$ を解くと，　$\theta=\dfrac{\pi}{4},\ \dfrac{\pi}{2}$

また，増減は下表のようになる．

| $\theta$ | $0$ | $\cdots$ | $\dfrac{\pi}{4}$ | $\cdots$ | $\dfrac{\pi}{2}$ |
|---|---|---|---|---|---|
| $S'(\theta)$ | | $-$ | $0$ | $+$ | |
| $S(\theta)$ | | $\searrow$ | $\sqrt{2}-1$ | $\nearrow$ | |

ゆえに，$S(\theta)$ は $\theta=\dfrac{\pi}{4}$ のとき，**最小値 $\sqrt{2}-1$** をとる．

**注**　$0\leqq\theta\leqq\dfrac{\pi}{2}$ のとき，$\cos\theta\geqq0$ だから，$S'(\theta)$

の符号と $2\theta-\dfrac{\pi}{2}$ の符号は一致します．

（右図参照）

🔴 **ポイント**

2つの曲線で囲まれた部分の面積は
① 上から下をひいて
② 左から右に向かって
積分すればよい

第6章

---

**演習問題 107**

$y=\sin^2 x\ (0\leqq x\leqq\pi)$ について

(1) このグラフの接線で，傾きが1であるものを求めよ．

(2) このグラフと(1)の接線，および $y$ 軸で囲まれた部分の面積 $S$ を求めよ．

**基礎問**

## 108 面積（Ⅴ）

---

関数 $f(x)=e^x(2x-x^2)$ $(0\leqq x\leqq 2)$ について，次の問いに答えよ．

(1) $f(x)$ の極値を求めよ．

(2) $y=f(x)$ のグラフの概形をかけ．

(3) $y=f(x)$ の $x=a$ $(a>0)$ における接線が原点を通るとき，$a$ の値を求めよ．

(4) (3)で求めた接線と $y=f(x)$ で囲まれた面積$S$を求めよ．

---

 精 講

(1)～(4)まで，すべていままでの**基礎問**で学んだ内容ばかりです．わからなくなったら，それぞれ，次の**基礎問**をもう一度，見直してください．

(1) 60 , 70 　　(2) 78

(3) ⅡBベク 86 , ⅡBベク 87 　　(4) 105

---

### 解 答

(1) $f'(x)=e^x(2x-x^2)+e^x(2-2x)=e^x(2-x^2)$

$0\leqq x\leqq 2$ において，$f'(x)=0$ を解くと，$x=\sqrt{2}$

よって，増減は下表のようになる．

| $x$ | 0 | $\cdots$ | $\sqrt{2}$ | $\cdots$ | 2 |
|---|---|---|---|---|---|
| $f'(x)$ | | $+$ | 0 | $-$ | |
| $f(x)$ | 0 | ↗ | $2e^{\sqrt{2}}(\sqrt{2}-1)$ | ↘ | 0 |

よって，$x=\sqrt{2}$ のとき，**極大値 $2e^{\sqrt{2}}(\sqrt{2}-1)$**

(2) $f''(x)=e^x(2-x^2)+e^x(-2x)=-e^x(x^2+2x-2)$

$0\leqq x\leqq 2$ において，$f''(x)=0$ を解くと，

$\quad x=-1+\sqrt{3}$

よって，凹凸は下表のようになる．

| $x$ | 0 | $\cdots$ | $\sqrt{3}-1$ | $\cdots$ | 2 |
|---|---|---|---|---|---|
| $f''(x)$ | | $+$ | 0 | $-$ | |
| $f(x)$ | | $\cup$ | 変曲点 | $\cap$ | |

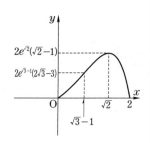

(1)もあわせると，$y=f(x)$ は右図のよ

うになる.

(3) $(a, e^a(2a-a^2))$ $(0<a\leqq2)$ における接線は,

$$y-e^a(2a-a^2)=e^a(2-a^2)(x-a)$$

$$\therefore \quad y=e^a(2-a^2)x+a^2(a-1)e^a$$

これが, 原点を通るので, $a^2(a-1)e^a=0$

$a^2e^a>0$ だから, $a=1$

このとき接線は $y=ex$

(4) 右図の斜線部分の面積が $S$ だから,

$$S=\frac{1}{2}e-\int_0^1 e^x(2x-x^2)\,dx$$

$$=\frac{1}{2}e-\left[\{(2x-x^2)-(2-2x)+(-2)\}e^x\right]_0^1$$

$$=\frac{1}{2}e+\left[(x-2)^2e^x\right]_0^1$$

$$=\frac{1}{2}e+(e-4)=\frac{3}{2}e-4$$

**注** 定積分のところで, スペースの関係上, 96 (2) 参考 の公式を使いました が, 各自, 部分積分を2回使う解答をつくっておいてください. なお, その解答は 96 (2)そのものです.

🌙 **ポイント** 融合問題を解くためには, まず, 基本を確実に身につけておくことが大切

第6章

演習問題 108

関数 $f(x)=e^x+e^{1-x}$ と $g(x)=-(e^x+e^{-x})+k$ ( $k$：定数) について, 次の問いに答えよ.

(1) $y=f(x)$ のグラフの概形をかけ.

(2) $y=f(x)$ と $y=g(x)$ が $y$ 軸上で交わるような $k$ の値を求めよ.

(3) (2)のとき, $y=f(x)$ と $y=g(x)$ で囲まれた部分の面積 $S$ を求めよ.

基礎問

# 109 面積（Ⅵ）

$f(x)=\dfrac{e}{x^2}\log x$ $(x>0)$ について，次の問いに答えよ．

(1) $f(x)$ の極値を求めよ．

(2) $x=a$ $(a>0)$ における $y=f(x)$ の接線が原点を通るときの $a$ の値を求めよ．

(3) $x$ 軸，(2)で求めた接線および $y=f(x)$ とで囲まれる部分の面積 $S$ を求めよ．

 精 講

$f(x)$ がすこし複雑な形をしていますが，流れは 108 と同じです．計算が繁雑であることも数学Ⅲの特徴ですから，1つ1つていねいに作業ができるようになりましょう．

---

### 解 答

(1) $f'(x)=e\cdot\dfrac{x^2(\log x)'-(x^2)'\log x}{x^4}$　◀商の微分

$\qquad =\dfrac{e(1-2\log x)}{x^3}$

$f'(x)=0$ とすると　$\log x=\dfrac{1}{2}$　∴　$x=\sqrt{e}$

よって，増減は右表のようになり，

$x=\sqrt{e}$ のとき，**極大値 $\dfrac{1}{2}$**

| $x$ | $0$ | $\cdots$ | $\sqrt{e}$ | $\cdots$ |
|---|---|---|---|---|
| $f'(x)$ | | $+$ | $0$ | $-$ |
| $f(x)$ | | $\nearrow$ | $\dfrac{1}{2}$ | $\searrow$ |

(2) 点 $\left(a,\ \dfrac{e\log a}{a^2}\right)$ における接線は

$\qquad y-\dfrac{e\log a}{a^2}=\dfrac{e(1-2\log a)}{a^3}(x-a)$

∴　$y=\dfrac{e(1-2\log a)}{a^3}x+\dfrac{e(3\log a-1)}{a^2}$

これが，原点を通るので，　$3\log a-1=0$

∴　$a=\sqrt[3]{e}$

(3) (2)より，接線は，$y=\dfrac{1}{3}x$

よって，$S$ は右図の斜線部分の面積を表す．

$$\therefore \quad S = \frac{1}{2}\cdot\sqrt[3]{e}\cdot\frac{1}{3}\sqrt[3]{e} - \int_1^{\sqrt[3]{e}} \frac{e}{x^2}\log x\,dx = \frac{\sqrt[3]{e^2}}{6} - e\int_1^{\sqrt[3]{e}} \frac{\log x}{x^2}\,dx$$

ここで,

$$\int_1^{\sqrt[3]{e}} \frac{\log x}{x^2}\,dx = \int_1^{\sqrt[3]{e}} x^{-2}\cdot\log x\,dx = \int_1^{\sqrt[3]{e}} (-x^{-1})'\log x\,dx$$

$$= \left[-\frac{\log x}{x}\right]_1^{\sqrt[3]{e}} + \int_1^{\sqrt[3]{e}} x^{-1}(\log x)'\,dx = -\frac{1}{3\sqrt[3]{e}} + \int_1^{\sqrt[3]{e}} \frac{dx}{x^2}$$

$$= -\frac{1}{3\sqrt[3]{e}} + \left[-\frac{1}{x}\right]_1^{\sqrt[3]{e}} = -\frac{4}{3\sqrt[3]{e}} + 1$$

よって, $S = \dfrac{\sqrt[3]{e^2}}{6} - e\left(-\dfrac{4}{3\sqrt[3]{e}} + 1\right) = \dfrac{3}{2}\sqrt[3]{e^2} - e$

 $\log x = t$ とおいて置換積分すると,次のような流れになります.各自確かめてみましょう.

$$\int_1^{\sqrt[3]{e}} \frac{\log x}{x^2}\,dx = \int_0^{\frac{1}{3}} te^{-t}\,dt = \left[-(t+1)e^{-t}\right]_0^{\frac{1}{3}} = 1 - \frac{4}{3}e^{-\frac{1}{3}}$$

**注** この定積分は形からいえば部分積分ですが, に示したように $\log x = t$ と置換しても積分できます.この方法は, $\int$ 対数 が $\int$ 指数 になることで,積分計算自体はラクになるというメリットがあります.

---

⬤ **ポイント** ┆ 対数を含んだ関数の積分は
 Ⅰ.まず,$\log x = t$ とおいてみる
 Ⅱ.だめなら,部分積分

第6章

**注** (1) $f(x) = ex^{-2}\log x$ と考えると,積の微分で $f'(x)$ を求めることができます.(75)

関数 $f(x) = \dfrac{\log x^2}{x}$ $(x>0)$ を考える.ただし,対数は自然対数とする.

(1) $f(x)$ の最大値を求めよ.

(2) 曲線 $y = f(x)$ の変曲点をPとする.点Pにおける接線が, $x$ 軸と交わる点を $Q(q,\ 0)$ とするとき, $q$ の値を求めよ.

(3) 曲線 $y = f(x)$,線分 PQ,および直線 $x = q$ で囲まれる部分の面積 $S$ を $\log 2$ を用いて表せ.

基礎問

# 110 面積（Ⅶ）

$f(x)=e^{-x}\sin x$ について，次の問いに答えよ.

(1) $f'(x)$ を求めよ.

(2) $0\leq x\leq 2\pi$ において，$f(x)$ の最大値と最小値を求め，グラフをかけ.

(3) $0\leq x\leq 2\pi$ において，$y=f(x)$ と $x$ 軸で囲まれる図形の面積 $S$ を求めよ.

 精 講

(3) $\int e^{-x}\sin x\,dx$ は，同型出現型の部分積分です.

$(\longrightarrow$ 95 (2)$)$

---

## 解　答

(1) $f'(x)=-e^{-x}\sin x+e^{-x}\cos x=e^{-x}(\cos x-\sin x)$

(2) $f'(x)=e^{-x}\cdot\sqrt{2}\left(\cos x\cdot\dfrac{1}{\sqrt{2}}-\sin x\cdot\dfrac{1}{\sqrt{2}}\right)$

$\qquad =\sqrt{2}\,e^{-x}\left(\cos x\cos\dfrac{\pi}{4}-\sin x\sin\dfrac{\pi}{4}\right)=\sqrt{2}\,e^{-x}\cos\left(x+\dfrac{\pi}{4}\right)$

$f'(x)=0$ とすると $\cos\left(x+\dfrac{\pi}{4}\right)=0,\ \dfrac{\pi}{4}\leq x+\dfrac{\pi}{4}\leq 2\pi+\dfrac{\pi}{4}$

だから，$x+\dfrac{\pi}{4}=\dfrac{\pi}{2},\ \dfrac{3\pi}{2}$

$\therefore\ \ x=\dfrac{\pi}{4},\ \dfrac{5\pi}{4}$

よって，増減は右表のようになる.

| $x$ | $0$ | $\cdots$ | $\dfrac{\pi}{4}$ | $\cdots$ | $\dfrac{5\pi}{4}$ | $\cdots$ | $2\pi$ |
|---|---|---|---|---|---|---|---|
| $f'(x)$ | | $+$ | $0$ | $-$ | $0$ | $+$ | |
| $f(x)$ | $0$ | $\nearrow$ | $\dfrac{e^{-\frac{\pi}{4}}}{\sqrt{2}}$ | $\searrow$ | $-\dfrac{e^{-\frac{5\pi}{4}}}{\sqrt{2}}$ | $\nearrow$ | $0$ |

ゆえに

**最大値** $\dfrac{e^{-\frac{\pi}{4}}}{\sqrt{2}}\ \ \left(x=\dfrac{\pi}{4}\ \text{のとき}\right)$

**最小値** $-\dfrac{e^{-\frac{5\pi}{4}}}{\sqrt{2}}\ \ \left(x=\dfrac{5\pi}{4}\ \text{のとき}\right)$

よって，グラフは右図.

**注** グラフには, $y=f(x)$ 以外に, $y=e^{-x}$ と $y=-e^{-x}$ もかき込んであります. 理由は次の通りです.

---

$-1\leqq\sin x\leqq1$ だから, $-e^{-x}\leqq e^{-x}\sin x\leqq e^{-x}$

$\therefore$ $-e^{-x}\leqq f(x)\leqq e^{-x}$

よって, $y=f(x)$ のグラフは, $y=e^{-x}$ のグラフより下側にあり, $y=-e^{-x}$ のグラフより上側にある.

特に, $\sin x=1$ のときは $y=e^{-x}$ のグラフと, $\sin x=-1$ のときは $y=-e^{-x}$ のグラフとそれぞれ共有点をもつ.

---

(3) グラフより $S=\displaystyle\int_0^\pi e^{-x}\sin x\,dx-\int_\pi^{2\pi}e^{-x}\sin x\,dx$

ここで, $\begin{cases}(e^{-x}\sin x)'=-e^{-x}\sin x+e^{-x}\cos x & \cdots\cdots① \\ (e^{-x}\cos x)'=-e^{-x}\cos x-e^{-x}\sin x & \cdots\cdots②\end{cases}$

①+② より $2e^{-x}\sin x=-(e^{-x}\sin x)'-(e^{-x}\cos x)'$

$\therefore$ $\displaystyle\int e^{-x}\sin x\,dx=-\frac{1}{2}e^{-x}(\sin x+\cos x)+C\ (=F(x))$

よって, $S=\Big[F(x)\Big]_0^\pi-\Big[F(x)\Big]_\pi^{2\pi}=2F(\pi)-F(0)-F(2\pi)$

$=\dfrac{1}{2}e^{-\pi}\times2+\dfrac{1}{2}+\dfrac{1}{2}e^{-2\pi}=e^{-\pi}+\dfrac{1}{2}e^{-2\pi}+\dfrac{1}{2}$

**◉ポイント** $\displaystyle\int e^{-x}\sin x\,dx,\ \int e^{-x}\cos x\,dx$ も

同型出現型の部分積分

第6章

**演習問題 110**

2つの曲線 $C_1:y=2\cos x$, $C_2:y=k-\sin 2x$ が $0\leqq x\leqq\dfrac{\pi}{2}$ の範囲で共有点Pをもち, その点で共通の接線をもつとする. このとき, 次の問いに答えよ. ただし, $k$ は定数とする.

(1) 点Pの $x$ 座標と $k$ の値を求めよ.

(2) $0\leqq x\leqq\dfrac{\pi}{2}$ の範囲で, $y$ 軸と $C_1$, $C_2$ が囲む部分の面積 $S$ を求めよ.

# 111 面積（Ⅷ）

> $f(t)=e^t+e^{-t}$, $g(t)=e^t-e^{-t}$ $(-\infty<t<\infty)$ とする.
>
> (1) $f(t)$ の最小値を求めよ.
>
> (2) $\{f(t)\}^2-\{g(t)\}^2$ の値を求めよ.
>
> (3) 媒介変数 $t$ を用いて, $x=f(t)$, $y=g(t)$ と表される曲線を $C$ とする. このとき $C$ の概形を図示せよ.
>
> (4) $t=-1$, $t=1$ に対応する $C$ 上の点をそれぞれ A, B とする. 線分 AB と曲線 $C$ によって囲まれる図形の面積 $S$ を求めよ.

面積に関する最後の問題です. かなり難しいかもしれませんが, 誘導に従ってチャレンジしましょう.

(1) 微分してもよいのですが, 「$e^t>0$, $e^{-t}>0$」に着目すれば….

(3) (2)から曲線 $C$ は双曲線（**3**）であることがわかり, (1)から, 双曲線のどの部分が適するかがわかります.

(4) 媒介変数で表された関数について, その関数のグラフと $x$ 軸とで囲まれた部分の面積は $\int|y|dx$ で表せます.

## 解 答

(1) $e^t>0$, $e^{-t}>0$ だから, （相加平均）≧（相乗平均）より
$$f(t)=e^t+e^{-t}\geqq2\sqrt{e^t\cdot e^{-t}}=2$$
　　　　（等号は, $t=0$ のとき成立） ◀下の**注**

ゆえに $f(t)\geqq2$ となり, **最小値 2**

**注** 「$f(t)\geqq2$」から, すぐに「$f(t)$ の最小値は 2」といってはいけません. 「$f(t)\geqq2$」は「$f(t)>2$ または $f(t)=2$」という意味ですから, $f(t)=2$ になる $t$ の存在（ここでは $t=0$）を述べなければなりません. ただし, 微分して増減表をかいた人には, この作業は不要です.

「（相加平均）≧（相乗平均）」を使えば, 早く答えにたどり着くかわりに, 論理的なワナにかかる可能性があるということです.

(2) $\{f(t)\}^2-\{g(t)\}^2=(e^t+e^{-t})^2-(e^t-e^{-t})^2$
$$=(e^{2t}+2+e^{-2t})-(e^{2t}-2+e^{-2t})=\mathbf{4}$$

**（別解）** $\{f(t)\}^2-\{g(t)\}^2=\{f(t)+g(t)\}\{f(t)-g(t)\}=2e^t\cdot2e^{-t}=4$

(3) (2)より　$x^2-y^2=4$

また，(1)より　$x\geqq2$

したがって，$C$ は，$y=\pm x$ を漸近線とする

頂点 $(\pm2,\ 0)$ の双曲線の右半分．

よって，右図．

(4)　$A(e^{-1}+e,\ e^{-1}-e)$，

$B(e+e^{-1},\ e-e^{-1})$ だから，$S$ は

右図の斜線部分の面積を表す．

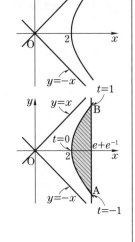

　　ここでグラフが $x$ 軸対称だから $y\geqq0$

で考えればよい．

$$\therefore\quad S=2\int_2^{e+e^{-1}}y\,dx$$

ここで，$y=e^t-e^{-t}$ と置換すると，

グラフより，$x:2\to e+e^{-1}$ のとき

$t:0\to1$ また，$\dfrac{dx}{dt}=f'(t)=e^t-e^{-t}$

$$\therefore\quad S=2\int_0^1(e^t-e^{-t})\cdot(e^t-e^{-t})dt=2\int_0^1(e^{2t}-2+e^{-2t})dt$$

$$=\left[e^{2t}-4t-e^{-2t}\right]_0^1=e^2-4-e^{-2}$$

**注**　$\displaystyle\int_2^{e+e^{-1}}\sqrt{x^2-4}\,dx$ の積分は $x=t+\dfrac{1}{t}$ と置換してもできます．

第6章

🅞 ポイント　媒介変数で表された関数と $x$ 軸で囲まれた部分の面積

は $\displaystyle\int|y|dx$ として，置換積分

演習問題 111

　　媒介変数 $t$ を用いて，$\begin{cases}x=t-\sin t\\y=1-\cos t\end{cases}$ $(0\leqq t\leqq2\pi)$ で表される曲線

をCとする．

(1)　接線の傾きが $1$ となる $C$ 上の点を P，接線の傾きが $-1$ となる

　　$C$ 上の点をQとするとき，P，Qの $x$ 座標を求めよ．

(2)　曲線Cと線分PQで囲まれた部分の面積 $S$ を求めよ．

# 112 共通接線と面積

2つの曲線 $C_1 : y = ax^2$ $(a \neq 0)$, $C_2 : y = \log 2x$ が共有点をもち、その点で共通の接線をもつとき、次の問いに答えよ.

(1) $a$ の値を求めよ.

(2) $x$ 軸と $C_1$, $C_2$ で囲まれた部分の面積 $S$ を求めよ.

(1) **67** で学習済みです.

(2) **104** によれば、$x$ 軸との上下関係がはっきりしないといけないので、まず、グラフをかくことになりますが、積分においては、$\int \log x \, dx$ と $\int \tan x \, dx$ は特殊な技術が必要です.（**84**, **85** 参照）

しかし、$\displaystyle\int_a^b \log x \, dx$ $(a < b)$ は $y = \log x$ と3直線、$x$ 軸, $x = a$, $x = b$ で囲まれた部分の面積を表すことに着目すると、$\displaystyle\int e^y dy$ にきりかえて求めることができます. ⇨**（別解）**

---

■ 解 答 ■

(1) $f(x) = ax^2$, $g(x) = \log 2x$ とおく. 接点の $x$ 座標を $t$ とすると、

$$\begin{cases} f(t) = g(t) \\ f'(t) = g'(t) \end{cases}$$

◀ **67**

すなわち、

$$\begin{cases} at^2 = \log 2t & \cdots\cdots① \\ 2at = \dfrac{1}{t} & \cdots\cdots② \end{cases}$$

◀ $(\log 2x)'$
$= \dfrac{(2x)'}{2x} = \dfrac{1}{x}$

②より、$at^2 = \dfrac{1}{2}$ だから ①は、

$$\log 2t = \dfrac{1}{2} \quad \therefore \quad 2t = \sqrt{e}$$

よって $t = \dfrac{\sqrt{e}}{2}$

②より、$a = \dfrac{1}{2t^2} = \dfrac{1}{2}\left(\dfrac{2}{\sqrt{e}}\right)^2 = \dfrac{2}{e}$

(2) $\quad S = \int_0^{\frac{\sqrt{e}}{2}} \frac{2}{e} x^2 \, dx$

$\qquad\qquad - \int_{\frac{1}{2}}^{\frac{\sqrt{e}}{2}} \log 2x \, dx$

$\cdot \int_0^{\frac{\sqrt{e}}{2}} \frac{2}{e} x^2 \, dx = \frac{2}{e}\left[\frac{x^3}{3}\right]_0^{\frac{\sqrt{e}}{2}} = \frac{2}{3e} \cdot \frac{e\sqrt{e}}{8} = \frac{\sqrt{e}}{12}$

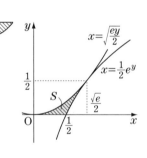

$y = \dfrac{2}{e} x^2$

$\dfrac{1}{2}$

$S$

$\dfrac{\sqrt{e}}{2}$

$y = \log 2x$

$\cdot \int_{\frac{1}{2}}^{\frac{\sqrt{e}}{2}} \log 2x \, dx = \int_{\frac{1}{2}}^{\frac{\sqrt{e}}{2}} (x)' \log 2x \, dx$ ◀部分積分

$\qquad\qquad = \left[x \log 2x\right]_{\frac{1}{2}}^{\frac{\sqrt{e}}{2}} - \int_{\frac{1}{2}}^{\frac{\sqrt{e}}{2}} dx$

$\qquad\qquad = \frac{\sqrt{e}}{2} \log \sqrt{e} - \left[x\right]_{\frac{1}{2}}^{\frac{\sqrt{e}}{2}}$

$\qquad\qquad = \frac{\sqrt{e}}{4} - \left(\frac{\sqrt{e}}{2} - \frac{1}{2}\right) = \frac{1}{2} - \frac{\sqrt{e}}{4}$

$\therefore \quad S = \frac{\sqrt{e}}{12} - \left(\frac{1}{2} - \frac{\sqrt{e}}{4}\right) = \frac{\sqrt{e}}{3} - \frac{1}{2}$

**(別解)** $\quad S = \int_0^{\frac{1}{2}} \left(\frac{1}{2} e^y - \sqrt{\frac{ey}{2}}\right) dy$ ◀▱ − ▱

$x = \sqrt{\dfrac{ey}{2}}$

$x = \dfrac{1}{2} e^y$

$\dfrac{1}{2}$

$S$

$\dfrac{\sqrt{e}}{2}$

$\qquad\qquad = \left[\frac{1}{2} e^y - \frac{2}{3}\sqrt{\frac{e}{2}} \, y^{\frac{3}{2}}\right]_0^{\frac{1}{2}}$

$\qquad\qquad = \left(\frac{1}{2}\sqrt{e} - \frac{2}{3}\sqrt{\frac{e}{2}} \cdot \frac{1}{2\sqrt{2}}\right) - \frac{1}{2}$

$\qquad\qquad = \frac{\sqrt{e}}{3} - \frac{1}{2}$

第6章

🔵 ポイント $\quad y = \log x$ がからんだ面積は，逆関数 $x = e^y$ にきりか えて考えると計算の負担が軽くなる

演習問題 112

直線 $l$ は曲線 $C_1 : y = e^x$，$C_2 : y = e^{2x}$ の両方に接している．

(1) $l$ と $C_1$ の接点を P$(s, e^s)$，$l$ と $C_2$ の接点を Q$(t, e^{2t})$ とする とき $s, t$ を求めよ.

(2) $l$ と $C_1$，$C_2$ で囲まれた部分の面積 $S$ を求めよ.

# 113 区分求積法

定積分を用いて，次の極限値を求めよ．

(1) $\displaystyle \lim_{n \to \infty} \frac{1}{n}\left( \frac{n^2}{4n^2-1^2} + \frac{n^2}{4n^2-2^2} + \cdots + \frac{n^2}{4n^2-n^2} \right)$

(2) $\displaystyle \lim_{n \to \infty} \sum_{k=n+1}^{2n} \frac{1}{k}$

 $\lim\sum$ の形をした極限値を求めるとき，$\sum$ 計算が実行できればよいのですが，そうでないときでもある特殊な形をしていれば極限値を求めることができます．

それが「**区分求積**」といわれる考え方で，その特殊な形とは

$$\lim_{n \to \infty} \frac{1}{n} \sum_{k=1}^{n} f\left(\frac{k}{n}\right)$$

です．

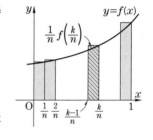

右図で斜線部分の長方形の面積は $\dfrac{1}{n}f\left(\dfrac{k}{n}\right)$ で表せます．

よって，$\displaystyle \sum_{k=1}^{n} \frac{1}{n}f\left(\frac{k}{n}\right)$ は，図のすべての長方形の総和です．ここで，$n$（分割数）を多くすると曲線より上側にはみでている部分はどんどん小さくなります．

そして最終的には $y=f(x)$，$x$ 軸，2直線 $x=0$，$x=1$ で囲まれた面積に近づくと考えられます．

分割数を倍にすると幅が半分になるので，この部分だけ小さくなる

$y=f(x)$

以上のことから，

$$\lim_{n \to \infty} \frac{1}{n} \sum_{k=1}^{n} f\left(\frac{k}{n}\right) = \int_0^1 f(x)\,dx$$

ということがわかります．

---

解　答

---

(1) （与式）$\displaystyle = \lim_{n \to \infty} \frac{1}{n} \sum_{k=1}^{n} \frac{n^2}{4n^2-k^2} = \lim_{n \to \infty} \frac{1}{n} \sum_{k=1}^{n} \frac{1}{4-\left(\dfrac{k}{n}\right)^2}$

$$= \int_0^1 \frac{dx}{4-x^2} = \frac{1}{4} \int_0^1 \left( \frac{1}{2-x} + \frac{1}{2+x} \right) dx \qquad \blacktriangleleft \boxed{89}$$

$$= \frac{1}{4} \left[ -\log(2-x) + \log(2+x) \right]_0^1 = \frac{1}{4} \left[ \log \frac{2+x}{2-x} \right]_0^1 = \frac{1}{4} \log 3$$

$\underset{\text{\textasciitilde\textasciitilde\textasciitilde\textasciitilde}}{\qquad} \longrightarrow$ 頭に「$-$」がつく理由は，$\boxed{86}$ ポイント参照．

(2) $\displaystyle \lim_{n \to \infty} \sum_{k=n+1}^{2n} \frac{1}{k} = \lim_{n \to \infty} \frac{1}{n} \sum_{k=n+1}^{2n} \frac{n}{k} = \lim_{n \to \infty} \frac{1}{n} \sum_{k=n+1}^{2n} \frac{1}{\dfrac{k}{n}}$

$$= \int_1^2 \frac{dx}{x} = \Big[ \log x \Big]_1^2 = \log 2$$

注 積分の範囲が $1 \to 2$ となる理由を考えてみましょう．区分求積の公式によれば，$\dfrac{k}{n} \to x$ とかわっています．だから，$n \to \infty$ としたときの $\dfrac{k}{n}$ の範囲が $x$ の範囲ということになります．$\dfrac{n+1}{n} \leqq \dfrac{k}{n} \leqq \dfrac{2n}{n}$ において，$\displaystyle \lim_{n \to \infty} \frac{n+1}{n} = 1$，$\displaystyle \lim_{n \to \infty} \frac{2n}{n} = 2$ であることより，$1 \leqq x \leqq 2$ となります．

**ポイント**

$$\lim_{n \to \infty} \frac{1}{n} \sum_{k=1}^{n} f\left( \frac{k}{n} \right) = \int_0^1 f(x)\, dx$$

第6章

参考 区分求積の公式の一般形は下のような形ですが，大学入試では上の形でできないものは出題数が少なく，出題されてもかなりの上位校に限られていますので，**ポイント**の形で使えるようになれば十分です．

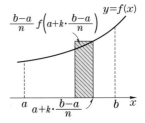

$$\lim_{n \to \infty} \frac{b-a}{n} \sum_{k=1}^{n} f\left( a + k \cdot \frac{b-a}{n} \right) = \int_a^b f(x)\, dx$$

 演習問題 113

$\displaystyle \lim_{n \to \infty} \sum_{k=1}^{n} \frac{n+2k}{n^2+nk+k^2}$ の値を求めよ．

# 114 定積分の評価（Ⅰ）

---

(1) $x \geqq 0$ のとき，$\dfrac{1}{(x+1)^2} \leqq \dfrac{1}{x^2+x+1} \leqq \dfrac{1}{x+1}$ が成りたつことを示せ．

(2) $\dfrac{1}{2} < \displaystyle\int_0^1 \dfrac{dx}{x^2+x+1} < \log 2$ を示せ．

---

 (1) 分子がすべて1で統一されているので，ねらいは
$(x+1)^2$，$x^2+x+1$，$x+1$ の大小比較です．

ひき算をして調べてもよいのですが，次のような考え方も知っておくとよいでしょう．

**3つ以上の大小比較はグラフを利用する**

(2) 「**定積分の評価**」といわれる問題です．

評価とは「**不等号ではさむこと**」を指します．このとき，定積分を実行しない（あるいはできない）とすれば，次の考え方を使います．

---
$a \leqq x \leqq b$ において，$f(x) \leqq g(x)$ が成りたつならば
$$\int_a^b f(x)\,dx \leqq \int_a^b g(x)\,dx$$
（等号は $a \leqq x \leqq b$ においてつねに $f(x)=g(x)$ であるときに限る）

---

**注** この命題の逆（⇨Ⅰ・A **24**）は成立しません．

解　答

(1) $y=(x+1)^2$ と $y=x+1$ は異なる2点
$(-1, 0)$，$(0, 1)$ で交わり，$y=x^2+x+1$
上の点 $(0, 1)$ における接線が $y=x+1$ で
あることより，3つのグラフの位置関係は，
$x \geqq 0$ において，右図のようになる．

$\therefore \quad (0<)\ x+1 \leqq x^2+x+1 \leqq (x+1)^2$

よって，$\dfrac{1}{(x+1)^2} \leqq \dfrac{1}{x^2+x+1} \leqq \dfrac{1}{x+1}$

**注** 「0<」をいっておかないと，単純に逆数をとるわけにはいきませ

ん．たとえば，$-1 \leq 1 \leq 2$ ですが，

$\dfrac{1}{2} \leq \dfrac{1}{1} \leq \dfrac{1}{-1}$ ではなく，$-1 \leq \dfrac{1}{2} \leq \dfrac{1}{1}$ です．

**（別解）** $(x+1)^2-(x^2+x+1)=x \geq 0$

$(x^2+x+1)-(x+1)=x^2 \geq 0,\ x+1 \geq 1 > 0$ より

$0 < x+1 \leq x^2+x+1 \leq (x+1)^2$

よって，$\dfrac{1}{(x+1)^2} \leq \dfrac{1}{x^2+x+1} \leq \dfrac{1}{x+1}$

(2)　(1)より，$0 \leq x \leq 1$ において，

$\dfrac{1}{(x+1)^2} \leq \dfrac{1}{x^2+x+1} \leq \dfrac{1}{x+1}$ が成りたち，

等号は $x=0$ のときのみ成立する．

$\therefore \displaystyle\int_0^1 \frac{1}{(x+1)^2}\,dx < \int_0^1 \frac{1}{x^2+x+1}\,dx < \int_0^1 \frac{1}{x+1}\,dx$

$\left[ -\dfrac{1}{x+1} \right]_0^1 < \displaystyle\int_0^1 \frac{dx}{x^2+x+1} < \Big[ \log(x+1) \Big]_0^1$

よって，$\dfrac{1}{2} < \displaystyle\int_0^1 \frac{dx}{x^2+x+1} < \log 2$

注　$\displaystyle\int_0^1 \frac{dx}{x^2+x+1}$ は，**90**(1) 📖 によれば，分母が $\left( x+\dfrac{1}{2} \right)^2 + \dfrac{3}{4}$ と

かけるので，$x+\dfrac{1}{2} = \dfrac{\sqrt{3}}{2}\tan\theta$ と置換すれば定積分できます．練習

問題としてやってみましょう．

　　答えは，$\dfrac{\sqrt{3}\,\pi}{9}$ です．

第6章

◉**ポイント**　$a \leq x \leq b$ において，$f(x) \leq g(x)$ のとき，

$$\int_a^b f(x)\,dx \leq \int_a^b g(x)\,dx$$

等号は，つねに $f(x)$ と $g(x)$ が一致するとき成立

**演習問題 114**

(1)　$0 \leq x \leq 1$ のとき，$1 \leq e^x \leq e$ が成りたつことを示せ．

(2)　$a_n = \displaystyle\int_0^1 x^{2n-1}e^x\,dx$ について，$\dfrac{1}{2n} \leq a_n \leq \dfrac{e}{2n}$ $(n \geq 1)$ を示せ．

# 115 定積分の評価（Ⅱ）

(1) 関数 $y=\dfrac{1}{x}$ $(x>0)$ のグラフを利用して，$k$ が自然数のとき

$\dfrac{1}{k+1}<\displaystyle\int_k^{k+1}\dfrac{1}{x}dx<\dfrac{1}{k}$ が成りたつことを示せ．

(2) $n$ を2以上の自然数とするとき

$\log n<\displaystyle\sum_{k=1}^{n-1}\dfrac{1}{k}<\log n+1$ が成りたつことを示せ．

(3) $\displaystyle\lim_{n\to\infty}\dfrac{1}{\log n}\sum_{k=1}^{n-1}\dfrac{1}{k}$ を求めよ．

(1) $\displaystyle\int_k^{k+1}\dfrac{1}{x}dx$ は曲線 $y=\dfrac{1}{x}$，$x$ 軸，2直線 $x=k$，$x=k+1$ で囲

まれた図形の面積を表し，区間が1なので，$\dfrac{1}{k+1}$ も $\dfrac{1}{k}$ もどこか

の長方形の面積を表しているはずです．

(2) 一般に，次の性質が成りたちます．

$b_k\leqq a_k\leqq c_k$ $(k=1,\ 2,\ 3,\ \cdots,\ n)$ のとき

$$\sum_{k=1}^{n}b_k\leqq\sum_{k=1}^{n}a_k\leqq\sum_{k=1}^{n}c_k$$

**注** 逆は成りたちません．

(3) 極限の問題の前に不等式があるのではさみうちの原理を使います．（⇨**44**）

**━━━━━ 解 答 ━━━━━**

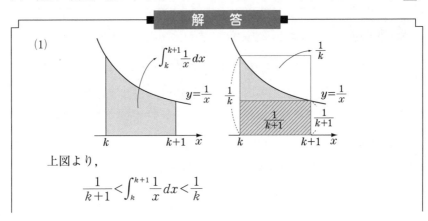

上図より，

$$\dfrac{1}{k+1}<\int_k^{k+1}\dfrac{1}{x}dx<\dfrac{1}{k}$$

(2) (1)より,

$$\frac{1}{k+1}<\int_k^{k+1}\frac{1}{x}dx \quad\cdots\cdots① , \quad \int_k^{k+1}\frac{1}{x}dx<\frac{1}{k} \quad\cdots\cdots②$$

①より, $\displaystyle\sum_{k=1}^{n-1}\frac{1}{k+1}<\sum_{k=1}^{n-1}\int_k^{k+1}\frac{1}{x}dx$ ◀ $\int_1^2+\int_2^3+\cdots+\int_{n-1}^n=\int_1^n$

$$\therefore \quad \sum_{k=1}^{n}\frac{1}{k}-1<\int_1^n\frac{1}{x}dx$$

◀ $\displaystyle\sum_{k=1}^{n-1}\frac{1}{k+1}=\frac{1}{2}+\frac{1}{3}+\cdots+\frac{1}{n}$

$$\sum_{k=1}^{n-1}\frac{1}{k}+\frac{1}{n}<1+\Big[\log x\Big]_1^n$$

$=\left(1+\dfrac{1}{2}+\dfrac{1}{3}+\cdots+\dfrac{1}{n}\right)-1$

$$\sum_{k=1}^{n-1}\frac{1}{k}+\frac{1}{n}<1+\log n$$

$=\displaystyle\sum_{k=1}^{n}\dfrac{1}{k}-1$

よって, $\displaystyle\sum_{k=1}^{n-1}\frac{1}{k}<\log n+1$

$=\displaystyle\sum_{k=1}^{n-1}\dfrac{1}{k}+\dfrac{1}{n}-1$

②より, $\displaystyle\sum_{k=1}^{n-1}\int_k^{k+1}\frac{1}{x}dx<\sum_{k=1}^{n-1}\frac{1}{k}$ $\quad\therefore\quad \int_1^n\frac{1}{x}dx<\sum_{k=1}^{n-1}\frac{1}{k}$

よって $\Big[\log x\Big]_1^n<\displaystyle\sum_{k=1}^{n-1}\frac{1}{k}$ $\quad\therefore\quad \log n<\displaystyle\sum_{k=1}^{n-1}\frac{1}{k}$

よって, $\log n<\displaystyle\sum_{k=1}^{n-1}\frac{1}{k}<\log n+1 \quad\cdots\cdots③$

(3) ③の両辺を $\log n\,(>0)$ で割ると,

$$1<\frac{1}{\log n}\sum_{k=1}^{n-1}\frac{1}{k}<1+\frac{1}{\log n}$$

$\displaystyle\lim_{n\to\infty}\frac{1}{\log n}=0$ だから, はさみうちの原理より $\displaystyle\lim_{n\to\infty}\frac{1}{\log n}\sum_{k=1}^{n-1}\frac{1}{k}=1$

 ポイント | 定積分に関する不等式は面積で考える

 演習問題 115

(1) $k$ が2以上の自然数のとき

$$\int_k^{k+1}\frac{1}{x}dx<\frac{1}{k}<\int_{k-1}^k\frac{1}{x}dx \text{ が成りたつことを示せ.}$$

(2) $n$ が2以上の自然数のとき

$$\log(n+1)<\sum_{k=1}^{n}\frac{1}{k}<\log n+1 \text{ が成りたつことを示せ.}$$

第6章

# 116 回転体の体積（Ⅰ）

$y=4-x^2\ (x\geqq0)$ と $x$ 軸と $y$ 軸で囲まれた部分について，次の問いに答えよ．

(1) この部分を $x$ 軸のまわりに1回転してできる立体の体積 $V_x$ を求めよ．

(2) この部分を $y$ 軸のまわりに1回転してできる立体の体積 $V_y$ を求めよ．

**精 講**　$x$ 軸，または，$y$ 軸のまわりに曲線を回転してできる立体の体積の求め方を学習しましょう．

$y=f(x)$ と2直線 $x=a$, $x=b\ (a<b)$, および $x$ 軸で囲まれた部分を $x$ 軸のまわりに1回転してできる立体の体積 $V_x$ は

$$V_x=\pi\int_a^b\{f(x)\}^2\,dx$$

と表せます．

この公式の $\pi\{f(x)\}^2$ は，$x$ 軸に垂直な平面による断面の面積（図の斜線部分）を表しています．

同様に，$x=g(y)$ と2直線 $y=c$, $y=d\ (c<d)$ および，$y$ 軸で囲まれた部分を $y$ 軸のまわりに1回転してできる立体の体積 $V_y$ は，

$$V_y=\pi\int_c^d\{g(y)\}^2\,dy$$

と表せます．

これらの公式を使えるのは，回転させる図形と回転軸の間にすき間がないときに限られることに注意しましょう．（**118**）

---

**解　答**

$y=4-x^2$ と $x$ 軸，$y$ 軸で囲まれた部分は右図の斜線部分．

(1) $\quad V_x=\pi\int_0^2 y^2\,dx$　　◀この式をかく習慣をつける

$\qquad =\pi\int_0^2(4-x^2)^2\,dx$

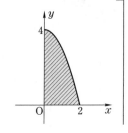

$$= \pi \int_0^2 (x^4 - 8x^2 + 16)\,dx$$

$$= \pi \left[ \frac{x^5}{5} - \frac{8x^3}{3} + 16x \right]_0^2 = \pi \left( \frac{2^5}{5} - \frac{2^6}{3} + 2^5 \right) \quad \blacktriangleleft 注$$

$$= \frac{2^5 \pi}{15}(3 - 10 + 15) = \frac{2^5 \cdot 8\pi}{15} = \frac{256}{15}\pi$$

**注** うかつに，$2^5 = 32$，$2^6 = 64$ とするのは得策ではありません．

定積分には，分数のたし算，ひき算が登場するので，通分をして，その後に分子の計算が必要になります．このとき，共通因数を確保しておけば，計算がラクになるからです．

(2)　$V_y = \pi \int_0^4 x^2\,dy = \pi \int_0^4 (4 - y)\,dy$

$$= \pi \left[ 4y - \frac{1}{2}y^2 \right]_0^4 = \pi(16 - 8) = 8\pi$$

**◉ ポイント**

- 曲線 $y = f(x)$，2直線 $x = a$，$x = b$ $(a < b)$ および，$x$軸で囲まれた部分を$x$軸のまわりに1回転してできる立体の体積は

$$\pi \int_a^b \{f(x)\}^2\,dx \quad \text{で表せる}$$

- 曲線 $x = g(y)$，2直線 $y = c$，$y = d$ $(c < d)$ および，$y$軸で囲まれた部分を$y$軸のまわりに1回転してできる立体の体積は

$$\pi \int_c^d \{g(y)\}^2\,dy \quad \text{で表せる}$$

第6章

**演習問題 116**

曲線 $\sqrt{\dfrac{x}{a}} + \sqrt{\dfrac{y}{b}} = 1$ $(a > 0,\ b > 0)$ について，次の問いに答えよ．

(1) この曲線と $x$軸，$y$軸とで囲まれる部分を$A$とするとき，$A$を $x$軸のまわりに1回転してできる立体の体積$V$を求めよ．

(2) $a + b = 1$ のとき，$V$を最大にする$a$の値を求めよ．

# 117 回転体の体積（Ⅱ）

(1) 3つの不等式 $y \leqq -x^2 + 2$, $y \geqq x$, および, $x \geqq 0$ が表す領域を $x$ 軸のまわりに回転してできる立体の体積 $V_1$ を求めよ.

(2) 連立不等式 $y \leqq -x^2 + 2$, $y \geqq x$ で表される領域を $x$ 軸のまわりに回転してできる立体の体積 $V_2$ を求めよ.

 **精 講**　回転体の体積公式は 116 で学んだものしかありませんが, これらの公式は 116 精講 の最後の2行にかいてあるように制約つきで, この基礎問の図形には, 公式を使うにあたって, 次の問題点を含んでいます.

(1) 回転軸との間にすき間がある.

(2) まわす図形が回転軸の両側にまたがっている.

〈解決策〉

(1) とりあえず, すき間を含めて回転しておいて, あとですき間の分をひく.

(2) 回転軸で折り返して, 図形を片側にまとめておいてそのあとで回転させる.

---

**■ 解 答 ■**

(1) 3つの不等式で表される領域は, 右図の斜線部分だから,

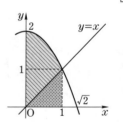

$$V_1 = \pi \int_0^1 (2 - x^2)^2 \, dx - \pi \int_0^1 x^2 \, dx$$

$$= \pi \int_0^1 (x^4 - 5x^2 + 4) \, dx$$

$$= \pi \left( \frac{1}{5} - \frac{5}{3} + 4 \right)$$

$$= \frac{38}{15} \pi$$

**注**　$\pi \displaystyle\int_0^1 x^2 \, dx$ は打点部分を $x$ 軸のまわりに回転させた立体, すなわち, 底面が半径1の円で高さが1の円錐.

よって, $\dfrac{1}{3} \cdot \pi \cdot 1^2 \cdot 1 = \dfrac{\pi}{3}$ としてもよい.

(2) $\begin{cases} y \le -x^2+2 \\ y \ge x \end{cases}$ で表される領域は〈図Ⅰ〉の

斜線部分で，この領域のうち，$x$ 軸より下側
にある部分を $x$ 軸で折り返すと〈図Ⅱ〉のよう
になり，これを $x$ 軸のまわりに回転した立体
の体積が求める $V_2$ である．

〈図Ⅰ〉

$$V_2 = 2V_1 + \frac{\pi}{3} \cdot 2^2 \cdot 2 - \pi \int_{-2}^{-\sqrt{2}} (x^2-2)^2 \, dx$$

$$= \frac{76}{15}\pi + \frac{8}{3}\pi - \pi \int_{\sqrt{2}}^{2} (x^4-4x^2+4) \, dx$$

$$= \frac{116}{15}\pi - \pi \left[ \frac{x^5}{5} - \frac{4}{3}x^3 + 4x \right]_{\sqrt{2}}^{2}$$

$$= \frac{116}{15}\pi - \pi \left( \frac{32}{5} - \frac{32}{3} + 8 \right)$$

$$\quad + \sqrt{2}\,\pi \left( \frac{4}{5} - \frac{8}{3} + 4 \right)$$

$$= \left( 4 + \frac{32\sqrt{2}}{15} \right) \pi$$

〈図Ⅱ〉

注 (1)がなければ，次のようになるでしょう．

$$V_2 = \frac{\pi}{3} \cdot 2^2 \cdot 2 + 2 \cdot \pi \int_{0}^{1} (2-x^2)^2 \, dx - \pi \int_{-2}^{-\sqrt{2}} (x^2-2)^2 \, dx - 2 \cdot \frac{\pi}{3} \cdot 1^2 \cdot 1$$

$$\left( 2\ \vcenter{\hbox{◣}}\ \text{をまわしたもの} +2 \times\ \vcenter{\hbox{◪}}\ \text{をまわしたもの} \right.$$

$$\left. -\ \vcenter{\hbox{◪}}\ \text{をまわしたもの} -2 \times\ \vcenter{\hbox{◤}}1\ \text{をまわしたもの} \right)$$

第6章

🌀 ポイント ┆ まわす図形が回転軸の両側にあるとき，
その図形を回転軸で折り返したものを回転すればよい

演習問題 **117**

$xy$ 平面上の $x+y \le 3$，$x \ge 2$，$y \ge 0$ で表される三角形を $y$ 軸の
まわりに回転してできる立体の体積 $V$ を求めよ．

# 118 回転体の体積（Ⅲ）

曲線 $y=e^x$ とこれに接する直線 $y=mx$ がある．このとき次の問い
に答えよ．
(1) 接点の $x$ 座標 $t$ と $m$ の値を求めよ．
(2) $y=e^x$, $y=mx$ および $y$ 軸で囲まれた図形を $y$ 軸のまわりに1回
転してできる立体の体積 $V$ を求めよ．

精 講
(1) 接線公式は，接点の $x$ 座標がないと使えません．（⇦ⅡBベク87）
(2) まわす図形と回転軸の間にすき間がありますから，117(1)で学
んだように，「**あとでひく**」という展開になります．

---

### 解 答

(1) $y'=e^x$ だから，$(t,\ e^t)$ における
接線は，$y-e^t=e^t(x-t)$
　　∴ $y=e^t x+(1-t)e^t$
これが原点を通るので，
　　$(1-t)e^t=0$
$e^t>0$ だから，$t=\mathbf{1}$
このとき，$m=e^t=\mathbf{e}$

(2) 右図の斜線部分を $y$ 軸のまわりに1回転
してできる立体の体積が $V$．
$y=e^x$ を変形して $x=\log y$
　　∴ $V=\dfrac{\pi}{3}\cdot 1^2 \cdot e-\pi\displaystyle\int_1^e (\log y)^2\,dy$

ここで，$\displaystyle\int_1^e (\log y)^2\,dy$

$=\displaystyle\int_1^e (y)'(\log y)^2\,dy$

$=\Big[y(\log y)^2\Big]_1^e-\displaystyle\int_1^e y\cdot 2(\log y)\cdot\dfrac{1}{y}\,dy$

　　　　　　　$\underrightarrow{\phantom{mmmmmm}}$
　　　　　　$\{(\log y)^2\}'$

$$= e - 2\int_1^e \log y \, dy$$

$$= e - 2\Big[ y(\log y - 1) \Big]_1^e \qquad \blacktriangleleft \boxed{85}$$

$$= e - 2\{0 - (-1)\} = e - 2$$

$$\therefore \quad V = \frac{e}{3}\pi - \pi(e-2)$$

$$= \frac{6 - 2e}{3}\pi$$

**注** $\dfrac{\pi}{3}\cdot 1^2 \cdot e$ は，底面の半径 1，高さ $e$ の円錐の体積と考えていますが，

定積分で考えれば，$\pi\displaystyle\int_0^e \left(\dfrac{y}{e}\right)^2 dy = \dfrac{\pi}{3e^2}\Big[ y^3 \Big]_0^e = \dfrac{e}{3}\pi$ となります．

**◑ ポイント**

回転軸との間にすき間があるとき，

まず，その部分も含めて回転しておいて，

あとで，その部分を回転したものをひく

**注** 「すき間がある」とは次のようなことです．

回転する図形は，回転軸 $y$ についてみると $y=0$ から，$y=e$ の間に存在しています．

この 2 直線をひくと，図の打点部分は回転するべき図形（左図の斜線部分）ではありません．この部分を「すき間がある」と考えています．

第6章

**演習問題 118**

$C : y = \log x$ に点 $(0,\ 1)$ からひいた接線を $l$ とする．

(1) $l$ を求めよ．

(2) $x \geqq 0,\ y \geqq 0$ をみたす，$C$ と $l$ で囲まれた部分を $y$ 軸のまわりに 1 回転してできる立体の体積を求めよ．

# 119 回転体の体積（Ⅳ）

> 2つの曲線 $y=\sin x\ (0\leqq x\leqq 2\pi)$, $y=\cos x\ (0\leqq x\leqq 2\pi)$ について，次の問いに答えよ.
>
> (1) 2つのグラフの交点の $x$ 座標 $\alpha$, $\beta\ (0<\alpha<\beta<2\pi)$ を求めよ.
>
> (2) $\alpha\leqq x\leqq\beta$ において，2つのグラフで囲まれた部分を $x$ 軸のまわりに1回転してできる立体の体積 $V$ を求めよ.

**精講**　(1) 三角方程式 $\sin x=\cos x$ を解くことになりますが，2つの方法があります.

(2) 回転するべき図形は，回転軸（$x$軸）の両側にまたがっていますから **117** の要領で式を立てますが，図を見ると**ある特徴**があります.

## 解答

(1) $\sin x=\cos x$ において，$\cos x=0$ とすると，

$\sin x=0$ となり，$\sin^2 x+\cos^2 x=1$ をみたさないので矛盾.

よって $\cos x\neq 0$ である.

両辺を $\cos x$ でわると，$\tan x=1$

$0\leqq x\leqq 2\pi$ だから，$x=\dfrac{\pi}{4}$, $\dfrac{5\pi}{4}$

$\alpha<\beta$ だから，$\alpha=\dfrac{\pi}{4}$, $\beta=\dfrac{5\pi}{4}$

**（別解）**（ⅡBベク **59**：三角関数の合成）

$\sin x=\cos x$ より $\sin x-\cos x=0$

合成して $\sqrt{2}\sin\left(x-\dfrac{\pi}{4}\right)=0$

$-\dfrac{\pi}{4}\leqq x-\dfrac{\pi}{4}\leqq\dfrac{7\pi}{4}$ だから，$x-\dfrac{\pi}{4}=0$, $\pi$

$\therefore\ x=\dfrac{\pi}{4}$, $\dfrac{5\pi}{4}$

$\alpha<\beta$ より $\alpha=\dfrac{\pi}{4}$, $\beta=\dfrac{5\pi}{4}$

(2) 2つのグラフで囲まれた部分とは，〈図Ⅰ〉の斜線部分で，求める体

積 $V$ は，$x$ 軸より下側にある部分を上側に折り返してできる〈図Ⅱ〉の斜線部分を $x$ 軸のまわりに回転したものである．

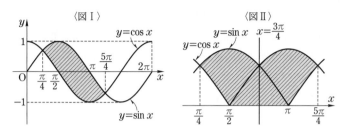

ところで，〈図Ⅱ〉において，斜線部分は，

直線 $x=\dfrac{3\pi}{4}$ に関して対称だから，

◀このことに気付けば定積分の負担が減る

$$V=2\pi\left(\int_{\frac{\pi}{4}}^{\frac{3\pi}{4}}\sin^2 x\,dx-\int_{\frac{\pi}{4}}^{\frac{\pi}{2}}\cos^2 x\,dx\right)$$

$$=\pi\left\{\int_{\frac{\pi}{4}}^{\frac{3\pi}{4}}(1-\cos 2x)\,dx-\int_{\frac{\pi}{4}}^{\frac{\pi}{2}}(1+\cos 2x)\,dx\right\}$$ ◀半角の公式

$$=\pi\left(\left[x-\frac{1}{2}\sin 2x\right]_{\frac{\pi}{4}}^{\frac{3\pi}{4}}-\left[x+\frac{1}{2}\sin 2x\right]_{\frac{\pi}{4}}^{\frac{\pi}{2}}\right)$$

$$=\pi\left\{\left(\frac{3\pi}{4}-\frac{\pi}{4}\right)-\frac{1}{2}(-1-1)-\left(\frac{\pi}{2}-\frac{\pi}{4}\right)-\frac{1}{2}(0-1)\right\}$$

$$=\pi\left(\frac{\pi}{4}+\frac{3}{2}\right)$$

**⦿ ポイント** 面積，体積を定積分を用いて求めるとき，図をかいて，図形的な特徴をいかすことによって，計算の負担を軽くする

(1) 曲線 $C:y=\sin x+x$ 上の点 $\mathrm{P}(2\pi,\ 2\pi)$ における接線 $l$ の方程式を求めよ．

(2) $C$ と $l$ は $\mathrm{P}$ 以外に共有点をもたないことを示せ．

(3) $C$ と $l$ と $x$ 軸で囲まれる部分を $x$ 軸のまわりに $1$ 回転してできる立体の体積 $V$ を求めよ．

第6章

# 120 回転体の体積（V）

曲線 $y=(\sqrt{x}-\sqrt{a})^2$ $(x\geqq0,\ a>0)$ について，次の問いに答えよ．

(1) この曲線のグラフをかけ．

(2) この曲線と $y=a$ によって囲まれた部分を直線 $y=a$ のまわりに1回転してできる体積$V$を求めよ．

 精講

(1) 75 の参考をもう一度読みかえしてみましょう．今回は，極値を求める必要がありますから，$y'$ は因数分解することになります．それならば，**このまま微分した方がよいでしょう**．

(2) 今まで学んだ回転体の体積は，回転軸が $x$ 軸か $y$ 軸だけです．今回は，$y=a$ です．いったい，どのように考えればよいのでしょう．目標は，「**回転軸を $x$ 軸に重ねる**」ことです．

---

## 解 答

(1) $x>0$ のとき

$$y'=2(\sqrt{x}-\sqrt{a})\cdot(\sqrt{x}-\sqrt{a})'=x^{-\frac{1}{2}}(\sqrt{x}-\sqrt{a})$$

$$=1-\frac{\sqrt{a}}{\sqrt{x}}$$

$$y''=\frac{\sqrt{a}}{2x\sqrt{x}}>0$$

◀ $x=0$ のとき，$y'$ の分母$=0$ となるので

| $x$ | $0$ | $\cdots$ | $a$ | $\cdots$ |
|-----|-----|----------|-----|----------|
| $y'$ | | $-$ | $0$ | $+$ |
| $y$ | $a$ | $\searrow$ | $0$ | $\nearrow$ |

よって，グラフは下に凸で，増減は表のようになり，$\displaystyle\lim_{x\to+0}y'=-\infty$，$\displaystyle\lim_{x\to\infty}y=\infty$ よりグラフは右図．

**注** $\displaystyle\lim_{x\to+0}y'$ を調べているのは，$y'$ が $x=0$ で定義されていない，すなわち，微分可能でないからです．$y'$ が接線の傾きであることを考えると，$\displaystyle\lim_{x\to+0}y'=-\infty$ は接線がタテ型に近づいていくことを表しています．だから，グラフにおいて点 $(0,\ a)$ で $y$ 軸に接するようにかかれているのです．

(2) 曲線と直線 $y=a$ の交点の $x$ 座標は

$$(\sqrt{x}-\sqrt{a})^2=a \ \text{より} \ \sqrt{x}-\sqrt{a}=\pm\sqrt{a}$$

$$\sqrt{x}=0, \ 2\sqrt{a} \qquad \therefore \quad x=0, \ 4a$$

求める体積 $V$ は〈図 I 〉の斜線部分を直線 $y=a$ のまわりに回転させた立体の体積だから, この図形を $y$ 軸の正方向に $-a$ だけ平行移動した〈図 II 〉の斜線部分を $x$ 軸のまわりに回転すればよい.

〈図 I 〉

$$\therefore \quad V=\pi\int_0^{4a}\{(\sqrt{x}-\sqrt{a})^2-a\}^2 dx$$

$$=\pi\int_0^{4a}(x-2\sqrt{a}\,\sqrt{x}\,)^2 dx$$

$$=\pi\int_0^{4a}(x^2-4\sqrt{a}\,x^{\frac{3}{2}}+4ax)\,dx$$

〈図 II 〉

$$=\pi\left[\frac{x^3}{3}-\frac{8\sqrt{a}}{5}x^{\frac{5}{2}}+2ax^2\right]_0^{4a}$$

$$=\pi a^3\left(\frac{4^3}{3}-\frac{8\cdot 2^5}{5}+2\cdot 4^2\right)$$

$$=\frac{2\cdot 4^2}{15}\pi a^3(10-24+15)$$

$$=\frac{32}{15}\pi a^3$$

**注** ⅡBベク **48** ポイントによれば, 平行移動の公式は次の通り.

> $y=f(x)$ を $x$ 軸の正方向に $p$, $y$ 軸の正方向に $q$ だけ平行移動すると, $y-q=f(x-p)$ となる.

第6章

**◑ ポイント**   回転軸が $x$ 軸や $y$ 軸でないとき,
平行移動して回転軸を $x$ 軸や $y$ 軸に重ねる

**演習問題 120**

$y=\cos x$ のグラフと, 点 $(0,\ 1)$ と点 $(2\pi,\ 1)$ を結ぶ線分で囲まれた領域を直線 $y=1$ のまわりに1回転してできる立体の体積 $V$ を求めよ.

# 121 回転体の体積（Ⅵ）

> 媒介変数 $\theta$ を用いて，$x=\sin\theta$, $y=\sin 2\theta$ $\left(0\leqq\theta\leqq\dfrac{\pi}{2}\right)$ と表される曲線 $C$ について，次の問いに答えよ．
>
> (1) $C$ の概形をかけ．
> (2) $C$ の $y\geqq0$ の部分を $x$ 軸のまわりに1回転してできる立体の体積 $V$ を求めよ．

(1) 媒介変数 $\theta$ を用いて $x$, $y$ が表されていますが，**64** 精講 によれば「$y=($ $x$ の式$)$」の形にできるのであれば，媒介変数のまま微分する必要はありません．

(2) 関数が媒介変数を用いて表されていても，$x$ 軸まわりの回転体の体積の公式は1つしかありません．

すなわち $\pi\displaystyle\int y^2\,dx$ です．

---

**解 答**

(1) $y=2\sin\theta\cos\theta$ において，$\sin\theta=x$ とおくと

$$\cos\theta=\sqrt{1-\sin^2\theta}=\sqrt{1-x^2}\quad(\cos\theta\geqq0\ \text{より})$$

$$\therefore\quad y=2x\sqrt{1-x^2}\quad(0\leqq x\leqq1)$$

$0\leqq x<1$ のとき ◀**82**(1)注 参照

$$y'=2\sqrt{1-x^2}+2x\cdot\frac{1}{2}(1-x^2)^{-\frac{1}{2}}\cdot(-2x)$$

$$=2\left(\sqrt{1-x^2}-\frac{x^2}{\sqrt{1-x^2}}\right)=\frac{2(1-2x^2)}{\sqrt{1-x^2}}$$

$y'=0$ を解くと $x=\dfrac{1}{\sqrt{2}}$ $(0\leqq x<1$ より$)$

$$y''=2\cdot\frac{-4x\sqrt{1-x^2}-(1-2x^2)\left(-\dfrac{x}{\sqrt{1-x^2}}\right)}{1-x^2}$$

$$=\frac{2x(2x^2-3)}{(1-x^2)\sqrt{1-x^2}}\leqq0$$

$$\lim_{x \to 1-0} y' = -\infty$$

よって，上に凸で，増減は下表のようになる．

したがって，求めるグラフは右図のようになる．

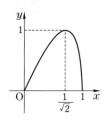

| $x$ | 0 | $\cdots$ | $\dfrac{1}{\sqrt{2}}$ | $\cdots$ | 1 |
|---|---|---|---|---|---|
| $y'$ | | $+$ | 0 | $-$ | |
| $y$ | 0 | $\nearrow$ | 1 | $\searrow$ | 0 |

(2) $\quad V = \pi \displaystyle\int_0^1 y^2 \, dx = 4\pi \int_0^1 x^2(1-x^2)\,dx$

$$= 4\pi \left( \frac{1}{3} - \frac{1}{5} \right) = \frac{8\pi}{15}$$

（**別解**）　媒介変数のまま $V$ を求めると，次のようになります．

$0 \leqq x \leqq 1$ だから，$V = \pi \displaystyle\int_0^1 y^2 \, dx$

$y = \sin 2\theta$ と置換すると，$x = \sin\theta$ より

$x : 0 \to 1$ のとき，$\theta : 0 \to \dfrac{\pi}{2}$　また，$\dfrac{dx}{d\theta} = \cos\theta$

$\therefore \quad V = \pi \displaystyle\int_0^{\frac{\pi}{2}} \sin^2 2\theta \cdot \cos\theta \, d\theta = 4\pi \int_0^{\frac{\pi}{2}} \sin^2\theta \cos^3\theta \, d\theta$

$\qquad = 4\pi \displaystyle\int_0^{\frac{\pi}{2}} \sin^2\theta (1 - \sin^2\theta)(\sin\theta)' \, d\theta \quad$ ◀ **91**

$\qquad = 4\pi \left[ \dfrac{1}{3} \sin^3\theta - \dfrac{1}{5} \sin^5\theta \right]_0^{\frac{\pi}{2}} = 4\pi \left( \dfrac{1}{3} - \dfrac{1}{5} \right) = \dfrac{8\pi}{15}$

第6章

○ **ポイント**　媒介変数で表された関数のグラフを $x$ 軸まわりに回転
してできる立体の体積は $\pi \displaystyle\int y^2 \, dx$ として，置換積分

演習問題 121

　　媒介変数 $\theta$ を用いて，$x = \theta - \sin\theta$，$y = 1 - \cos\theta$ $(0 \leqq \theta \leqq 2\pi)$ と
表される曲線 $C$ と $x$ 軸で囲まれる部分を $x$ 軸のまわりに 1 回転し
てできる立体の体積 $V$ を求めよ．

# 122 回転体でない体積（Ⅰ）

> 底面が半径 1 の円で高さ 1 の円柱がある．この円柱を底面の円の直径 AB を含み，底面と $\frac{\pi}{4}$ の角度をなす平面で切ると，大，小 2 つの立体に分かれる．このとき小さい方の立体の体積 $V$ を求めよ．

 今回は回転体でない立体の体積ですが，基本的には回転体の体積と同じ考え方です．たとえば，116 の 精講 において

$V_x = \pi \displaystyle\int_a^b \{f(x)\}^2 dx$ という式がかいてありますが，$\pi\{f(x)\}^2$ とは，半径 $|f(x)|$ の円の面積のことです．すなわち，立体図形を回転軸に垂直な平面で切ったときの**断面積**です．

だから，軽いタッチでいえば，

$$\text{体積は} \int (\text{断面積})\, dx \text{ で表せる}$$

わけです．この考え方を使って体積を求めますが，立体をどこで**切るか**を判断するとき，**断面積が求められるような切り方**をしないといけません．

---

## 解　答

底面の円の中心を原点 O とし，$\overrightarrow{AB}$ 方向に $x$ 軸を定める．

すなわち，A$(-1, 0)$，B$(1, 0)$ とする．

次に，小さい立体の底面の半円の弧が $y \geqq 0$ の領域にあるように $y$ 軸をとる．〈図Ⅱ〉

このとき，点 $(t, 0)$ $(-1 \leqq t \leqq 1)$ を通り，$x$ 軸に垂直な平面で切ると，その断面は，〈図Ⅲ〉のような直角二等辺三角形である．

その面積を $S$ とすると，$S=\dfrac{1}{2}(1-t^2)$ だから，

$$V=\int_{-1}^{1}S\,dt=\dfrac{1}{2}\int_{-1}^{1}(1-t^2)\,dt=\int_{0}^{1}(1-t^2)\,dt$$

$$=1-\dfrac{1}{3}=\dfrac{2}{3}$$

**注** 基準軸のとり方は1通りとは限りません．ちなみに，この立体の場合，$y$ 軸の方を基準軸にしても体積は求められます．⇨**（別解）**

**（別解）** 点 $(0,\ t)$ $(0\leqq t\leqq1)$ を通り，$y$ 軸に垂直な平面で切ると断面は〈図Ⅳ〉のような長方形で，その面積は $2t\sqrt{1-t^2}$

〈図Ⅳ〉

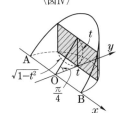

$$\therefore\quad V=\int_{0}^{1}2t\sqrt{1-t^2}\,dt$$

$$=-\int_{0}^{1}(1-t^2)'\sqrt{1-t^2}\,dt$$

$$=-\left[\dfrac{2}{3}(1-t^2)^{\frac{3}{2}}\right]_{0}^{1}=\dfrac{2}{3}$$

**◑ポイント** 回転体でない体積の求め方は

Ⅰ．基準軸をとって

Ⅱ．基準軸に垂直な平面で切ってできる断面の面積を求めて

Ⅲ．Ⅱの断面積を積分する

第6章

**演習問題 122**

$xy$ 平面上に円 $C：x^2+y^2=1$ がある．$x$ 軸上の点 $\mathrm{T}(t,\ 0)$ $(-1\leqq t\leqq1)$ を通り，$x$ 軸に垂直な円 $C$ の弦を $\mathrm{PQ}$ とする．このとき，$\mathrm{PQ}$ を1辺とする正三角形 $\mathrm{PQR}$ を $xy$ 平面に垂直になるようにつくる．次の問いに答えよ．

(1) $\triangle\mathrm{PQR}$ の面積 $S$ を $t$ で表せ．

(2) $t$ が $-1$ から $1$ まで動くとき，$\triangle\mathrm{PQR}$ がつくる立体の体積 $V$ を求めよ．

# 123 回転体でない体積（Ⅱ）

次の問いに答えよ．

(1) 定積分 $\displaystyle\int_0^1 \frac{t^2}{1+t^2}\,dt$ を求めよ．

(2) 不等式 $x^2+y^2+\log(1+z^2)\leqq\log 2$ ……(\*) で表される立体 $D$ について，

(ア) 立体 $D$ を平面 $z=t$ で切ることを考える．このとき，断面が存在するような実数 $t$ のとりうる値の範囲を求めよ．

(イ) (ア)における断面積を $S(t)$ とする．$S(t)$ を $t$ で表せ．

(ウ) 立体 $D$ の体積 $V$ を求めよ．

 精 講

(1) 分数関数の定積分は，次の手順で考えます．

① 「(分子の次数)<(分母の次数)」の形へ

② $\displaystyle\int \frac{f'(x)}{f(x)}\,dx$ の形を疑う （⇐89）

③ ②の形でなければ，分母の式を見て

因数分解できれば，部分分数分解へ （⇐89）

因数分解できなければ，$\tan\theta$ の置換を考える （⇐90）

(2) 立体 $D$ の形が全くわかりませんが，体積は **122** によれば断面積を積分して求められます．だから立体の形がわからなくても，**断面積が求まれば体積は求められる**のです．そのときの定積分の式を求める作業が(イ)で，定積分の範囲を求める作業が(ア)になっています．

---

**解　答**

(1) $\displaystyle\int_0^1 \frac{t^2}{1+t^2}\,dt=\int_0^1\left(1-\frac{1}{1+t^2}\right)dt=1-\int_0^1\frac{1}{1+t^2}\,dt$

ここで，$\displaystyle\int_0^1\frac{1}{1+t^2}\,dt$ において，$t=\tan\theta$ とおくと　◀**90**(1)

$\dfrac{t\ \vert\ 0\to 1}{\theta\ \vert\ 0\to\frac{\pi}{4}}$，$\dfrac{dt}{d\theta}=\dfrac{1}{\cos^2\theta}$ だから，$\displaystyle\int_0^1\frac{1}{1+t^2}\,dt=\int_0^{\frac{\pi}{4}}\frac{1}{1+\tan^2\theta}\cdot\frac{d\theta}{\cos^2\theta}$

$\displaystyle=\int_0^{\frac{\pi}{4}}d\theta=\frac{\pi}{4}$　　よって，$\displaystyle\int_0^1\frac{t^2}{1+t^2}\,dt=1-\frac{\pi}{4}$

(2) (ア) (∗)に $z=t$ を代入して ◀これが $z=t$ で切る ということ

$$x^2+y^2 \leqq \log 2 - \log(1+t^2) \quad \cdots\cdots ①$$

この不等式をみたす実数 $x$, $y$ が存在するこ ◀これが断面が存在するということ
とから,

$$\log 2 - \log(1+t^2) \geqq 0 \qquad 2 \geqq 1+t^2 \quad \therefore \quad t^2 \leqq 1$$

$$\therefore \quad -1 \leqq t \leqq 1$$

(イ) 立体$D$の平面 $z=t$ ($-1 \leqq t \leqq 1$) による断面は $xy$ 平面上の不等
式①で表される図形で,これは (半径)$^2$ が $\log 2 - \log(1+t^2)$ の円の
周および内部を表すので

$$S(t) = \pi\{\log 2 - \log(1+t^2)\}$$

(ウ) $V = \pi \displaystyle\int_{-1}^{1} \{\log 2 - \log(1+t^2)\}\,dt$ ◀$S(t)$ は偶関数
　87(1)

$$= 2\pi \int_{0}^{1} \{\log 2 - \log(1+t^2)\}\,dt$$

$$= 2\pi\log 2 - 2\pi \int_{0}^{1} (t)' \log(1+t^2)\,dt \qquad ◀部分積分$$

$$= 2\pi\log 2 - 2\pi\Big[ t\log(1+t^2) \Big]_{0}^{1} + 2\pi \int_{0}^{1} \frac{2t^2}{1+t^2}\,dt$$

$$= 4\pi \int_{0}^{1} \frac{t^2}{1+t^2}\,dt = 4\pi\Big(1 - \frac{\pi}{4}\Big) = \pi(4-\pi)$$

注 $\displaystyle\int_{-1}^{1} \{\log 2 - \log(1+t^2)\}\,dt = \int_{-1}^{1} \log\frac{2}{1+t^2}\,dt$ と変形してしまうと
定積分は厳しくなります.

第6章

ポイント ┆ 回転体でない体積の求め方は
　Ⅰ.基準軸をとって
　Ⅱ.基準軸に垂直な平面で切ってできる断面の面積
　　を求めて
　Ⅲ.Ⅱの断面積を積分する

演習問題 123

4つの不等式 $x+y-z \leqq 1$, $0 \leqq x \leqq 1$, $y \geqq 0$, $0 \leqq z \leqq 1$ で表され
る立体$D$について,次の問いに答えよ.
(1) 立体$D$の平面 $z=t$ による断面の面積 $S(t)$ を $t$ で表せ.
(2) 立体$D$の体積 $V$ を求めよ.

# 124 曲線の長さ

(1) 曲線 $y=\dfrac{4}{3}x^{\frac{3}{2}}$ 上の $0\leq x\leq 1$ に対応する部分の長さ $l$ を求めよ.

(2) 媒介変数 $\theta$ を用いて表される曲線

$$\begin{cases} x=\theta-\sin\theta \\ y=1-\cos\theta \end{cases} (0\leq\theta\leq\pi) \text{ の長さ } L \text{ を求めよ.}$$

精 講

曲線の長さを求める公式は,曲線の表し方によって2つの形があります (⇨**ポイント**).これらの使い分けは簡単ですから,結局は今まで学んできた定積分ができるかどうかにかかっています.

定積分の学習で大切なことは,

①　最後まで自分の手で計算すること

②　間違いをくりかえしてもあきらめないこと

の2点です.

---

## 解 答

(1)　$y'=2x^{\frac{1}{2}}$ だから

$$l=\int_0^1\sqrt{1+y'^2}\,dx=\int_0^1\sqrt{1+4x}\,dx$$ ◀ポイントⅠ

$$=\int_0^1(1+4x)^{\frac{1}{2}}dx=\left[\frac{2}{3}(1+4x)^{\frac{3}{2}}\cdot\frac{1}{4}\right]_0^1$$ ◀$\displaystyle\int x^n dx=\dfrac{x^{n+1}}{n+1}+C$

$$=\frac{1}{6}\left(5^{\frac{3}{2}}-1^{\frac{3}{2}}\right)$$ $\dfrac{1}{4}$ を忘れないこと

$$=\frac{5\sqrt{5}-1}{6}$$

(2)　$\dfrac{dx}{d\theta}=1-\cos\theta$, $\dfrac{dy}{d\theta}=\sin\theta$　だから

$$\sqrt{\left(\frac{dx}{d\theta}\right)^2+\left(\frac{dy}{d\theta}\right)^2}=\sqrt{(1-\cos\theta)^2+\sin^2\theta}$$

$$=\sqrt{2(1-\cos\theta)}$$ ◀$\sin^2\theta+\cos^2\theta=1$

$$=\sqrt{2\cdot 2\sin^2\frac{\theta}{2}}=2\left|\sin\frac{\theta}{2}\right|$$ ◀$\sin^2\dfrac{\theta}{2}=\dfrac{1-\cos\theta}{2}$

$\sqrt{A^2}=|A|$

$$=2\sin\frac{\theta}{2} \quad \left(\because \quad 0\le\frac{\theta}{2}\le\frac{\pi}{2}\right)$$

$$\therefore \quad L=\int_0^\pi \sqrt{\left(\frac{dx}{d\theta}\right)^2+\left(\frac{dy}{d\theta}\right)^2}\,d\theta=2\int_0^\pi \sin\frac{\theta}{2}\,d\theta \quad \text{◀ポイントⅡ}$$

◀$\displaystyle\int\sin\theta\,d\theta=-\cos\theta+C$

$$=2\left[-2\cos\frac{\theta}{2}\right]_0^\pi=4$$

2 をかけることを忘れ
ないように

---

**◉ポイント**

Ⅰ．曲線 $y=f(x)$ 上の $a\le x\le b$ に対応する

弧の長さは $\displaystyle\int_a^b \sqrt{1+\{f'(x)\}^2}\,dx$ で与えられる

Ⅱ．媒介変数 $t$ を用いて，

$$\begin{cases} x=f(t) \\ y=g(t) \end{cases} (a\le t\le b) \text{ と表される曲線の長さは}$$

$\displaystyle\int_a^b \sqrt{\{f'(t)\}^2+\{g'(t)\}^2}\,dt$ で与えられる

---

**注** どちらの公式を使っても，$\sqrt{\phantom{x}}$ がついた関数の積分がでてきます．特に，
$\sqrt{\phantom{x}}$ の中が**完全平方式**になることに気付きにくいものとして，次の4つがあ
ります．

$$\sqrt{1+\cos\theta}, \ \sqrt{1-\cos\theta}, \ \sqrt{1+\sin\theta}, \ \sqrt{1-\sin\theta}$$

これらは次のように変形すると（　）$^2$ の形になります．

- $1+\cos\theta=2\cos^2\dfrac{\theta}{2}$　　• $1-\cos\theta=2\sin^2\dfrac{\theta}{2}$

- $1\pm\sin\theta=\sin^2\dfrac{\theta}{2}\pm2\sin\dfrac{\theta}{2}\cos\dfrac{\theta}{2}+\cos^2\dfrac{\theta}{2}$　◀$\sin\theta=2\sin\dfrac{\theta}{2}\cos\dfrac{\theta}{2}$,

$$=\left(\sin\frac{\theta}{2}\pm\cos\frac{\theta}{2}\right)^2 \ \text{（複号同順）}$$

$1=\sin^2\dfrac{\theta}{2}+\cos^2\dfrac{\theta}{2}$

第6章

---

**演習問題 124**

(1) $y=\dfrac{1}{2}(e^x+e^{-x}) \ (0\le x\le1)$ で表される曲線の長さを求めよ．

(2) 媒介変数 $t$ を用いて $\begin{cases} x=e^{-t}\cos t \\ y=e^{-t}\sin t \end{cases} \left(0\le t\le\dfrac{\pi}{2}\right)$ で表される曲

線の長さ $l$ を求めよ．

# 125 水の問題

　放物線の一部 $y=x^2$ $(0 \leqq x \leqq 2)$ を $y$ 軸のまわ

りに1回転してできる容器(右図)がある. ただし,

目盛り1を1 cmとする. この容器の上方から, 毎

秒2 cm³の割合で水をゆっくりと注ぐとき, 次の

問いに答えよ.

(1) 水面の高さが $h$ cmのとき $(0<h \leqq 4)$, 注がれ

　た水の体積 $V$ を求めよ.

(2) 水が満杯になるまでにかかる時間 $T$ を求めよ.

(3) 水面の高さが2 cmのとき, 水面の上昇する速度を求めよ.

　(1)　この容器は $y$ 軸まわりの回転体ですから **116** 📖 の公式を使

　　います.

　(2)　$T = \dfrac{\text{容器の体積}}{2}$ で求まります.

(3)　速度とは何でしょうか?　速度 $= \dfrac{\text{距離}}{\text{時間}}$ と習いましたが, これでは平均し

た速度になってしまい, 「水面の高さが2 cmのとき」という瞬間の速度には

なりません. この容器の場合, 常識的にも, 水面の高さが高くなるほど, 水

面はゆっくりと上がっていくはずですから, 水面の高さによって, 水面の上

昇する速度は異なります. そこで, 次の性質を利用します.

$$\boxed{位\ 置} \underset{t で積分}{\overset{t で微分}{\rightleftarrows}} \boxed{速\ 度} \underset{t で積分}{\overset{t で微分}{\rightleftarrows}} \boxed{加速度}$$

　この関係式で, 「位置」って何だろうと思うかもしれませんが, $y$ 軸という

数直線上で点 $(0,\ h)$ が動点と考えれば, $h$ のことであることがわかります.

そして, この考え方の最大の注意点は, 上の図にもあるように, **時刻 $t$ で微**

**分(積分)しなければならない点**です.

━━ 解　答 ━━

(1) $V=\pi\displaystyle\int_0^h x^2\,dy=\pi\int_0^h y\,dy=\pi\left[\dfrac{y^2}{2}\right]_0^h=\dfrac{\pi}{2}h^2\ (\mathbf{cm^3})$

**注**　単位「$\mathrm{cm^3}$」を忘れないように.

(2)　水が満杯のときの体積は(1)の結果に $h=4$ を代入して，$8\pi\,\mathrm{cm^3}$

　　よって，$T=\dfrac{8\pi}{2}=\mathbf{4\pi}\ (\mathbf{秒})$

(3)　$V=\dfrac{\pi}{2}h^2$ より，$\dfrac{dV}{dh}=\pi h$

　　$\therefore\quad \dfrac{dV}{dt}=\dfrac{dV}{dh}\cdot\dfrac{dh}{dt}$　　　　◀ **64** **注** 1

　　ここで，$\dfrac{dV}{dt}=2$ だから　　　◀体積が増加する速度を意味するので
　　　　　　　　　　　　　　　　　　　　この問題では，$2\,\mathrm{cm^3/秒}$

　　$2=\pi h\cdot\dfrac{dh}{dt}$　　　$\therefore\quad \dfrac{dh}{dt}=\dfrac{2}{\pi h}$

　　$h=2$ のときの速度だから，$\dfrac{1}{\pi}\ (\mathbf{cm/秒})$

　　$\dfrac{dh}{dt}=\dfrac{2}{\pi h}$ の値は $h$ の値が大きくなるほど小さくなります.

　　確かに，精講(3)で予想したように，水深が深くなるほど，水面がゆっくり上昇することを示しています.

**第6章**

 ポイント　　▨▨▨の変化する速度とは，▨▨▨を時刻 $t$ で微分したもの，すなわち，$\dfrac{d}{dt}$▨▨▨

**注**　問題文の中に「$t$ がない」と思う人もいるかもしれませんが，「**毎秒2 $\mathrm{cm^3}$**」の中に含まれています.

演習問題 125

**125** において時刻 $\dfrac{T}{2}$ における水面の上昇速度を $T$ を用いて表せ.

基礎問

# 第7章 ベクトル ―補充問題―

## 126 外角の二等分線の位置ベクトル

OA=3，OB=4，AB=5 をみたす △OAB において，線分 OA の A の側への延長上に点 A′，線分 OB の B の側への延長上に点 B′ を，AA′=BB′=5 となるようにとる．

∠BAA′ と ∠ABB′ の二等分線の交点を P として，次の問いに答えよ．

(1) 実数 $s$ を用いて，$\overrightarrow{\mathrm{AP}}=s(\overrightarrow{\mathrm{AA'}}+\overrightarrow{\mathrm{AB}})$ と表せることを示せ．

(2) 実数 $t$ を用いて，$\overrightarrow{\mathrm{BP}}=t(\overrightarrow{\mathrm{BA}}+\overrightarrow{\mathrm{BB'}})$ と表せることを示せ．

(3) $\overrightarrow{\mathrm{OP}}$ を $\overrightarrow{\mathrm{OA}}$，$\overrightarrow{\mathrm{OB}}$ で表せ．

精講　(1)，(2)　点 P は「角の二等分線」の交点なので，角の二等分線ベクトルを考えてみましょう．

■――――――――　解　答　――――――――■

(1) $\overrightarrow{\mathrm{AC}}=\dfrac{\overrightarrow{\mathrm{AA'}}}{|\overrightarrow{\mathrm{AA'}}|}=\dfrac{1}{5}\overrightarrow{\mathrm{AA'}}$，$\overrightarrow{\mathrm{AD}}=\dfrac{\overrightarrow{\mathrm{AB}}}{|\overrightarrow{\mathrm{AB}}|}=\dfrac{1}{5}\overrightarrow{\mathrm{AB}}$ とおく．◀ $\vec{a}$ と同じ向きの単位ベクトルは $\dfrac{\vec{a}}{|\vec{a}|}$ と表せる

$\overrightarrow{\mathrm{AE}}=\overrightarrow{\mathrm{AC}}+\overrightarrow{\mathrm{AD}}$ とおくと，四角形 ACED はひし形．◀
よって，直線 AE は ∠CAD の二等分線になり，実数 $k$ を用いて

$$\overrightarrow{\mathrm{AP}}=k\overrightarrow{\mathrm{AE}}$$
$$=k(\overrightarrow{\mathrm{AC}}+\overrightarrow{\mathrm{AD}})$$
$$=\dfrac{1}{5}k(\overrightarrow{\mathrm{AA'}}+\overrightarrow{\mathrm{AB}})$$

└ となりあう2辺の長さが等しい平行四辺形はひし形

$s=\dfrac{1}{5}k$ とおくと，$\overrightarrow{\mathrm{AP}}=s(\overrightarrow{\mathrm{AA'}}+\overrightarrow{\mathrm{AB}})$

と表せる．（証明終）

(2) $\overrightarrow{\mathrm{BF}}=\dfrac{\overrightarrow{\mathrm{BA}}}{|\overrightarrow{\mathrm{BA}}|}=\dfrac{1}{5}\overrightarrow{\mathrm{BA}}$，$\overrightarrow{\mathrm{BG}}=\dfrac{\overrightarrow{\mathrm{BB'}}}{|\overrightarrow{\mathrm{BB'}}|}=\dfrac{1}{5}\overrightarrow{\mathrm{BB'}}$ とおく．

$\overrightarrow{\mathrm{BH}}=\overrightarrow{\mathrm{BF}}+\overrightarrow{\mathrm{BG}}$ とおくと,

四角形 BFHG はひし形.

よって, 直線 BH は

∠FBG の二等分線になり,

実数 $l$ を用いて

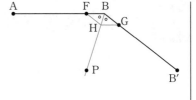

$$\overrightarrow{\mathrm{BP}}=l\overrightarrow{\mathrm{BH}}$$
$$=l(\overrightarrow{\mathrm{BF}}+\overrightarrow{\mathrm{BG}})$$
$$=\frac{1}{5}l(\overrightarrow{\mathrm{BA}}+\overrightarrow{\mathrm{BB'}})$$

$t=\dfrac{1}{5}l$ とおくと, $\overrightarrow{\mathrm{BP}}=t(\overrightarrow{\mathrm{BA}}+\overrightarrow{\mathrm{BB'}})$ と表せる. (証明終)

(3) (1), (2)より

$$\overrightarrow{\mathrm{OP}}=\overrightarrow{\mathrm{OA}}+\overrightarrow{\mathrm{AP}}$$
$$=\overrightarrow{\mathrm{OA}}+s(\overrightarrow{\mathrm{AA'}}+\overrightarrow{\mathrm{AB}})$$
$$=\overrightarrow{\mathrm{OA}}+s\left(\frac{5}{3}\overrightarrow{\mathrm{OA}}+\overrightarrow{\mathrm{OB}}-\overrightarrow{\mathrm{OA}}\right)$$
$$=\left(1+\frac{2}{3}s\right)\overrightarrow{\mathrm{OA}}+s\overrightarrow{\mathrm{OB}}\quad\cdots\cdots①$$

$$\overrightarrow{\mathrm{OP}}=\overrightarrow{\mathrm{OB}}+\overrightarrow{\mathrm{BP}}$$
$$=\overrightarrow{\mathrm{OB}}+t(\overrightarrow{\mathrm{BA}}+\overrightarrow{\mathrm{BB'}})$$
$$=\overrightarrow{\mathrm{OB}}+t\left(\overrightarrow{\mathrm{OA}}-\overrightarrow{\mathrm{OB}}+\frac{5}{4}\overrightarrow{\mathrm{OB}}\right)$$
$$=t\overrightarrow{\mathrm{OA}}+\left(1+\frac{1}{4}t\right)\overrightarrow{\mathrm{OB}}\quad\cdots\cdots②$$

$\overrightarrow{\mathrm{OA}}\neq\vec{0},\ \overrightarrow{\mathrm{OB}}\neq\vec{0},\ \overrightarrow{\mathrm{OA}}\not\parallel\overrightarrow{\mathrm{OB}}$ だから, ①, ②より　◀「$\overrightarrow{\mathbf{OA}}$ と $\overrightarrow{\mathbf{OB}}$ は一次独立だから」でもよい

$$\begin{cases}1+\dfrac{2}{3}s=t\\[2mm]s=1+\dfrac{1}{4}t\end{cases}$$

よって, $s=\dfrac{3}{2},\ t=2$ より

$$\overrightarrow{\mathbf{OP}}=2\overrightarrow{\mathbf{OA}}+\frac{3}{2}\overrightarrow{\mathbf{OB}}$$

第7章

参考 点Pは, △ABC の傍心の一つです.

# 127 傍心の位置ベクトル

---

△OAB において，辺 AB 上に点 Q をとり，直線 OQ 上に点 P をとる．ただし，点 P は点 Q に関して点 O と反対側にあるとする．3 つの三角形 △OAP，△OBP，△ABP の面積をそれぞれ $a$，$b$，$c$ とする．

このとき，次の問いに答えよ．

(1) $\overrightarrow{\text{OQ}}$ を $\overrightarrow{\text{OA}}$，$\overrightarrow{\text{OB}}$ および $a$，$b$ を用いて表せ．

(2) $\overrightarrow{\text{OP}}$ を $\overrightarrow{\text{OA}}$，$\overrightarrow{\text{OB}}$ および $a$，$b$，$c$ を用いて表せ．

(3) 3 辺 OA，OB，AB の長さはそれぞれ 3，5，6 であるとする．点 P を中心とし，3 直線 OA，OB，AB に接する円が存在するとき，$\overrightarrow{\text{OP}}$ を $\overrightarrow{\text{OA}}$ と $\overrightarrow{\text{OB}}$ を用いて表せ．

---

 精 講

(1) $\overrightarrow{\text{OQ}}$ を $\overrightarrow{\text{OA}}$，$\overrightarrow{\text{OB}}$ で表すためには，AQ：QB が必要です．このことと，△OAP，△OBP，△ABP の面積の関連を考えると，**△OAP：△OBP＝AQ：QB** に着目することになります．

(2) (1)と同様に考えて，△OAB：△ABP＝OQ：QP に着目することになります．

(3) 点 P を中心とし，3 直線 OA，OB，AB に接する円は，△ABC の傍接円の一つ，すなわち，**点 P は △ABC の傍心の一つ**となります．

---

■ 解 答 ■

(1) 2 点 A，B から直線 OP に下ろした垂線の足をそれぞれ，H，K とすると

$$\begin{cases} \triangle\text{OAP}=\dfrac{1}{2}\cdot\text{OP}\cdot\text{AH} \\[2mm] \triangle\text{OBP}=\dfrac{1}{2}\cdot\text{OP}\cdot\text{BK} \end{cases}$$

∴ △OAP：△OBP＝AH：BK
　　　　　　　　　　……①

次に，△AQH∽△BQK だから

AH：BK＝AQ：QB ……②

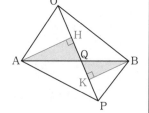

よって，①，②より　AQ：QB＝△OAP：△OBP＝$a : b$

∴ $\overrightarrow{\mathrm{OQ}}=\dfrac{b}{a+b}\overrightarrow{\mathrm{OA}}+\dfrac{a}{a+b}\overrightarrow{\mathrm{OB}}$

(2) (1)と同様に，AB を △OAB と △PAB の底辺と考えれば，

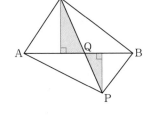

OQ：QP＝△OAB：△PAB
$$=(a+b-c) : c$$

よって，

$$\overrightarrow{\mathrm{OP}}=\dfrac{a+b}{a+b-c}\overrightarrow{\mathrm{OQ}}$$

$$=\dfrac{a+b}{a+b-c}\left(\dfrac{b}{a+b}\overrightarrow{\mathrm{OA}}+\dfrac{a}{a+b}\overrightarrow{\mathrm{OB}}\right)$$

$$=\dfrac{b}{a+b-c}\overrightarrow{\mathrm{OA}}+\dfrac{a}{a+b-c}\overrightarrow{\mathrm{OB}}$$

(3) 円の半径を $r$ とすると

$$\begin{cases} \triangle\mathrm{OAP}=\dfrac{1}{2}\cdot\mathrm{OA}\cdot r \\[2mm] \triangle\mathrm{OBP}=\dfrac{1}{2}\cdot\mathrm{OB}\cdot r \\[2mm] \triangle\mathrm{ABP}=\dfrac{1}{2}\cdot\mathrm{AB}\cdot r \end{cases}$$

だから

△OAP：△OBP：△ABP＝OA：OB：AB
$$=3 : 5 : 6$$

よって，正の実数 $k$ を用いて，

$a=3k,\ b=5k,\ c=6k$

と表せる．

$a+b-c=2k$ だから，(2)より

$$\overrightarrow{\mathrm{OP}}=\dfrac{5k}{2k}\overrightarrow{\mathrm{OA}}+\dfrac{3k}{2k}\overrightarrow{\mathrm{OB}}$$

すなわち，$\overrightarrow{\mathbf{OP}}=\dfrac{5}{2}\overrightarrow{\mathbf{OA}}+\dfrac{3}{2}\overrightarrow{\mathbf{OB}}$

**(別解)**

126 のように，∠A の外角の二等分線と ∠B の外角の二等分線の交点
として点Pを求めることもできます．

# 128 垂心の位置ベクトル

△OAB において，OA=3，OB=2，∠AOB=$\frac{\pi}{3}$ とする．

△OAB の垂心をHとするとき，$\overrightarrow{OH}$ を $\overrightarrow{OA}$ と $\overrightarrow{OB}$ を用いて表せ．

垂心は，各頂点から対辺に下ろした**「垂線」の交点**です．ベクトルにおいて，「垂直」が絡むときは

    Ⅰ．（内積）＝0

    Ⅱ．正射影ベクトル　（⇦ⅡBベク **154**）

を考えます．

「Ⅱ．正射影ベクトル」は次の **129** で扱うので，本問では「Ⅰ．（内積）＝0」を使って考えてみましょう．

## 解答

$|\overrightarrow{OA}|=3$　……①，$|\overrightarrow{OB}|=2$　……②

$\overrightarrow{OA}\cdot\overrightarrow{OB}=|\overrightarrow{OA}|\times|\overrightarrow{OB}|\times\cos\frac{\pi}{3}$

$\qquad\qquad=3\times2\times\frac{1}{2}$

$\qquad\qquad=3$　……③

実数 $s$, $t$ を用いて $\overrightarrow{OH}=s\overrightarrow{OA}+t\overrightarrow{OB}$ とおくと，

$\overrightarrow{OH}\perp\overrightarrow{AB}$ かつ $\overrightarrow{BH}\perp\overrightarrow{OA}$ より

$\overrightarrow{OH}\cdot\overrightarrow{AB}=0$　……④ かつ $\overrightarrow{BH}\cdot\overrightarrow{OA}=0$　……⑤

をみたす．

ここで，

$\overrightarrow{OH}\cdot\overrightarrow{AB}=(s\overrightarrow{OA}+t\overrightarrow{OB})\cdot(\overrightarrow{OB}-\overrightarrow{OA})$

$\qquad\qquad=s\overrightarrow{OA}\cdot\overrightarrow{OB}-s|\overrightarrow{OA}|^2+t|\overrightarrow{OB}|^2-t\overrightarrow{OA}\cdot\overrightarrow{OB}$

$\qquad\qquad=3s-9s+4t-3t$　　　　　◀①，②，③を代入

$\qquad\qquad=-6s+t$

よって，④より，

$-6s+t=0$

$$t=6s \quad \cdots\cdots ⑥$$

同様にして，

$$\overrightarrow{\mathrm{BH}}\cdot\overrightarrow{\mathrm{OA}}=(\overrightarrow{\mathrm{OH}}-\overrightarrow{\mathrm{OB}})\cdot\overrightarrow{\mathrm{OA}}$$
$$=(s\overrightarrow{\mathrm{OA}}+t\overrightarrow{\mathrm{OB}}-\overrightarrow{\mathrm{OB}})\cdot\overrightarrow{\mathrm{OA}}$$
$$=s|\overrightarrow{\mathrm{OA}}|^2+t\overrightarrow{\mathrm{OA}}\cdot\overrightarrow{\mathrm{OB}}-\overrightarrow{\mathrm{OA}}\cdot\overrightarrow{\mathrm{OB}}$$
$$=9s+3t-3 \qquad\qquad ◀①，③を代入$$

よって，⑤より，

$$9s+3t-3=0$$
$$t=-3s+1 \quad \cdots\cdots ⑦$$

⑥，⑦より

$$6s=-3s+1$$

$$s=\frac{1}{9} \text{ となり，⑥より } t=\frac{2}{3}$$

ゆえに

$$\overrightarrow{\mathrm{OH}}=\frac{1}{9}\overrightarrow{\mathrm{OA}}+\frac{2}{3}\overrightarrow{\mathrm{OB}}$$

 OA=3，OB=2，$\angle\mathrm{AOB}=\dfrac{\pi}{3}$ より

点Aから辺 OB に垂線 AP を下ろし，

点Bから辺 OA に垂線 BQ を下ろすと，

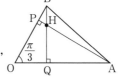

$$\mathrm{OP}=\mathrm{OA}\times\cos\frac{\pi}{3}=\frac{3}{2} \text{ より，}$$

$$\mathrm{OP}:\mathrm{PB}=\frac{3}{2}:\frac{1}{2}=3:1$$

$$\mathrm{OQ}=\mathrm{OB}\times\cos\frac{\pi}{3}=1 \text{ より}$$

$$\mathrm{OQ}:\mathrm{QA}=1:2$$

となるので，H を ⅡBベク **140**「**分点の位置ベクトル**」を用いて求める
こともできます．

# 129 正射影ベクトルの応用（Ⅰ）

三角形 OAB について，$OA=\sqrt{2}$，$OB=\sqrt{3}$，$AB=2$ とする．点O
から辺 AB に下ろした垂線の足を L，辺 OB に関して L と対称な点を P
とする．$\vec{a}=\overrightarrow{OA}$，$\vec{b}=\overrightarrow{OB}$ とおく．このとき，次の問いに答えよ．

(1) $\vec{a}\cdot\vec{b}$ を求めよ．また，$\overrightarrow{OL}$ を $\vec{a}$ と $\vec{b}$ で表せ．

(2) $\overrightarrow{OP}$ を $\vec{a}$ と $\vec{b}$ で表せ．

 精講

(1) $|\overrightarrow{AB}|=|\overrightarrow{OB}-\overrightarrow{OA}|$ を用います．

(2) ベクトルにおいて，「垂直」が絡む問題です．

128 では「Ⅰ．(内積)=0」を用いたので，129 では「Ⅱ．正射影
ベクトル」を用いて考えてみましょう．

---

## 解　答

(1) $|\overrightarrow{AB}|^2=|\overrightarrow{OB}-\overrightarrow{OA}|^2$ より

$|\overrightarrow{AB}|^2=|\overrightarrow{OB}|^2-2\overrightarrow{OA}\cdot\overrightarrow{OB}+|\overrightarrow{OA}|^2$

$4=3-2\overrightarrow{OA}\cdot\overrightarrow{OB}+2$

$\overrightarrow{OA}\cdot\overrightarrow{OB}=\dfrac{1}{2}$　　$\therefore$　$\vec{a}\cdot\vec{b}=\dfrac{1}{2}$

また，$\overrightarrow{AL}$ は $\overrightarrow{AO}$ の $\overrightarrow{AB}$ への正射影ベクトルなので

$\overrightarrow{AL}=\dfrac{\overrightarrow{AO}\cdot\overrightarrow{AB}}{|\overrightarrow{AB}|^2}\overrightarrow{AB}$

$=\dfrac{-\overrightarrow{OA}\cdot(\overrightarrow{OB}-\overrightarrow{OA})}{4}\overrightarrow{AB}$

$=\dfrac{-\overrightarrow{OA}\cdot\overrightarrow{OB}+|\overrightarrow{OA}|^2}{4}\overrightarrow{AB}$

$=\dfrac{3}{8}\overrightarrow{AB}$

よって

$\overrightarrow{OL}=\overrightarrow{OA}+\overrightarrow{AL}$

$=\overrightarrow{OA}+\dfrac{3}{8}(\overrightarrow{OB}-\overrightarrow{OA})=\dfrac{5}{8}\overrightarrow{OA}+\dfrac{3}{8}\overrightarrow{OB}=\dfrac{5}{8}\vec{a}+\dfrac{3}{8}\vec{b}$

**(別解)**

(内積)$=0$ を用いて求める.

実数 $t$ を用いて,

$\overrightarrow{\mathrm{OL}}=(1-t)\vec{a}+t\vec{b}$ とおくと,

$\overrightarrow{\mathrm{OL}}\perp\overrightarrow{\mathrm{AB}}$ より

$\overrightarrow{\mathrm{OL}}\cdot(\overrightarrow{\mathrm{OB}}-\overrightarrow{\mathrm{OA}})=0$

$\{(1-t)\vec{a}+t\vec{b}\}\cdot(\vec{b}-\vec{a})=0$

$-(1-t)|\vec{a}|^2+(1-2t)\vec{a}\cdot\vec{b}+t|\vec{b}|^2=0$

$-2(1-t)+\dfrac{1}{2}(1-2t)+3t=0$

$4t-\dfrac{3}{2}=0 \qquad t=\dfrac{3}{8}$

よって

$\overrightarrow{\mathrm{OL}}=\dfrac{5}{8}\vec{a}+\dfrac{3}{8}\vec{b}$

(2) L から辺 OB に垂線 LH を下ろすと,

$\overrightarrow{\mathrm{OH}}$ は $\overrightarrow{\mathrm{OL}}$ の $\overrightarrow{\mathrm{OB}}$ への正射影ベクトルだから

$\overrightarrow{\mathrm{OH}}=\dfrac{\overrightarrow{\mathrm{OB}}\cdot\overrightarrow{\mathrm{OL}}}{|\overrightarrow{\mathrm{OB}}|^2}\overrightarrow{\mathrm{OB}}$ ……①

ここで,

$\overrightarrow{\mathrm{OB}}\cdot\overrightarrow{\mathrm{OL}}=\dfrac{5}{8}\vec{a}\cdot\vec{b}+\dfrac{3}{8}|\vec{b}|^2$

$=\dfrac{5}{16}+\dfrac{9}{8}=\dfrac{23}{16}$ ……②

また, $|\overrightarrow{\mathrm{OB}}|^2=3$ ……③

よって, $\overrightarrow{\mathrm{OH}}=\dfrac{23}{16}\times\dfrac{1}{3}\vec{b}=\dfrac{23}{48}\vec{b}$ ◀①に②, ③を代入

ゆえに, $\overrightarrow{\mathrm{OH}}=\dfrac{\overrightarrow{\mathrm{OL}}+\overrightarrow{\mathrm{OP}}}{2}$ より

$\overrightarrow{\mathrm{OP}}=2\overrightarrow{\mathrm{OH}}-\overrightarrow{\mathrm{OL}}$

$=2\cdot\dfrac{23}{48}\vec{b}-\left(\dfrac{5}{8}\vec{a}+\dfrac{3}{8}\vec{b}\right)=-\dfrac{5}{8}\vec{a}+\dfrac{7}{12}\vec{b}$

第7章

注 正射影ベクトルを用いずに解くと, 実数 $k$ を用いて $\overrightarrow{\mathrm{OH}}=k\overrightarrow{\mathrm{OB}}$ とおいた後, LH⊥OB より $k$ を求めることになります. しかし, 正射影ベクトルを用いれば, 未知数(文字)を増やさずに解くことができます.

# 130 正射影ベクトルの応用（Ⅱ）

OA=3, OB=2, AB=$\sqrt{7}$ をみたす △OAB の外心を P とする.

(1) OA の中点を M とするとき, $\overrightarrow{OP} \cdot \overrightarrow{OA} = \dfrac{1}{2}|\overrightarrow{OA}|^2$ を示せ.

(2) $\overrightarrow{OP} = s\overrightarrow{OA} + t\overrightarrow{OB}$ とおくとき, $s$, $t$ の値を求めよ.

 外心は各辺の「**垂直**」二等分線の交点であることから, 正射影ベクトルの考え方が使えます.

解　答

(1) $\overrightarrow{OM}$ は $\overrightarrow{OP}$ の $\overrightarrow{OA}$ への正射影ベクトルだから

$$\overrightarrow{OM} = \frac{\overrightarrow{OP} \cdot \overrightarrow{OA}}{|\overrightarrow{OA}|^2}\overrightarrow{OA} \quad \cdots\cdots①$$

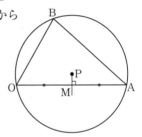

よって

$$\overrightarrow{OM} \cdot \overrightarrow{OA} = \frac{\overrightarrow{OP} \cdot \overrightarrow{OA}}{|\overrightarrow{OA}|^2}\overrightarrow{OA} \cdot \overrightarrow{OA}$$

が成立し, $\overrightarrow{OM} = \dfrac{1}{2}\overrightarrow{OA}$ より

$$\frac{1}{2}|\overrightarrow{OA}|^2 = \frac{\overrightarrow{OP} \cdot \overrightarrow{OA}}{|\overrightarrow{OA}|^2}|\overrightarrow{OA}|^2$$
$$= \overrightarrow{OP} \cdot \overrightarrow{OA}$$

ゆえに $\overrightarrow{OP} \cdot \overrightarrow{OA} = \dfrac{1}{2}|\overrightarrow{OA}|^2$ （証明終）

**（別解）**

点 M は線分 OA の中点だから

$$\overrightarrow{OM} = \frac{1}{2}\overrightarrow{OA}$$

よって, ①より $\dfrac{\overrightarrow{OP} \cdot \overrightarrow{OA}}{|\overrightarrow{OA}|^2} = \dfrac{1}{2}$

∴ $\overrightarrow{OP} \cdot \overrightarrow{OA} = \dfrac{1}{2}|\overrightarrow{OA}|^2$ （証明終）

(2) $|\overrightarrow{AB}|^2 = |\overrightarrow{OB} - \overrightarrow{OA}|^2$ より
$$|\overrightarrow{AB}|^2 = |\overrightarrow{OB}|^2 - 2\overrightarrow{OA} \cdot \overrightarrow{OB} + |\overrightarrow{OA}|^2$$

$$7 = 4 - 2\overrightarrow{OA} \cdot \overrightarrow{OB} + 9$$

$$2\overrightarrow{OA} \cdot \overrightarrow{OB} = 6$$

$$\overrightarrow{OA} \cdot \overrightarrow{OB} = 3 \quad \cdots\cdots ②$$

ここで

$$\overrightarrow{OP} \cdot \overrightarrow{OA} = (s\overrightarrow{OA} + t\overrightarrow{OB}) \cdot \overrightarrow{OA}$$
$$= s|\overrightarrow{OA}|^2 + t\overrightarrow{OA} \cdot \overrightarrow{OB}$$
$$= 9s + 3t \qquad\qquad ◀②より$$

また，(1)から $\overrightarrow{OP} \cdot \overrightarrow{OA} = \dfrac{1}{2}|\overrightarrow{OA}|^2 = \dfrac{9}{2}$ より

$$9s + 3t = \frac{9}{2}$$

$$6s + 2t = 3 \quad \cdots\cdots ③$$

また，(1)と同様に考えると，

$$\overrightarrow{OP} \cdot \overrightarrow{OB} = \frac{1}{2}|\overrightarrow{OB}|^2 = 2 \ \text{となるので}$$

$$\overrightarrow{OP} \cdot \overrightarrow{OB} = (s\overrightarrow{OA} + t\overrightarrow{OB}) \cdot \overrightarrow{OB}$$
$$= s\overrightarrow{OA} \cdot \overrightarrow{OB} + t|\overrightarrow{OB}|^2$$
$$= 3s + 4t \qquad\qquad ◀②より$$

よって，$3s + 4t = 2 \quad \cdots\cdots ④$

③，④より

$$\begin{cases} 6s + 2t = 3 \\ 3s + 4t = 2 \end{cases}$$

を解くと，$s = \dfrac{4}{9}, \ t = \dfrac{1}{6}$

これで，三角形の五心（内心・外心・重心・垂心・傍心）の位置ベクトルが全てそろいました．

本シリーズでの掲載順に　重心（ⅡBベク **142**）

　　　　　　　　　　　　内心（ⅡBベク **148**）

　　　　　　　　　　　　傍心（Ⅲ・C **126** **127**）

　　　　　　　　　　　　垂心（Ⅲ・C **128**）

　　　　　　　　　　　　外心（Ⅲ・C **130** **131**）

第7章

# 131 外心の位置ベクトル

---

OA＝2，OB＝3，AB＝4 をみたす三角形 OAB の外心をCとする．
$\overrightarrow{OA}=\vec{a}$，$\overrightarrow{OB}=\vec{b}$，$\overrightarrow{OC}=\vec{c}$ とおくとき，次の問いに答えよ．

(1) 内積 $\vec{a}\cdot\vec{b}$，$\vec{b}\cdot\vec{c}$，$\vec{c}\cdot\vec{a}$ の値を求めよ．

(2) $\vec{c}=s\vec{a}+t\vec{b}$ とおくとき，$s$，$t$ の値を求めよ．

(3) O を座標平面上の原点にとり，A(0，−2) とする．このとき，B，C
の座標を求めよ．ただし，点Bは第1象限にあるとする．

---

 **精 講**

(1)(2) C は △OAB の外心だから，線分 OA の垂直二等分線と線分
OB の垂直二等分線の交点であることを図形的に考察しましょう．

(3) (1)，(2)をうまく利用することを考えましょう．

---

**■ 解　答 ■**

(1) $|\overrightarrow{AB}|^2=|\overrightarrow{OB}-\overrightarrow{OA}|^2$ より

$$|\overrightarrow{AB}|^2=|\overrightarrow{OB}|^2-2\overrightarrow{OA}\cdot\overrightarrow{OB}+|\overrightarrow{OA}|^2$$

$$16=9-2\overrightarrow{OA}\cdot\overrightarrow{OB}+4$$

$$2\overrightarrow{OA}\cdot\overrightarrow{OB}=-3$$

$$\overrightarrow{OA}\cdot\overrightarrow{OB}=-\frac{3}{2}$$

よって，$\vec{a}\cdot\vec{b}=-\dfrac{3}{2}$

さらに，線分 OB の中点をNとおくと

$$\overrightarrow{OB}\cdot\overrightarrow{OC}=|\overrightarrow{OB}|\times|\overrightarrow{ON}|=\frac{1}{2}|\overrightarrow{OB}|^2=\frac{9}{2}$$

◀ **129** 参照

よって，$\vec{b}\cdot\vec{c}=\dfrac{9}{2}$

また，線分 OA の中点を M とおくと

$$\overrightarrow{OC}\cdot\overrightarrow{OA}=|\overrightarrow{OM}|\times|\overrightarrow{OA}|=\frac{1}{2}|\overrightarrow{OA}|^2=2$$

◀ **129** 参照

よって，$\vec{c}\cdot\vec{a}=2$

以上より，

$$\vec{a}\cdot\vec{b}=-\frac{3}{2}, \quad \vec{b}\cdot\vec{c}=\frac{9}{2}, \quad \vec{c}\cdot\vec{a}=2$$

(2) $\vec{b}\cdot\vec{c}=\vec{b}\cdot(s\vec{a}+t\vec{b})=s\vec{a}\cdot\vec{b}+t|\vec{b}|^2=-\frac{3}{2}s+9t$

$\vec{b}\cdot\vec{c}=\frac{9}{2}$ より, $-\frac{3}{2}s+9t=\frac{9}{2}$ $\quad -s+6t=3$ ……①

また, $\vec{c}\cdot\vec{a}=(s\vec{a}+t\vec{b})\cdot\vec{a}=s|\vec{a}|^2+t\vec{a}\cdot\vec{b}=4s-\frac{3}{2}t$

$\vec{c}\cdot\vec{a}=2$ より, $4s-\frac{3}{2}t=2$ $\quad 8s-3t=4$ ……②

①, ②より

$$\begin{cases} -s+6t=3 \\ 8s-3t=4 \end{cases}$$

を解くと, $s=\dfrac{11}{15}, \quad t=\dfrac{28}{45}$

(3) B($p$, $q$) とおくと, OB=3 より

$\sqrt{p^2+q^2}=3$ $\quad p^2+q^2=9$ ……③

また, $\vec{a}\cdot\vec{b}=0\times p+(-2)\times q=-2q$ となり

$\vec{a}\cdot\vec{b}=-\dfrac{3}{2}$ より, $-2q=-\dfrac{3}{2}$ $\quad q=\dfrac{3}{4}$

③より, $p>0$ に注意して

$(p, q)=\left(\dfrac{3\sqrt{15}}{4}, \dfrac{3}{4}\right)$ より B$\left(\dfrac{3\sqrt{15}}{4}, \dfrac{3}{4}\right)$

(2)より

$\vec{c}=\dfrac{11}{15}\vec{a}+\dfrac{28}{45}\vec{b}=\dfrac{11}{15}(0, -2)+\dfrac{28}{45}\left(\dfrac{3\sqrt{15}}{4}, \dfrac{3}{4}\right)$

$=\left(0, -\dfrac{22}{15}\right)+\left(\dfrac{7\sqrt{15}}{15}, \dfrac{7}{15}\right)=\left(\dfrac{7\sqrt{15}}{15}, -1\right)$

したがって, B$\left(\dfrac{3\sqrt{15}}{4}, \dfrac{3}{4}\right)$, C$\left(\dfrac{7\sqrt{15}}{15}, -1\right)$

第7章

# 132 斜交座標

> 面積 1 の △OAB に対して，$\overrightarrow{OP}=s\overrightarrow{OA}+t\overrightarrow{OB}$ ($s$, $t$ は実数) と表される点Pを考える。
>
> (1)　$-1 \leqq s+t \leqq 1$, $s \geqq -1$, $t \geqq -1$ をみたす点Pの存在範囲を図示せよ。
>
> (2)　(1)で求めた点Pの存在範囲の面積を求めよ。

 ベクトルの終点の存在範囲を求める問題では，「斜交座標系」の考え方を知っていると，図形を視覚的にとらえられるので，問題が理解しやすくなります。

　普段使っている直交座標系は，直角のある図形などに対して有効なのですが，一般の三角形では合理的とはいえません。

　そこで，下図のように

**2つのベクトルの向きと大きさを三角形に合わせて設定**

したものを考えます。（これを**斜交座標系**と呼びます）。

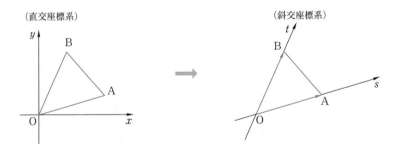

　斜交座標系では，$\overrightarrow{OA}$ と $\overrightarrow{OB}$ を基準とする座標系を考えます。

　上図は，$\overrightarrow{OA}$ 方向，$\overrightarrow{OB}$ 方向の軸を，$s$ 軸，$t$ 軸とした斜交座標系です。

　$\overrightarrow{OA}$ と $\overrightarrow{OB}$ を基準として考えられることが，最大のメリットです。

■ 解　答 ■

(1)　$-1 \leqq s+t \leqq 1$, $s \geqq -1$, $t \geqq -1$ より

$$\begin{cases} t \geqq -s-1 \\ t \leqq -s+1 \\ s \geqq -1 \\ t \geqq -1 \end{cases}$$

だから，斜交座標系で考えると

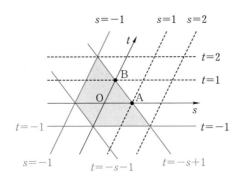

◀ここでは，見やすく
するために $s$ 軸を真
横（$x$ 軸と平行）に
なるように設定して
いる

　上図より，

$$\overrightarrow{OC} = -\overrightarrow{OB}, \quad \overrightarrow{OD} = 2\overrightarrow{OA} - \overrightarrow{OB},$$
$$\overrightarrow{OE} = -\overrightarrow{OA} + 2\overrightarrow{OB}, \quad \overrightarrow{OF} = -\overrightarrow{OA}$$

とおくと，点Pの存在範囲は，台形 CDEF の周お
よび内部となる.

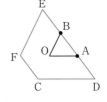

(2)　(1)より，2直線 EF と CD の交点をGとする
と △OAB と △GDE は相似であり，相似比が
$1:3$ より，面積比は $1:9$ となる.
　したがって

$$(台形\ CDEF) = (\triangle GDE) - (\triangle GCF)$$
$$= 8(\triangle OAB)$$
$$= 8$$

◀$\triangle GCF \equiv \triangle OAB$

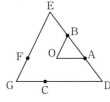

第7章

基礎問

# 133 内積の最大・最小

平面上で原点Oと3点 A(3, 1)，B(1, 2)，C(−1, 1) を考える．実数 $s$，$t$ に対し，点Pを

$$\overrightarrow{OP} = s\overrightarrow{OA} + t\overrightarrow{OB}$$

により定める．以下の問いに答えよ．

(1) $s$，$t$ が条件

$$-1 \leqq s \leqq 1, \quad -1 \leqq t \leqq 1, \quad -1 \leqq s+t \leqq 1$$

を満たすとき，点 P($x$, $y$) の存在する範囲 $D$ を図示せよ．

(2) 点Pが(1)で求めた範囲 $D$ を動くとき，内積 $\overrightarrow{OP} \cdot \overrightarrow{OC}$ の最大値を求めよ．

　精　講

(1) **132** で学習した斜交座標を使って考えてみましょう．

(2) 内積の図形的なとらえ方（正射影ベクトル）も考慮しましょう．

―――――――――――― 解　答 ――――――――――――

(1)

のように $s$ 軸，$t$ 軸を設定する．

$-1 \leqq s \leqq 1, \quad -1 \leqq t \leqq 1, \quad -1 \leqq s+t \leqq 1$ より

$$\begin{cases} -1 \leqq s \leqq 1 \\ -1 \leqq t \leqq 1 \\ t \geqq -s-1 \\ t \leqq -s+1 \end{cases}$$

右図より

$$\overrightarrow{OE} = -\overrightarrow{OA} + \overrightarrow{OB},$$
$$\overrightarrow{OF} = -\overrightarrow{OA}, \ \overrightarrow{OG} = -\overrightarrow{OB},$$
$$\overrightarrow{OH} = \overrightarrow{OA} - \overrightarrow{OB}$$

とおくと，点Pの存在範囲
$D$ は六角形 ABEFGH の
周および内部.

(2) 点Pから直線 OC に垂線 PI を下ろす.
（ただし，点Pが直線 OC 上にあるとき点Pを点 I とする.）
$\overrightarrow{OP} \cdot \overrightarrow{OC}$ の最大値を求めるには，$\overrightarrow{OP}$ と $\overrightarrow{OC}$ のなす角が鋭角のときを
考えれば十分である.　　　　　　　　　　◀ 注 参照

また，$\overrightarrow{OI}$ は $\overrightarrow{OP}$ の $\overrightarrow{OC}$ への
正射影ベクトルであるから，

$$\overrightarrow{OP} \cdot \overrightarrow{OC} = |\overrightarrow{OI}| \times |\overrightarrow{OC}|$$

となる.
したがって，右図より，点Pが
点Eと重なるときに $\overrightarrow{OP} \cdot \overrightarrow{OC}$
は最大となる.
よって，$\overrightarrow{OP} \cdot \overrightarrow{OC}$ の最大値は，

$$\overrightarrow{OE} = (-2, \ 1), \ \overrightarrow{OC} = (-1, \ 1)$$

より

$$\begin{aligned}
\overrightarrow{OP} \cdot \overrightarrow{OC} &= \overrightarrow{OE} \cdot \overrightarrow{OC} \\
&= (-2) \times (-1) + 1 \times 1 \\
&= 3
\end{aligned}$$

第7章

注 $\overrightarrow{OP} \cdot \overrightarrow{OC} = |\overrightarrow{OP}||\overrightarrow{OC}|\cos\angle POC$ より

$$\begin{cases} \angle POC \text{ が鋭角のとき } \overrightarrow{OP} \cdot \overrightarrow{OC} > 0 \\ \angle POC \text{ が } \dfrac{\pi}{2} \text{ のとき } \overrightarrow{OP} \cdot \overrightarrow{OC} = 0 \\ \angle POC \text{ が鈍角のとき } \overrightarrow{OP} \cdot \overrightarrow{OC} < 0 \end{cases}$$

だから，最大値を考えるなら，鋭角のときのみで十分です．

**（成分表示による別解）**

$$\begin{aligned} \overrightarrow{OP} &= s\overrightarrow{OA} + t\overrightarrow{OB} \\ &= s(3, \ 1) + t(1, \ 2) \\ &= (3s+t, \ s+2t) \ \text{より} \\ \overrightarrow{OP} \cdot \overrightarrow{OC} &= -(3s+t) + (s+2t) \\ &= -2s+t \quad \cdots\cdots\text{①} \end{aligned}$$

ここで

$$\begin{cases} -1 \leqq s \leqq 1 \\ -1 \leqq t \leqq 1 \\ -1 \leqq s+t \leqq 1 \end{cases}$$

に注意して考えると，①が最大となるのは，$s=-1$, $t=1$ のときである．

◀ 注・参考 を参照

$s=-1$, $t=1$ のとき，$\overrightarrow{OP} \cdot \overrightarrow{OC}$ の最大値は 3 となる．

注 $\overrightarrow{OP} \cdot \overrightarrow{OC} = -2s+t$ より

「$s$ ができるだけ小さい」かつ「$t$ ができるだけ大きい」

ときに最大となります．

　今回，$s=-1$, $t=1$ は，$-1 \leqq s+t \leqq 1$ も満たします．しかし，$-1 \leqq s \leqq 1$ かつ $-1 \leqq t \leqq 1$ のとき，$-1 \leqq s+t \leqq 1$ を必ず満たすとは限りません．

　そこで，より厳密に $-2s+t$ のとりうる値の範囲を考えるためには，ⅡBベク 51 で学習した内容が効果を発揮します．

参 考　　領域内の点に対する最大・最小による考察（ⅡBベク **51**）

普段使っている $xy$ 平面を $st$ 平面として考えます.

$$\begin{cases} -1 \leqq s \leqq 1 & \cdots\cdots\text{あ} \\ -1 \leqq t \leqq 1 & \cdots\cdots\text{い} \\ -1 \leqq s+t \leqq 1 & \cdots\cdots\text{う} \end{cases}$$

あ, い, うが満たす領域を $D$ とする.

$-2s+t=k$ とおくと, $t=2s+k$ となり, 傾き 2, $t$ 切片 $k$ の直線を表す.

よって, この直線が領域 $D$ と共有点をもつように動くときの $t$ 切片のとりうる値の範囲を考える.

領域 $D$ は〈図Ⅰ〉の色の部分 (境界も含む).

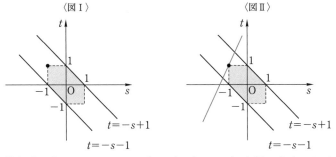

〈図Ⅱ〉より, $t=2s+k$ が $(s, t)=(-1, 1)$ を通るとき, $k$ は最大となる.

すなわち, $(s, t)=(-1, 1)$ のとき, $k$ は最大値 3 をとる.

第7章

# 134 平面の方程式と正領域・負領域

座標空間内に，点 $A(x_0, y_0, z_0)$ を通り，ベクトル $\vec{n}=(a, b, c)$ $(\vec{n}\neq\vec{0})$ に垂直な平面 $\pi$ がある．このとき，次の問いに答えよ．

(1) 平面 $\pi$ の方程式は，ある実数 $d$ を用いて，

$ax+by+cz+d=0$ と表せることを示せ．

(2) $f(x, y, z)=ax+by+cz+d$ とおく．

異なる2点 $B(x_1, y_1, z_1)$，$C(x_2, y_2, z_2)$ に対して，

$f(x_1, y_1, z_1)\times f(x_2, y_2, z_2)<0$ が成りたつとき，次の(i), (ii)を示せ．

(i) $\overrightarrow{BC}$ は $\pi$ と平行でない．

(ii) 2点 B，C は，平面 $\pi$ に関して反対側にある．

精講

(1) 内積を使った**平面の方程式の立て方**をしっかり理解しましょう．

(2) 結論が「〜でない」となっているとき，**背理法が有効**です．

## 解答

(1) 平面 $\pi$ 上の任意の点を $P(x, y, z)$ と

おくと，常に $\vec{n}\cdot\overrightarrow{AP}=0$ が成立する．

$$\begin{pmatrix} \cdot\ \overrightarrow{AP}\neq\vec{0}\ なら\ \vec{n}\perp\overrightarrow{AP} \\ \cdot\ \overrightarrow{AP}=\vec{0}\ なら\ \vec{n}\cdot\overrightarrow{AP}=0 \end{pmatrix}$$

よって，

$\vec{n}=(a, b, c)$

$\overrightarrow{AP}=(x-x_0, y-y_0, z-z_0)$

より

$a(x-x_0)+b(y-y_0)+c(z-z_0)=0$

$ax+by+cz-ax_0-by_0-cz_0=0$

$-ax_0-by_0-cz_0=d$ とおくと，

$ax+by+cz+d=0$ と表せる．（証明終）

(2)(i) $\overrightarrow{BC}$ と $\pi$ が平行であるとすると，

$$\overrightarrow{BC}\cdot\vec{n}=0$$

$$\therefore\quad(\overrightarrow{OC}-\overrightarrow{OB})\cdot\vec{n}=0$$

$$\overrightarrow{OB}\cdot\vec{n}=\overrightarrow{OC}\cdot\vec{n}$$

$$ax_1+by_1+cz_1+d=ax_2+by_2+cz_2+d$$

$$\therefore\quad f(x_1,\ y_1,\ z_1)=f(x_2,\ y_2,\ z_2)$$

よって，$f(x_1,\ y_1,\ z_1)\times f(x_2,\ y_2,\ z_2)\geqq0$

これは，$f(x_1,\ y_1,\ z_1)\times f(x_2,\ y_2,\ z_2)<0$ に矛盾する．

ゆえに，$\overrightarrow{BC}$ と $\pi$ は平行でない．（証明終）

(ii) $f(x_1,\ y_1,\ z_1)=ax_1+by_1+cz_1+d=u_1$

$\qquad f(x_2,\ y_2,\ z_2)=ax_2+by_2+cz_2+d=u_2$

とおくと，条件より，$u_1u_2<0$

ここで，(i)より直線 BC は平面 $\pi$ と交わるので，交点を P とおくと，実数 $t$ を用いて，$\overrightarrow{OP}=\overrightarrow{OB}+t\overrightarrow{BC}$ と表せる．

$$\therefore\quad\overrightarrow{OP}=\begin{pmatrix}x_1\\y_1\\z_1\end{pmatrix}+t\begin{pmatrix}x_2-x_1\\y_2-y_1\\z_2-z_1\end{pmatrix}=\begin{pmatrix}(1-t)x_1+tx_2\\(1-t)y_1+ty_2\\(1-t)z_1+tz_2\end{pmatrix}$$

◀見やすくするため，縦書きで表している

点 P は平面 $\pi$ 上にあるので，

$$a\{(1-t)x_1+tx_2\}+b\{(1-t)y_1+ty_2\}+c\{(1-t)z_1+tz_2\}+d=0$$

$$\therefore\quad(1-t)(ax_1+by_1+cz_1)+t(ax_2+by_2+cz_2)+d=0$$

$$(1-t)(u_1-d)+t(u_2-d)+d=0$$

$$\therefore\quad u_1-t(u_1-u_2)=0$$

$u_1u_2<0$ のとき $u_1\neq u_2$ だから，$t=\dfrac{u_1}{u_1-u_2}$

このとき，$t=\dfrac{u_1{}^2}{u_1{}^2-u_1u_2}>0$ $(\because\quad u_1{}^2>0,\ u_2{}^2>0,\ u_1u_2<0)$

また，$t=1+\dfrac{u_2}{u_1-u_2}=1+\dfrac{u_1u_2}{u_1{}^2-u_1u_2}<1$

よって，$0<t<1$

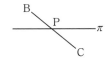

すなわち，点 P は線分 BC の内分点．

ゆえに，点 B と点 C は $\pi$ に関して反対側にある．（証明終）

# 135 折れ線の長さの最小値

座標空間内の5点

O(0, 0, 0), A(1, 1, 0), B(2, 1, 2), P(4, 0, −1), Q(4, 0, 5)

を考える. 3点 O, A, B を通る平面を $\alpha$ とし, $\vec{a}=\overrightarrow{OA}$, $\vec{b}=\overrightarrow{OB}$ とおく.

以下の問いに答えよ.

(1) ベクトル $\vec{a}$, $\vec{b}$ の両方に垂直であり, $x$ 成分が正であるような, 大きさが1ベクトル $\vec{n}$ を求めよ.

(2) 平面 $\alpha$ に関して点 P と対称な点 P′ の座標を求めよ.

(3) 点 R が平面 $\alpha$ 上を動くとき, $|\overrightarrow{PR}|+|\overrightarrow{RQ}|$ が最小となるような点 R の座標を求めよ.

(1) ベクトルは, 文字 (未知数) を使って表すとき, 終点に注目して

(I) 終点が直線上なら文字1つ (Ⅲ・C **129** (1)別解など)

(Ⅱ) 終点が平面上なら文字2つ (Ⅲ・C **130** など)

(Ⅲ) 終点が空間上なら文字3つ

で表すことができます.

(2) 「平面 $\alpha$ に関して対称」とは, 「線分 PP′ の中点が平面 $\alpha$ 上にあり, PP′⊥(平面 $\alpha$) となる」ことです.

(3) 折れ線の長さは, 平面のときと同じように真っすぐな線分を考えます.

---

## 解答

(1) $\vec{n}=(s, t, u)$ とおくと

$\vec{n}\perp\vec{a}$ より $\vec{n}\cdot\vec{a}=0$ から $s+t=0$ ……①

$\vec{n}\perp\vec{b}$ より $\vec{n}\cdot\vec{b}=0$ から $2s+t+2u=0$ ……②

①より, $t=-s$ これを②に代入して, $s=-2u$

したがって, $\vec{n}=(-2u, 2u, u)$ とおけるので, $|\vec{n}|=1$ より,

$\sqrt{(-2u)^2+(2u)^2+u^2}=3|u|=1$ よって, $u=\pm\dfrac{1}{3}$

$\vec{n}$ の $x$ 座標が正より $u=-\dfrac{1}{3}$ だから, $\vec{n}=\left(\dfrac{2}{3}, -\dfrac{2}{3}, -\dfrac{1}{3}\right)$

◀空間上の法線ベクトルは, 終点がわからないので, 3文字を使って置く

(2)　P から平面 $\alpha$ に垂線 PH を下ろすと，実数 $k$ を用いて

$$\overrightarrow{\mathrm{PH}}=k\cdot 3\vec{n}=(2k,\ -2k,\ -k)$$

と表せるので

$$\overrightarrow{\mathrm{OH}}=\overrightarrow{\mathrm{OP}}+\overrightarrow{\mathrm{PH}}$$

$$=(4,\ 0,\ -1)+(2k,\ -2k,\ -k)$$

$$=(4+2k,\ -2k,\ -1-k)$$

◀ $\vec{n}=\left(\dfrac{2}{3},\ -\dfrac{2}{3},\ -\dfrac{1}{3}\right)$ は分数で扱いづらいので，$3\vec{n}=(2,\ -2,\ -1)$ と整数にしている

PH⊥（平面 $\alpha$）より，$\vec{n}\perp\overrightarrow{\mathrm{OH}}$ だから

$$3\vec{n}\cdot\overrightarrow{\mathrm{OH}}=0$$

$$2(4+2k)-2(-2k)-(-1-k)=0$$

$$9k+9=0 \qquad k=-1$$

よって，$\overrightarrow{\mathrm{PH}}=(-2,\ 2,\ 1)$ より

$$\overrightarrow{\mathrm{OP'}}=\overrightarrow{\mathrm{OP}}+2\overrightarrow{\mathrm{PH}}=(4,\ 0,\ -1)+(-4,\ 4,\ 2)=(0,\ 4,\ 1)$$

だから，P′ の座標は **(0, 4, 1)**

(3)　直線 PQ と平面 $\alpha$ の交点を S とおくと，実数 $l$ を用いて

$$\overrightarrow{\mathrm{OS}}=\overrightarrow{\mathrm{OP}}+l\overrightarrow{\mathrm{PQ}}=(4,\ 0,\ -1)+l(0,\ 0,\ 6)=(4,\ 0,\ -1+6l)$$

$\vec{n}\perp\overrightarrow{\mathrm{OS}}$ だから　$3\vec{n}\cdot\overrightarrow{\mathrm{OS}}=0$　$2\times4-2\times0-(-1+6l)=0$

$l=\dfrac{3}{2}$ より，$\overrightarrow{\mathrm{PS}}=\dfrac{3}{2}\overrightarrow{\mathrm{PQ}}$ だから，点 P と点 Q ◀

は平面 $\alpha$ に対し同じ側にある．

よって，(2)より，$|\overrightarrow{\mathrm{PR}}|=|\overrightarrow{\mathrm{P'R}}|$ だから

$$|\overrightarrow{\mathrm{PR}}|+|\overrightarrow{\mathrm{RQ}}|=|\overrightarrow{\mathrm{P'R}}|+|\overrightarrow{\mathrm{RQ}}|\geqq|\overrightarrow{\mathrm{P'Q}}|$$

等号成立は，3 点 P′, R, Q が一直線上に並

ぶときだから，$\overrightarrow{\mathrm{P'Q}}=(4,\ -4,\ 4)$ より

$$\overrightarrow{\mathrm{OR}}=\overrightarrow{\mathrm{OP'}}+m\overrightarrow{\mathrm{P'Q}} \quad (m：実数)$$

$$=(0,\ 4,\ 1)+m(4,\ -4,\ 4)$$

$$=(4m,\ 4-4m,\ 1+4m)$$

と表され，$\vec{n}\perp\overrightarrow{\mathrm{OR}}$ だから　$3\vec{n}\cdot\overrightarrow{\mathrm{OR}}=0$

$$2\times4m-2(4-4m)-(1+4m)=0$$

$12m-9=0$ より，$m=\dfrac{3}{4}$ だから

$$\overrightarrow{\mathrm{OR}}=(3,\ 1,\ 4) \qquad よって，R の座標は \textbf{(3, 1, 4)}$$

第7章

# 136 外サイクロイド・曲線の長さ

$xy$ 平面で原点を中心とする半径 2 の円を $A$, 点 $(3, 0)$ を中心とする半径 1 の円を $B$ とする. $B$ が $A$ の周上を反時計回りに滑らずに転がって, もとの位置に戻るとき, 初めに $(2, 0)$ にあった $B$ 上の点 P の描く曲線を $C$ とする.

(1) $x$ 軸正方向と 2 円の接点と O を結ぶ線分のなす角が $\theta$ $(0 \leq \theta \leq 2\pi)$ となったときの点 P の座標 $(x, y)$ を $\theta$ を用いて表せ.

(2) 曲線 $C$ の長さを求めよ.

**精 講**

サイクロイドは,

**円がある規則にしたがって回転するときの円上の定点が描く軌跡の総称** ……(＊)

ですが, 高校数学では, 円が直線上を滑らずに回転するときの円上の定点が描く軌跡のことをサイクロイドと呼ぶことが多いので, ここでは(＊)を**サイクロイド系**, この問題のように円に外接する円を回転させるものを**外サイクロイド**と呼ぶこととします.

(1) サイクロイド系は, **回転する円の中心を経由させ, ベクトルを使って媒介変数表示をすること**が目標となります.

今回であれば, 下で設定する点 B′ に対して, $|\overrightarrow{\mathrm{B'P}}| = 1$, $|\overrightarrow{\mathrm{OB'}}| = 3$ といった一定の値や, なす角 $\theta$ を使います.

(2) 曲線の長さを $L$ として $(\theta_1 \leq \theta \leq \theta_2$ のとき$)$,

$$L = \int_{\theta_1}^{\theta_2} \sqrt{\left(\frac{dx}{d\theta}\right)^2 + \left(\frac{dy}{d\theta}\right)^2}\, d\theta \text{ を用いて求めます } (\Leftarrow \boxed{124}).$$

**解 答**

(1) 点 D$(2, 0)$ とし, 円 $B$ の中心を B′, 2 円 $A$, $B$ の接点を T とすると, $\overgroup{\mathrm{TD}} = \overgroup{\mathrm{TP}}$ より, $\angle \mathrm{TOD} = \theta$ のとき, $2\theta = 1 \times (\angle \mathrm{TB'P})$ から $\angle \mathrm{TB'P} = 2\theta$ となる. ここで

$$\overrightarrow{\mathrm{OB'}} = 3(\cos\theta,\ \sin\theta)$$
$$= (3\cos\theta,\ 3\sin\theta)$$

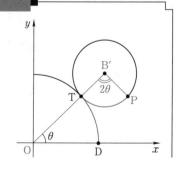

$$\overrightarrow{B'P}=(\cos(\theta+\pi+2\theta),\ \sin(\theta+\pi+2\theta))$$ ◀

$$=(\cos(\pi+3\theta),\ \sin(\pi+3\theta))$$

$$=(-\cos3\theta,\ -\sin3\theta)$$

より

$$\overrightarrow{OP}=\overrightarrow{OB'}+\overrightarrow{B'P}$$

$$=(3\cos\theta,\ 3\sin\theta)+(-\cos3\theta,\ -\sin3\theta)$$

$$=(3\cos\theta-\cos3\theta,\ 3\sin\theta-\sin3\theta)$$

よって，P の座標は

$$(x,\ y)=(3\cos\theta-\cos3\theta,\ 3\sin\theta-\sin3\theta)$$

ベクトルは平行移動が自由なので，B′ が原点となるように平行移動している

(2) $\begin{cases} x=3\cos\theta-\cos3\theta \\ y=3\sin\theta-\sin3\theta \end{cases}\quad(0\leqq\theta\leqq2\pi)$

より

$$\begin{cases} \dfrac{dx}{d\theta}=-3\sin\theta+3\sin3\theta \\[2mm] \dfrac{dy}{d\theta}=3\cos\theta-3\cos3\theta \end{cases}$$

$$\sqrt{\left(\frac{dx}{d\theta}\right)^2+\left(\frac{dy}{d\theta}\right)^2}=\sqrt{(-3\sin\theta+3\sin3\theta)^2+(3\cos\theta-3\cos3\theta)^2}$$

$$=\sqrt{9(\sin^2\theta-2\sin\theta\sin3\theta+\sin^23\theta)+9(\cos^2\theta-2\cos\theta\cos3\theta+\cos^23\theta)}$$

$$=\sqrt{9\{2-2(\cos3\theta\cos\theta+\sin3\theta\sin\theta)\}}$$

$$=3\sqrt{2-2\cos2\theta}$$ ◀ $\cos(3\theta-\theta)$

$\qquad\qquad\qquad\qquad\qquad=\cos3\theta\cos\theta+\sin3\theta\sin\theta$

$$=3\sqrt{2-2\times(1-2\sin^2\theta)}$$

$$=3\sqrt{4\sin^2\theta}$$

$$=6|\sin\theta|$$ ◀ $\sqrt{\sin^2\theta}=|\sin\theta|$

よって，求める長さを $L$ とおくと

$$L=\int_0^{2\pi}\sqrt{\left(\frac{dx}{d\theta}\right)^2+\left(\frac{dy}{d\theta}\right)^2}\,d\theta$$

$$=\int_0^{2\pi}6|\sin\theta|\,d\theta$$

$$=6\left(\int_0^{\pi}\sin\theta\,d\theta+\int_{\pi}^{2\pi}(-\sin\theta)\,d\theta\right)$$

$$=12\int_0^{\pi}\sin\theta\,d\theta$$

$$=12\Big[-\cos\theta\Big]_0^{\pi}=24$$

ゆえに，求める長さは **24**

第7章

# 演 習 問 題 の 解 答

## 1

(1) $\dfrac{x^2}{2^2}+y^2=1$ だから，**焦点は $(\pm\sqrt{3}\,,\ 0)$**

**長軸の長さは 4，短軸の長さは 2**

(2) $C$ と $l$ を連立すると，

$$x^2+(2k-x)^2=4$$

$$\therefore\quad x^2-2kx+2k^2-2=0\quad\cdots\cdots①$$

①は，重解をもつので，

$$k^2-(2k^2-2)=0\quad\therefore\quad k^2=2$$

$k>0$ だから，$k=\sqrt{2}$

このとき，接点の $x$ 座標は①の重解，すなわち $k$

よって，接点は $\left(\sqrt{2}\,,\ \dfrac{\sqrt{2}}{2}\right)$

## 2

(1) 直線の式とだ円の式を連立すると

$$x^2-2kx+2k^2-2=0\quad\cdots\cdots①$$

①は，異なる 2 つの実数解をもつので，

$$k^2-(2k^2-2)>0$$

$$\therefore\quad k^2-2<0$$

よって，$-\sqrt{2}<k<\sqrt{2}$

(2) ①の実数解を $\alpha$，$\beta$ とし，M$(x,\ y)$ とおくと

$$x=\dfrac{\alpha+\beta}{2}=k,\ y=-\dfrac{1}{2}x+k$$

$k$ を消去して，$y=\dfrac{1}{2}x$

また，(1)より $-\sqrt{2}<x<\sqrt{2}$

よって，求める軌跡の方程式は，

$$y=\dfrac{1}{2}x\quad(-\sqrt{2}<x<\sqrt{2})$$

## 3

P$(a,\ b)$ とおくと，Q$(a,\ 2a)$，R$(a,\ -2a)$

$$\therefore\quad \text{PQ}\cdot\text{PR}=|2a-b\|2a+b|$$

$$=|4a^2-b^2|$$

ここで，$\dfrac{a^2}{7}-\dfrac{b^2}{28}=1$ より

$$4a^2-b^2=28$$
よって，PQ・PR＝**28**

**4**

(1) P から直線 $y=\dfrac{4}{\sqrt{5}}$ におろした垂線の足を H とすると，

$$PH^2=\left|y-\frac{4}{\sqrt{5}}\right|^2$$

また，$PF^2=x^2+(y-\sqrt{5})^2$

$PF=\dfrac{\sqrt{5}}{2}PH$ より 　　$4PF^2=5PH^2$

$\therefore\ 5\left(y-\dfrac{4}{\sqrt{5}}\right)^2=4\{x^2+(y-\sqrt{5})^2\}$

$\quad 5y^2-8\sqrt{5}\,y+16=4x^2+4y^2-8\sqrt{5}\,y+20$

$\therefore\ 4x^2-y^2=-4$

よって，P の軌跡は双曲線．

(2) P($p$, $q$) における接線は

$$4px-qy=-4 \qquad \cdots\cdots①$$

また，漸近線は，$y=2x$ 　$\cdots\cdots②$

と 　$y=-2x$ 　　　$\cdots\cdots③$

①，②の交点の $x$ 座標は

$4px-q\cdot2x=-4$ より 　$x=\dfrac{-2}{2p-q}$

①，③の交点の $x$ 座標は

$4px-q\cdot(-2x)=-4$ より 　$x=\dfrac{-2}{2p+q}$

$\dfrac{-2}{2p-q}+\dfrac{-2}{2p+q}=\dfrac{-8p}{4p^2-q^2}=2p$ 　$(4p^2-q^2=-4\ \text{より})$

よって，点 P は線分 QR の中点．

**5**

(1) $4\times\dfrac{1}{4}y=x^2$ だから，$F\left(0,\ \dfrac{1}{4}\right)$, $l:y=-\dfrac{1}{4}$

(2) $y=\dfrac{t^2-\dfrac{1}{4}}{t-0}x+\dfrac{1}{4}$ 　$\therefore\ m:y=\dfrac{4t^2-1}{4t}x+\dfrac{1}{4}$

(3) $x^2=\dfrac{4t^2-1}{4t}x+\dfrac{1}{4}$

分母を払って $4tx^2-(4t^2-1)x-t=0$

Q の $x$ 座標を $s$ とおくと，解と係数の関係より

$$st=-\frac{1}{4} \qquad \therefore\ s=-\frac{1}{4t}$$

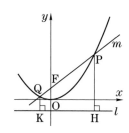

⑷　P, Q から $l$ におろした垂線の足をそれぞれ, H, K とすると, 定義より,

$$PQ=PF+FQ=PH+QK$$
$$=\left(t^2+\frac{1}{4}\right)+\left\{\left(-\frac{1}{4t}\right)^2+\frac{1}{4}\right\}$$
$$=t^2+\frac{1}{16t^2}+\frac{1}{2}$$

⑸　相加平均, 相乗平均の関係より

$$t^2+\frac{1}{16t^2}\geqq2\sqrt{t^2\times\frac{1}{16t^2}}=\frac{1}{2}$$

等号は, $t^2=\frac{1}{16t^2}$, すなわち, $t=\frac{1}{2}$ のとき成立するので,

**PQ の最小値は 1**

**6**

⑴　放物線 $4py=x^2$ の焦点は $(0,\ p)$ だから,　$p=1$
また, 準線は　$y=-1$

⑵　定義より, TF=TH だから, △FTH が正三角形となるとき, F から TH におろした垂線の足は, TH の中点.

よって, $\frac{1}{2}\left\{\frac{t^2}{4}+(-1)\right\}=1$　∴　$t^2=12$

$t>0$ だから, $t=2\sqrt{3}$

このとき, 正三角形の 1 辺の長さは 4 だから,

求める面積は　$\frac{1}{2}\cdot4^2\cdot\sin60°=4\sqrt{3}$

**7**

右図より, $(1,\ 0)$, $(-\sqrt{3},\ -1)$ を極座標で表すと, それぞれ

$$(1,\ 0),\ \left(2,\ \frac{7\pi}{6}\right)$$

また, $2\cos\left(-\frac{\pi}{3}\right)=1$, $2\sin\left(-\frac{\pi}{3}\right)=-\sqrt{3}$

ゆえに, $\left(2,\ -\frac{\pi}{3}\right)$ を直交座標で表すと

$$(1,\ -\sqrt{3})$$

**8**

⑴　余弦定理より

$$AB^2=3+4-2\cdot\sqrt{3}\cdot2\cdot\cos\frac{\pi}{6}=1$$

∴　$AB=1$

$$BC^2=4+8-2\cdot2\cdot2\sqrt{2}\cdot\cos\frac{\pi}{4}=4$$

$$\therefore \quad \mathrm{BC}=2$$

(2) $\angle\mathrm{ABC}=\angle\mathrm{ABO}+\angle\mathrm{OBC}$

$$=\frac{\pi}{3}+\frac{\pi}{2}=\frac{5\pi}{6}$$

$$\therefore \quad \triangle\mathrm{ABC}=\frac{1}{2}\cdot\mathrm{AB}\cdot\mathrm{BC}\cdot\sin\frac{5\pi}{6}=\frac{1}{2}$$

右図より

$$r\cos\left(\theta-\frac{\pi}{4}\right)=2$$

$$\begin{cases} x=r\cos\theta & \cdots\cdots(*) \\ y=r\sin\theta \end{cases} \quad とおくと$$

$$r^2\cos^2\theta=x^2, \quad r^2=x^2+y^2$$

$r^2(7\cos^2\theta+9)=144$ に $(*)$ を代入して

$$7x^2+9(x^2+y^2)=144$$

$$16x^2+9y^2=144$$

$$\therefore \quad \frac{x^2}{9}+\frac{y^2}{16}=1$$

よって，右図のようなだ円．

**11**

(1) 余弦定理より

$$(r+a)^2=r^2+1-2r\cos(\pi-\theta)$$

$\cos(\pi-\theta)=-\cos\theta$ だから $\quad 2r(a-\cos\theta)=1-a^2$

(2) PA が最小のとき $r$ が最小．

すなわち $a-\cos\theta$ が最大．

このとき，$\cos\theta=-1$ だから $\theta=\pi$

$$\therefore \quad r=\frac{1-a^2}{2(1+a)}=\frac{1-a}{2}$$

よって，$\mathrm{P}\left(\dfrac{1-a}{2}, \ \pi\right)$

**12**

(1) 右図より

$$r=\mathrm{PH}=2p+r\cos\theta$$

$$\therefore \quad r(1-\cos\theta)=2p$$

(2) FP$=r$ とおくと，(1)より

$$r(1-\cos\theta)=2p$$
$$\therefore\quad\frac{1}{\mathrm{FP}}=\frac{1}{r}=\frac{1-\cos\theta}{2p}$$

次に，$\mathrm{FQ}=r'$ とおくと

$$r'\{1-\cos(\pi+\theta)\}=2p$$

$\cos(\pi+\theta)=-\cos\theta$ だから　$r'(1+\cos\theta)=2p$

$$\therefore\quad\frac{1}{\mathrm{FQ}}=\frac{1}{r'}=\frac{1+\cos\theta}{2p}$$

よって，$\dfrac{1}{\mathrm{FP}}+\dfrac{1}{\mathrm{FQ}}=\dfrac{1}{p}$　（一定）

### 13

(1) $\displaystyle z=\frac{\sqrt{2}\,(1-i)}{(1+i)(1-i)}=\frac{\sqrt{2}\,(1-i)}{2}=\frac{1-i}{\sqrt{2}}$

$\displaystyle\quad=\frac{1}{\sqrt{2}}+\left(-\frac{1}{\sqrt{2}}\right)i=\cos\frac{7\pi}{4}+i\sin\frac{7\pi}{4}$

(2) $\displaystyle\left|\frac{2z-1}{z}\right|=2,\ \arg\left(\frac{2z-1}{z}\right)=\frac{2\pi}{3}$ より，

$$\frac{2z-1}{z}=2\left(\cos\frac{2\pi}{3}+i\sin\frac{2\pi}{3}\right)\qquad 2-\frac{1}{z}=-1+\sqrt{3}\,i$$

$$\frac{1}{z}=3-\sqrt{3}\,i\qquad z=\frac{1}{3-\sqrt{3}\,i}$$

$$\therefore\quad z=\frac{1}{\sqrt{3}\,(\sqrt{3}-i)}=\frac{\sqrt{3}+i}{\sqrt{3}\,(\sqrt{3}-i)(\sqrt{3}+i)}=\frac{1}{4\sqrt{3}}(\sqrt{3}+i)$$

$$\quad=\frac{1}{2\sqrt{3}}\left(\frac{\sqrt{3}}{2}+\frac{1}{2}i\right)=\frac{1}{2\sqrt{3}}\left(\cos\frac{\pi}{6}+i\sin\frac{\pi}{6}\right)$$

### 14

$|z-\alpha|^2=|1-\bar{\alpha}z|^2$ より　$(z-\alpha)(\bar{z}-\bar{\alpha})=(1-\bar{\alpha}z)(1-\alpha\bar{z})$

展開して　$|z|^2+|\alpha|^2=1+|\alpha|^2|z|^2$　$\therefore\ (1-|\alpha|^2)|z|^2=1-|\alpha|^2$

$|\alpha|^2\neq1$ より　$|z|^2=1$ だから，$|z|=1$

### 15

(1) $\displaystyle\bar{\alpha}=1-i=\sqrt{2}\left\{\frac{1}{\sqrt{2}}+\left(-\frac{1}{\sqrt{2}}\right)i\right\}=\sqrt{2}\left(\cos\frac{7\pi}{4}+i\sin\frac{7\pi}{4}\right)$

よって，$|\bar{\alpha}|=\sqrt{2}$，$\arg\bar{\alpha}=\dfrac{7\pi}{4}$

(2) $\displaystyle\beta=2\left(\frac{\sqrt{3}}{2}+\frac{1}{2}i\right)=2\left(\cos\frac{\pi}{6}+i\sin\frac{\pi}{6}\right)$

よって，$|\beta|=2$，$\arg\beta=\dfrac{\pi}{6}$

$\therefore\quad|\gamma|=\dfrac{|\beta|}{|\bar{\alpha}|}=\dfrac{2}{\sqrt{2}}=\sqrt{2}$

また，$\arg\gamma=\arg\dfrac{\beta}{\overline{\alpha}}=\arg\beta-\arg\overline{\alpha}=\dfrac{\pi}{6}-\dfrac{7\pi}{4}=-\dfrac{19}{12}\pi$

$-\pi\leqq\arg\gamma<\pi$ だから，$\arg\gamma=\dfrac{\mathbf{5\pi}}{\mathbf{12}}$

**16**

$z=(\sqrt{3}+1)+(\sqrt{3}-1)i$ において
$\alpha=\sqrt{3}+1,\ \beta=\sqrt{3}-1$ とおくと，
$z^2=(\alpha+\beta i)^2=\alpha^2-\beta^2+2\alpha\beta i$
$\qquad=(\alpha+\beta)(\alpha-\beta)+2\alpha\beta i$
$\qquad=2\sqrt{3}\cdot2+2\cdot2i$
$\qquad=4\sqrt{3}+4i$
また，$z^2=8\left(\dfrac{\sqrt{3}}{2}+\dfrac{1}{2}i\right)$
$\qquad\quad=8\left(\cos\dfrac{\pi}{6}+i\sin\dfrac{\pi}{6}\right)$ だから
$z^{12}=8^6(\cos\pi+i\sin\pi)$
$\qquad=\mathbf{-2^{18}}$

**17**

(1) $z+\dfrac{1}{z}=2\cos\theta\quad\cdots\cdots①$

より，$z^2-2\cos\theta\cdot z+1=0$

判別式を$D$とすると，$\dfrac{D}{4}=\cos^2\theta-1<0$

$\left(\because\quad 0<\theta<\dfrac{\pi}{2}\ \text{より，}\ 0<\cos\theta<1\right)$

よって，①は虚数解をもつ．

(2) 解と係数の関係より，$|z|^2=z\overline{z}=1\qquad\therefore\ |z|=1$

(3) $z=\cos\theta\pm\sqrt{\cos^2\theta-1}=\cos\theta\pm i\sqrt{1-\cos^2\theta}=\cos\theta\pm i\sin\theta$
$0\leqq\arg z\leqq\pi$ より，$z$ の虚部は 0 以上である．
$\qquad\qquad\qquad\therefore\ z=\cos\theta+i\sin\theta$

(4) $z\overline{z}=1$ より，
$\qquad\therefore\ z^n+\dfrac{1}{z^n}=z^n+(\overline{z})^n=(\cos\theta+i\sin\theta)^n+(\cos\theta-i\sin\theta)^n$
$\qquad\qquad\qquad=(\cos n\theta+i\sin n\theta)+(\cos n\theta-i\sin n\theta)=\mathbf{2\cos n\theta}$

**18**

$|z|^4=\sqrt{8^2\{(-1)^2+(\sqrt{3})^2\}}=16$ より，$|z|=2$
よって，$z=2(\cos\theta+i\sin\theta)\quad(0\leqq\theta<2\pi)$ とおくと
$\qquad\qquad z^4=16(\cos4\theta+i\sin4\theta)=8(-1+\sqrt{3}i)$

$$\therefore \quad \cos 4\theta = -\frac{1}{2}, \ \sin 4\theta = \frac{\sqrt{3}}{2}$$

$0 \le 4\theta < 8\pi$ より, $4\theta = \dfrac{2\pi}{3}, \ \dfrac{8\pi}{3}, \ \dfrac{14\pi}{3}, \ \dfrac{20\pi}{3}$

$$\therefore \quad \theta = \frac{\pi}{6}, \ \frac{2\pi}{3}, \ \frac{7\pi}{6}, \ \frac{5\pi}{3}$$

よって, $z = \sqrt{3} + i, \ -1 + \sqrt{3}\,i, \ -\sqrt{3} - i, \ 1 - \sqrt{3}\,i$

**19**

求める頂点を $z_3$ とすると

(i) 四角形 $Oz_1 z_3 z_2$ が平行四辺形のとき,
$$\overrightarrow{Oz_3} = \overrightarrow{Oz_1} + \overrightarrow{Oz_2} = 3 - i$$

(ii) 四角形 $Oz_1 z_2 z_3$ が平行四辺形のとき,
$$\overrightarrow{Oz_3} = \overrightarrow{z_1 z_2} = \overrightarrow{Oz_2} - \overrightarrow{Oz_1} = -1 - 7i$$

(iii) 四角形 $Oz_3 z_1 z_2$ が平行四辺形のとき,
$$\overrightarrow{Oz_3} = \overrightarrow{z_2 z_1} = \overrightarrow{Oz_1} - \overrightarrow{Oz_2} = 1 + 7i$$

(i), (ii), (iii)より, 求める第4頂点は, $3 - i, \ -1 - 7i, \ 1 + 7i$

| (i) | (ii) | (iii) |
|---|---|---|
|  |  |  |

**20**

(1) $\alpha = \dfrac{2z_1 + z_2}{2 + 1} = \dfrac{(4 + 2i) + (-1 + 2i)}{3} = 1 + \dfrac{4}{3}i$

(2) $\beta = \dfrac{2z_1 - z_2}{2 + (-1)} = (4 + 2i) - (-1 + 2i) = 5$

**21**

$z_1 z_2{}^2 = |(2 + 3i) - (1 + i)|^2 = |1 + 2i|^2 = 1 + 4 = 5$
$z_2 z_3{}^2 = |(6 + i) - (2 + 3i)|^2 = |4 - 2i|^2 = 16 + 4 = 20$
$z_3 z_1{}^2 = |(6 + i) - (1 + i)|^2 = |5|^2 = 25$
$z_1 z_2{}^2 + z_2 z_3{}^2 = z_3 z_1{}^2$ だから,
$\triangle z_1 z_2 z_3$ は $z_3 z_1$ を斜辺とする直角三角形.

**22**

(1) $i = \cos\dfrac{\pi}{2} + i \sin\dfrac{\pi}{2}$ より, $iz$ は, $z$ を原点まわりに $\dfrac{\pi}{2}$ 回転させた点である.

(2) $\dfrac{\sqrt{2}}{1-i}=\dfrac{\sqrt{2}\,(1+i)}{(1-i)(1+i)}=\dfrac{1}{\sqrt{2}}+\dfrac{1}{\sqrt{2}}i=\cos\dfrac{\pi}{4}+i\sin\dfrac{\pi}{4}$ より

$z$ を原点まわりに $\dfrac{\pi}{4}$ 回転させた点である.

**23**

$\alpha=iz+z=(i+1)+(1-i)=2$

$\beta=i(z+z)=i(2-2i)=2+2i$

**24**

$z_1-z_2=-\dfrac{1}{2}-\dfrac{\sqrt{3}}{2}i$

$\therefore\ \arg(z_1-z_2)=\dfrac{4\pi}{3}$

$z_3-z_2=-\dfrac{\sqrt{3}}{2}-\dfrac{1}{2}i$ $\qquad\therefore\ \arg(z_3-z_2)=\dfrac{7\pi}{6}$

よって, $\arg\dfrac{z_3-z_2}{z_1-z_2}=\arg(z_3-z_2)-\arg(z_1-z_2)=-\dfrac{\pi}{6}$

$\therefore\ \angle P_1P_2P_3=\dfrac{\pi}{6}$

**25**

$z-(1+2i)=\left(\cos\dfrac{\pi}{4}+i\sin\dfrac{\pi}{4}\right)\{0-(1+2i)\}$

$\therefore\ z=(1+2i)\left\{1-\dfrac{1}{\sqrt{2}}(1+i)\right\}$

$\qquad=1+2i-\dfrac{\sqrt{2}}{2}(1+i+2i+2i^2)=\dfrac{2+\sqrt{2}+(4-3\sqrt{2})i}{2}$

**26**

(1) C から線分 AB におろした垂線の足を H とすると,

$\angle ACH=\dfrac{\pi}{3}$ より,

$\qquad AC:AH=2:\sqrt{3}$

$\qquad\therefore\ AC=\dfrac{2}{\sqrt{3}}AH=\dfrac{2}{\sqrt{3}}\cdot\dfrac{AB}{2}$

$$= \frac{2}{\sqrt{3}} \times \frac{\sqrt{10}}{2} = \frac{\sqrt{30}}{3}$$

(2) (1)より，$z_3$ は $z_2$ を $z_1$ のまわりに $\pm\dfrac{\pi}{6}$ 回転し，$\dfrac{1}{\sqrt{3}}$ 倍したものであるから

$$z_3 - z_1 = \frac{1}{\sqrt{3}}(z_2 - z_1)\left\{\cos\left(\pm\frac{\pi}{6}\right) + i\sin\left(\pm\frac{\pi}{6}\right)\right\}$$

$$= \frac{1}{\sqrt{3}}(-3+i)\left(\frac{\sqrt{3}}{2} \pm \frac{1}{2}i\right)$$

$$\therefore \quad z_3 = \frac{1}{2\sqrt{3}}\{(\sqrt{3}-1)+(3\sqrt{3}-3)i\},$$

$$\frac{1}{2\sqrt{3}}\{(\sqrt{3}+1)+(3\sqrt{3}+3)i\}$$

**27**

$w = \dfrac{z}{z+1}$ とおくと，

$$\mathrm{Im}\,w = \frac{1}{2i}(w - \overline{w}) = \frac{z - \overline{z}}{2i(z+1)(\overline{z}+1)} = 0$$

$$\therefore \quad z - \overline{z} = 0$$

よって，$\mathrm{Im}\,z = \dfrac{1}{2i}(z - \overline{z}) = 0$ となり，$z$ は実数である．

**28**

$z = (2-3t)+(1+2t)i = (2+i)+(-3+2i)t$ より

$z$ は，点 $2+i$ を通り，傾き $-3+2i$ 方向の直線をえがく．

**29**

(1) $|z_1 - 4| = 1$ より，$z_1$ は 4 を中心とし，半径 1 の円周上を動き，$|z_2| = 1$ より，$z_2$ は O を中心とし，半径 1 の円周上を動く．よって，右図のようになる．

(2) $|z_1 - z_2|$ は $z_1$ と $z_2$ の距離を表すので，
 $z_1 = 3$，$z_2 = 1$ のとき最小となり，最小値 2
 $z_1 = 5$，$z_2 = -1$ のとき最大となり，最大値 6
$$\therefore \quad 2 \leq |z_1 - z_2| \leq 6$$

**30**

$\left|\dfrac{z-i}{z-1}\right| = 2$ より $|z-i| = 2|z-1|$ だから，

$z$ は，2 点 $i$，1 からの距離の比が，$2:1$ である点．よって，

$i$，1 を $2:1$ に内分する点 $\dfrac{2}{3} + \dfrac{1}{3}i$ と外分する点 $2-i$ を直径

の両端とする円をえがく.

$w=(1-i)z$ より $\dfrac{w}{1-i}=z$ だから, $\dfrac{w}{1-i}-1=z-1$

$|z-1|=1$ に代入して

$$\left|\dfrac{w}{1-i}-1\right|=1$$

$$\left|\dfrac{w-(1-i)}{1-i}\right|=1$$

$$\dfrac{|w-(1-i)|}{\sqrt{2}}=1$$

$$\therefore\ |w-(1-i)|=\sqrt{2}$$

よって, $w$ は点 $1-i$ を中心とし, 半径 $\sqrt{2}$ の円をえがく.

**32**

(1) $z=x+yi$ ($x$, $y$ は実数) とおくと

$$\begin{cases} 2|z-2|=2|(x-2)+yi|=2\sqrt{(x-2)^2+y^2} \\ |z-5|=|(x-5)+yi|=\sqrt{(x-5)^2+y^2} \\ |z+1|=|(x+1)+yi|=\sqrt{(x+1)^2+y^2} \end{cases}$$

よって, 与えられた不等式は

$$4(x-2)^2+4y^2\leqq(x-5)^2+y^2\leqq(x+1)^2+y^2$$

すなわち, $\begin{cases} (x-1)^2+y^2\leqq4 \\ x\geqq2 \end{cases}$

ゆえに, $D$ は右図の斜線部で, 境界も含む.

(2) $S=\dfrac{4}{3}\pi-\dfrac{1}{2}\cdot2\cdot2\cdot\sin\dfrac{2}{3}\pi=\dfrac{4}{3}\pi-\sqrt{3}$

(3) 図より, $-\dfrac{\sqrt{3}}{2}\leqq\tan\theta\leqq\dfrac{\sqrt{3}}{2}$

**33**

(1) $z=x+yi$ ($x$, $y$ は実数) とおくと

$|z-1|\leqq1$ より $|(x-1)+yi|\leqq1$

$$\therefore\ (x-1)^2+y^2\leqq1$$

また, $(1-2i)z+(1+2i)\bar{z}\leqq6$ より

$$(1-2i)(x+yi)+(1+2i)(x-yi)\leqq6$$

$$\therefore\ x+2y\leqq3$$

よって, $D$ は右図の斜線部で, 境界も含む.

(2) P($z$), A($i$) とおくと, $|z-i|$ は線分 AP の長さを表すので

$$z=1+\dfrac{-1+i}{\sqrt{2}}=1-\dfrac{1}{\sqrt{2}}+\dfrac{1}{\sqrt{2}}i$$ のとき, **最小値** $\sqrt{2}-1$ をとり,

$z=1+\dfrac{1}{\sqrt{2}}-\dfrac{1}{\sqrt{2}}i$ のとき，**最大値** $\sqrt{2}+1$ **をとる.**

**34**

$w=\dfrac{1+iz}{1+z}$ より $w-i=\dfrac{1-i}{1+z}$，すなわち $z=-1+\dfrac{1-i}{w-i}$

これを，$|z|=1$ に代入して $\left|\dfrac{1-i}{w-i}-1\right|=1$

∴ $|1-w|=|w-i|$，すなわち $|w-1|=|w-i|$

よって，$w$ は **2 点 1, $i$ を結ぶ線分の垂直二等分線をえがく.**

**35**

$|z|\leqq 1$ ……①, $(1-i)z+(1+i)\bar{z}\leqq 2$ ……②

$w=\dfrac{2i}{z+1}$ より $z=-1+\dfrac{2i}{w}$

これを①に代入すると，

$$\left|-1+\frac{2i}{w}\right|\leqq 1 \text{ すなわち } \left|\frac{-w+2i}{w}\right|\leqq 1$$

よって，$|w-2i|\leqq|w|$ より，$w$ は **2 点 $2i$, O を結ぶ線分の垂直二等分線で分けられる 2 つの部分のうち $2i$ を含む部分を動く.**

また，②に代入すると，$w\neq 0$ だから

$$(1-i)\left(-1+\frac{2i}{w}\right)+(1+i)\left(-1-\frac{2i}{\bar{w}}\right)\leqq 2$$

$$-2+\frac{2+2i}{w}+\frac{2-2i}{\bar{w}}\leqq 2$$

$$2w\bar{w}-(1-i)w-(1+i)\bar{w}\geqq 0$$

$$\left(w-\frac{1+i}{2}\right)\left(\bar{w}-\frac{1-i}{2}\right)\geqq\frac{1+i}{2}\cdot\frac{1-i}{2}$$

$$\therefore \left(w-\frac{1+i}{2}\right)\overline{\left(w-\frac{1+i}{2}\right)}\geqq\frac{1}{2}$$

ゆえに，$\left|w-\dfrac{1+i}{2}\right|\geqq\dfrac{1}{\sqrt{2}}$ より，**中心** $\dfrac{1+i}{2}$，**半径** $\dfrac{1}{\sqrt{2}}$ **の円の周または外部を動く.**

**ただし，原点 O は除く.** よって，求める領域は，**右上図の斜線部分. ただし境界は含む.**

**36**

$w$ は実数より，$w=\bar{w}\iff\dfrac{(1+i)(z-1)}{z}=\dfrac{(1-i)(\bar{z}-1)}{\bar{z}}$

$z\neq 0$ だから

$$-2iz\bar{z}-(1-i)z+(1+i)\bar{z}=0$$

$$z\bar{z}-\frac{1+i}{2}z-\frac{1-i}{2}\bar{z}=0$$

$$\left(z-\frac{1-i}{2}\right)\left(\overline{z}-\frac{1+i}{2}\right)=\frac{1-i}{2}\cdot\frac{1+i}{2}$$
$$\left(z-\frac{1-i}{2}\right)\overline{\left(z-\frac{1-i}{2}\right)}=\frac{1}{2}$$
$$\therefore\quad\left|z-\frac{1-i}{2}\right|=\frac{1}{\sqrt{2}}$$

よって，$z$ は点 $\dfrac{1-i}{2}$ を中心とし，半径 $\dfrac{1}{\sqrt{2}}$ の円をえがく．ただし，**点Oは除く**．

**37**

(1) 漸近線は $x=1$，$y=0$ だからグラフは下の〈図Ⅰ〉．

(2) $y=-|x|+k$ ……① のグラフは，$y=-|x|$ のグラフを $y$ 軸方向に $k$ だけ平行移動したものだから下の〈図Ⅱ〉．

ここで，$y=-|x|+k=\begin{cases}-x+k & (x\geqq0)\\ x+k & (x\leqq0)\end{cases}$ において，$y=x+k$ のグラフは

$y=\dfrac{1}{x-1}$ のグラフと接することはないので $y=-x+k$ のグラフが $y=\dfrac{1}{x-1}$ のグラフと接する条件を考える．この条件は2式を連立した2次方程式
$x^2-(k+1)x+k+1=0$ が重解をもつことだから，
$(k+1)^2-4(k+1)=0$　　$(k+1)(k-3)=0$　　$\therefore$　$k=-1$，$3$
よって求める $k$ の値の範囲は，〈図Ⅲ〉より　$k\geqq3$

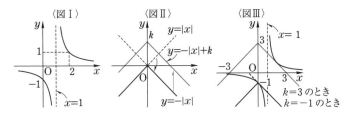

〈図Ⅰ〉　〈図Ⅱ〉　〈図Ⅲ〉

**38**

$y=\sqrt{2-x}=\sqrt{-(x-2)}$ より，このグラフは $y=\sqrt{-x}$ を $x$ 軸方向に2だけ平行移動したもの．よって，2曲線のグラフは右図．

長方形の頂点を A，B，C，D とおくとき，長方形 ABCD の面積が最大となるのはCが $y=\sqrt{2-x}$ 上，Dが $y=\sqrt{x}$ 上にあるとき．

したがって，このときの長方形の面積の最大値を求めればよい．

2曲線の交点Pから $x$ 軸におろした垂線の足をEとするとEの $x$ 座標は
$$\sqrt{x}=\sqrt{2-x}\quad より\quad x=1$$
次に，$AE=a$ $(0<a<1)$ とおくと，　$AD=\sqrt{1-a}$

よって，$S=\mathrm{AB}\cdot\mathrm{AD}=2a\sqrt{1-a}$ である.

$S>0$ なので $S^2$ が最大になるとき $S$ も最大であるから
$S^2=4a^2(1-a)=4a^2-4a^3=f(a)$ を考える.

$$f'(a)=8a-12a^2=4a(2-3a)$$

$f'(a)=0$ を解くと $a=\dfrac{2}{3}$

よって，増減は右表のようになり，

$a=\dfrac{2}{3}$ のとき $f(a)$ は最大.

| $a$ | 0 | $\cdots$ | $\dfrac{2}{3}$ | $\cdots$ | 1 |
|---|---|---|---|---|---|
| $f'(a)$ | | $+$ | 0 | $-$ | |
| $f(a)$ | | ↗ | 最大 | ↘ | |

このとき，**$S$ の最大値は** $2\cdot\dfrac{2}{3}\sqrt{1-\dfrac{2}{3}}=\dfrac{4\sqrt{3}}{9}$

**39**

$f(g(x))=f(x^2)=a^{x^2+b}$,
$g(f(x))=g(a^{x+b})=(a^{x+b})^2=a^{2x+2b}$ より $f(g(x))=g(f(x))$ は $a^{x^2+b}=a^{2x+2b}$
したがって，$x^2+b=2x+2b$ すなわち，$x^2-2x-b=0$ ……①
①がただ1つの実数解をもつための条件は （判別式）$=0$ だから
$$1+b=0 \qquad \therefore \quad b=-1$$

**40**

(1) 条件式より $f\left(\dfrac{4}{3}\right)=0$, $f(2)=2$, $f(3)=10$ だから

$$\dfrac{16}{9}a+\dfrac{4}{3}b+c=0 \qquad ……①$$
$$4a+2b+c=2 \qquad ……②$$
$$9a+3b+c=10 \qquad ……③$$

①，②，③を連立して解くと $a=3$, $b=-7$, $c=4$

(2) $y=f(x)$ と $y=f^{-1}(x)$ のグラフが1点で接しているとき，$y=f(x)$ と $y=x$ は1点で接している（⇨**ポイント**）.

$f(x)=3x^2-7x+c$ と $y=x$ を連立させて
$$3x^2-7x+c=x \text{ すなわち，} 3x^2-8x+c=0$$

（判別式）$=0$ より $16-3c=0$ $\therefore$ $c=\dfrac{16}{3}$

**41**

(1) $\displaystyle\lim_{n\to\infty}n\left(\dfrac{2}{n}+\dfrac{1}{n+1}\right)=\lim_{n\to\infty}\left(2+\dfrac{n}{n+1}\right)=\lim_{n\to\infty}\left(2+\dfrac{1}{1+\dfrac{1}{n}}\right)=3$

(2) $\displaystyle\sum_{k=1}^{n}k^3=\left\{\dfrac{1}{2}n(n+1)\right\}^2$ だから

$$\lim_{n\to\infty}\dfrac{1^3+2^3+\cdots+n^3}{n^4}=\lim_{n\to\infty}\dfrac{1}{n^4}\left\{\dfrac{1}{2}n(n+1)\right\}^2$$

$$=\lim_{n\to\infty}\frac{1}{4}\left(1+\frac{1}{n}\right)^2=\frac{1}{4}$$

(3) $\displaystyle\lim_{n\to\infty}(\sqrt{n+\sqrt{n}}-\sqrt{n-\sqrt{n}}\,)$

$$=\lim_{n\to\infty}\frac{(\sqrt{n+\sqrt{n}}-\sqrt{n-\sqrt{n}}\,)(\sqrt{n+\sqrt{n}}+\sqrt{n-\sqrt{n}}\,)}{\sqrt{n+\sqrt{n}}+\sqrt{n-\sqrt{n}}}$$

$$=\lim_{n\to\infty}\frac{2\sqrt{n}}{\sqrt{n+\sqrt{n}}+\sqrt{n-\sqrt{n}}}=\lim_{n\to\infty}\frac{2}{\sqrt{\dfrac{n+\sqrt{n}}{n}}+\sqrt{\dfrac{n-\sqrt{n}}{n}}}$$

$$=\lim_{n\to\infty}\frac{2}{\sqrt{1+\dfrac{1}{\sqrt{n}}}+\sqrt{1-\dfrac{1}{\sqrt{n}}}}=1$$

**42**

$a_n=\dfrac{r^{2n+1}+1}{r^{2n}+1}=\dfrac{r(r^2)^n+1}{(r^2)^n+1}$ とおく.

(i) $r=1$ のとき, $a_n=1$ $\quad\therefore\quad\displaystyle\lim_{n\to\infty}a_n=1$

(ii) $r=-1$ のとき, $a_n=0$ $\quad\therefore\quad\displaystyle\lim_{n\to\infty}a_n=0$

(iii) $r^2<1$ すなわち $-1<r<1$ のとき,

$\qquad\displaystyle\lim_{n\to\infty}r^{2n}=\lim_{n\to\infty}r^{2n+1}=0$ より $\displaystyle\lim_{n\to\infty}a_n=1$

(iv) $r^2>1$ すなわち $r<-1$, $1<r$ のとき,

$a_n=\dfrac{r+\left(\dfrac{1}{r}\right)^{2n}}{1+\left(\dfrac{1}{r}\right)^{2n}}$ において, $-1<\dfrac{1}{r}<1$ だから

$$\lim_{n\to\infty}\left(\frac{1}{r}\right)^{2n}=0\qquad\therefore\quad\lim_{n\to\infty}a_n=r$$

(i)～(iv)より $\displaystyle\lim_{n\to\infty}a_n=\begin{cases}0 & (r=-1)\\ 1 & (-1<r\leqq1)\\ r & (r<-1,\ 1<r)\end{cases}$ 収束

**43**

(1) 与えられた漸化式の両辺に $-a_{n+1}$ を加えると

$$a_{n+2}-a_{n+1}=\frac{1}{4}(a_{n+1}+3a_n)-a_{n+1}=-\frac{3}{4}(a_{n+1}-a_n)$$

$b_n=a_{n+1}-a_n$ より, $b_{n+1}=a_{n+2}-a_{n+1}$ だから $b_{n+1}=-\dfrac{3}{4}b_n$, $b_1=a_2-a_1=1$

より $\{b_n\}$ は初項 1, 公比 $-\dfrac{3}{4}$ の等比数列である. $\quad\therefore\quad b_n=\left(-\dfrac{3}{4}\right)^{n-1}$

(2) $\{b_n\}$ は $\{a_n\}$ の階差数列だから, $n\geqq2$ のとき,

$$a_n = a_1 + \sum_{k=1}^{n-1} b_k = \sum_{k=1}^{n-1}\left(-\frac{3}{4}\right)^{k-1} = \frac{1 \cdot \left\{1 - \left(-\dfrac{3}{4}\right)^{n-1}\right\}}{1 - \left(-\dfrac{3}{4}\right)}$$

$$= \frac{4}{7}\left\{1 - \left(-\frac{3}{4}\right)^{n-1}\right\}$$

これは $n=1$ のときも成りたつ.

(3)　$\displaystyle\lim_{n\to\infty}\left(-\frac{3}{4}\right)^{n-1} = 0$ より　$\displaystyle\lim_{n\to\infty} a_n = \frac{4}{7}$

**44**

(1)　$n=1$ のとき, （左辺）$=3$, （右辺）$=1$ より成りたつ.

　　$n=2$ のとき, （左辺）$=9$, （右辺）$=4$ より成りたつ.

　　$n=k\ (k\geqq2)$ のとき, $3^k > k^2$ が成りたつと仮定する.

　　両辺に $3$ をかけて, $3^{k+1} > 3k^2$　ここで,

$$3k^2 - (k+1)^2 = 2k^2 - 2k - 1 = 2\left(k - \frac{1}{2}\right)^2 - \frac{3}{2} > 0 \quad (k \geqq 2 \ \text{より})$$

　　$\therefore\ \ 3^{k+1} > 3k^2 > (k+1)^2$　すなわち, $3^{k+1} > (k+1)^2$

　よって, $n=k+1$ のときも成りたつので, すべての自然数 $n$ について, $3^n > n^2$ が成りたつ.

(2)　　$S_n = \dfrac{1}{3} + \dfrac{2}{3^2} + \cdots + \dfrac{n}{3^n}$　　　　　　……①

　　$\dfrac{1}{3}S_n = \phantom{\dfrac{1}{3}} \dfrac{1}{3^2} + \cdots + \dfrac{n-1}{3^n} + \dfrac{n}{3^{n+1}}$　……②

　①－②より

　$\dfrac{2}{3}S_n = \dfrac{1}{3} + \dfrac{1}{3^2} + \cdots + \dfrac{1}{3^n} - \dfrac{n}{3^{n+1}} = \displaystyle\sum_{k=1}^{n} \dfrac{1}{3^k} - \dfrac{n}{3^{n+1}}$

(3)　$\displaystyle\sum_{k=1}^{n}\dfrac{1}{3^k} = \dfrac{\dfrac{1}{3}\left\{1 - \left(\dfrac{1}{3}\right)^n\right\}}{1 - \dfrac{1}{3}} = \dfrac{1}{2}\left\{1 - \left(\dfrac{1}{3}\right)^n\right\}$ より(2)の結果から

$$S_n = \frac{3}{4}\left\{1 - \left(\frac{1}{3}\right)^n\right\} - \frac{n}{2 \cdot 3^n}$$

　(1)より $3^n > n^2$ だから, $0 < \dfrac{n}{3^n} < \dfrac{1}{n}$

　$\displaystyle\lim_{n\to\infty}\dfrac{1}{n} = 0$ より, はさみうちの原理から, $\displaystyle\lim_{n\to\infty}\dfrac{n}{3^n} = 0$

　さらに $\displaystyle\lim_{n\to\infty}\left(\dfrac{1}{3}\right)^n = 0$ より, 　$\displaystyle\lim_{n\to\infty} S_n = \dfrac{3}{4}$

**45**

(1)　$(\sqrt{2} < x_n$ の証明$)$

　(i)　$n=1$ のとき, 条件より, $\sqrt{2} < x_1$ が成りたつ.

(ii) $n=k$ のとき，$\sqrt{2}<x_k$ と仮定すると

$$x_{k+1}-\sqrt{2}=\frac{x_k^2+2}{2x_k}-\sqrt{2}=\frac{(x_k-\sqrt{2})^2}{2x_k}>0$$

$$\therefore\quad \sqrt{2}<x_{k+1}$$

(i), (ii)より，すべての自然数 $n$ で，$\sqrt{2}<x_n$ が成りたつ.

　（$x_{n+1}<x_n$ の証明）

$$x_n-x_{n+1}=x_n-\frac{x_n^2+2}{2x_n}=\frac{x_n^2-2}{2x_n}>0\quad (x_n>\sqrt{2}\ \text{より})$$

　よって，$\quad x_{n+1}<x_n$

　以上のことより $\quad \sqrt{2}<x_{n+1}<x_n$

(2) $x_{n+1}-\sqrt{2}=\dfrac{(x_n-\sqrt{2})^2}{2x_n}=\dfrac{x_n-\sqrt{2}}{2x_n}(x_n-\sqrt{2})$

ここで，$\dfrac{x_n-\sqrt{2}}{2x_n}<\dfrac{x_n}{2x_n}=\dfrac{1}{2}$ だから

$x_n-\sqrt{2}>0$ より $\quad x_{n+1}-\sqrt{2}<\dfrac{1}{2}(x_n-\sqrt{2})$

(3) (2)の不等式をくり返し用いると

$$x_n-\sqrt{2}<\frac{1}{2}(x_{n-1}-\sqrt{2})<\cdots<\left(\frac{1}{2}\right)^{n-1}(x_1-\sqrt{2})$$

$$\therefore\quad 0<x_n-\sqrt{2}<\left(\frac{1}{2}\right)^{n-1}(x_1-\sqrt{2})$$

$\displaystyle\lim_{n\to\infty}\left\{\left(\frac{1}{2}\right)^{n-1}(x_1-\sqrt{2})\right\}=0$ だから，はさみうちの原理より

$$\lim_{n\to\infty}(x_n-\sqrt{2})=0\quad\therefore\quad\lim_{n\to\infty}x_n=\sqrt{2}$$

**46**

　$m$ 項までの部分和を $S_m$ とすると

$$S_m=\sum_{n=1}^{m}\left(\frac{2}{9n^2-1}+\frac{4}{9n^2-4}\right)$$

$$=\sum_{n=1}^{m}\left\{\frac{2}{(3n-1)(3n+1)}+\frac{4}{(3n-2)(3n+2)}\right\}$$

$$=\sum_{n=1}^{m}\left\{\left(\frac{1}{3n-1}-\frac{1}{3n+1}\right)+\left(\frac{1}{3n-2}-\frac{1}{3n+2}\right)\right\}$$

$$=\sum_{n=1}^{m}\left(\frac{1}{3n-1}-\frac{1}{3n+2}\right)+\sum_{n=1}^{m}\left(\frac{1}{3n-2}-\frac{1}{3n+1}\right)$$

$$=\left\{\left(\frac{1}{2}-\frac{1}{5}\right)+\left(\frac{1}{5}-\frac{1}{8}\right)+\cdots+\left(\frac{1}{3m-1}-\frac{1}{3m+2}\right)\right\}$$

$$\qquad+\left\{\left(1-\frac{1}{4}\right)+\left(\frac{1}{4}-\frac{1}{7}\right)+\cdots+\left(\frac{1}{3m-2}-\frac{1}{3m+1}\right)\right\}$$

$$=\left(\frac{1}{2}-\frac{1}{3m+2}\right)+\left(1-\frac{1}{3m+1}\right)=\frac{3}{2}-\frac{1}{3m+1}-\frac{1}{3m+2}$$

$\therefore\quad$（与式）$=\displaystyle\lim_{m\to\infty}S_m=\lim_{m\to\infty}\left(\frac{3}{2}-\frac{1}{3m+1}-\frac{1}{3m+2}\right)=\frac{3}{2}$

**47**

(1) $P_0$, $P_1$ の$x$座標は，それぞれ $a$, $\dfrac{a}{2}$ だから，$A_0$ は右図の斜

線部分の面積を表す．

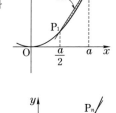

直線 $P_0P_1$ を $y=sx+t$ とおくと，

$$A_0=\int_{\frac{a}{2}}^{a}(sx+t-x^2)\,dx$$

$$=-\int_{\frac{a}{2}}^{a}(x-a)\left(x-\frac{a}{2}\right)dx$$

$$=\frac{1}{6}\left(a-\frac{a}{2}\right)^3=\frac{a^3}{48}$$

(2) (1)と同様に直線 $P_nP_{n+1}$ を $y=s'x+t'$ とおくと，

$$A_n=\int_{\frac{a}{2^{n+1}}}^{\frac{a}{2^n}}(s'x+t'-x^2)\,dx$$

$$=-\int_{\frac{a}{2^{n+1}}}^{\frac{a}{2^n}}\left(x-\frac{a}{2^n}\right)\left(x-\frac{a}{2^{n+1}}\right)dx$$

$$=\frac{1}{6}\left(\frac{a}{2^n}-\frac{a}{2^{n+1}}\right)^3=\frac{1}{6\cdot2^{3n}}\cdot\frac{a^3}{8}=\frac{a^3}{6\cdot8^{n+1}}$$

(3) (1), (2)より，$\displaystyle\sum_{n=0}^{\infty}A_n$ は，初項 $A_0$，公比 $\dfrac{1}{8}$ の無限等比級数を表すので，

$$\sum_{n=0}^{\infty}A_n=\frac{A_0}{1-\dfrac{1}{8}}=\frac{a^3}{42}$$

**48**

(1) $\displaystyle\lim_{x\to1}\frac{\sqrt{x}-1}{x-1}=\lim_{x\to1}\frac{\sqrt{x}-1}{(\sqrt{x}-1)(\sqrt{x}+1)}=\lim_{x\to1}\frac{1}{\sqrt{x}+1}=\frac{1}{2}$

(2) $x=-t$ とすると，$x\to-\infty$ のとき，$t\to\infty$ だから

$$\begin{aligned}(与式)&=\lim_{t\to\infty}(\sqrt{t^2-2t+4}-t+1)\\&=\lim_{t\to\infty}\frac{\{\sqrt{t^2-2t+4}-(t-1)\}\{\sqrt{t^2-2t+4}+(t-1)\}}{\sqrt{t^2-2t+4}+(t-1)}\\&=\lim_{t\to\infty}\frac{3}{\sqrt{t^2-2t+4}+t-1}=0\end{aligned}$$

**49**

(i)より $\displaystyle\lim_{x\to+\infty}\frac{(a-2)x^3+bx^2+cx}{x^2}=\lim_{x\to+\infty}\left\{(a-2)x+b+\frac{c}{x}\right\}$

これが収束するためには $a-2=0$ でなければならない．

$\therefore\ a=2$　　このとき，極限値は $b$　　$\therefore\ b=1$

(ii)より $\displaystyle\lim_{x\to0}\frac{2x^3+x^2+cx}{x}=\lim_{x\to0}(2x^2+x+c)=c$　　$\therefore\ c=-3$

(iii)より $\lim\limits_{x\to-1}(x+1)=0$ だから

$$\lim_{x\to-1}(2x^3+x^2-3x+d)=d+2=0 \quad \therefore \quad d=-2$$

このとき, (分子)$=(x+1)(2x^2-x-2)$ だから $e=1$

**50**

$\lim\limits_{\theta\to\frac{\pi}{3}}\left(\theta-\dfrac{\pi}{3}\right)=0$ より $\lim\limits_{\theta\to\frac{\pi}{3}}f(\theta)=0$

$$f\left(\frac{\pi}{3}\right)=a\left(\frac{1}{2}\right)^3+b\left(\frac{1}{2}\right)^2-12\left(\frac{1}{2}\right)+5=0$$

$$\therefore \quad a=8-2b \quad\cdots\cdots① $$

これを $f(\theta)$ に代入すると

$$f(\theta)=2(4-b)\cos^3\theta+b\cos^2\theta-12\cos\theta+5$$
$$=(2\cos\theta-1)\{(4-b)\cos^2\theta+2\cos\theta-5\}$$

$t=\theta-\dfrac{\pi}{3}$ とおくと, $\theta\to\dfrac{\pi}{3}$ のとき, $t\to0$ であり

$$\frac{2\cos\theta-1}{\theta-\dfrac{\pi}{3}}=\frac{2\cos\left(t+\dfrac{\pi}{3}\right)-1}{t}=-\frac{1-\cos t}{t}-\sqrt{3}\cdot\frac{\sin t}{t}$$

$$=-\frac{1-\cos t}{t^2}\cdot t-\sqrt{3}\cdot\frac{\sin t}{t}\longrightarrow -\sqrt{3}\ (t\to0)$$

よって, $\lim\limits_{\theta\to\frac{\pi}{3}}\dfrac{f(\theta)}{\theta-\dfrac{\pi}{3}}=\sqrt{3}\left(3+\dfrac{b}{4}\right)=3\sqrt{3}$ $\quad\therefore\quad b=0$

①より $\quad a=8$

**51**

(1) (与式)$=\lim\limits_{n\to\infty}\left(\dfrac{1}{1+\dfrac{1}{2n}}\right)^n=\lim\limits_{2n\to\infty}\dfrac{1}{\left\{\left(1+\dfrac{1}{2n}\right)^{2n}\right\}^{\frac{1}{2}}}=\dfrac{1}{\sqrt{e}}$

(2) (与式)$=\lim\limits_{2n\to\infty}\left\{\left(1+\dfrac{1}{2n}\right)^{2n}\right\}^{\frac{3}{2}}=\sqrt{e^3}$

**52**

$y=[x]\ (1\leqq x<3),\ y=[2x]\ (1\leqq x<3)$ のグラフはそれぞれ右図のようになる.

(1) $\lim\limits_{x\to2+0}[x]=2,\ \lim\limits_{x\to2-0}[x]=1$

$\lim\limits_{x\to2+0}[2x]=4,\ \lim\limits_{x\to2-0}[2x]=3$

$\quad\therefore\quad \lim\limits_{x\to2+0}([2x]-[x])=2$

$$\lim_{x \to 2-0}([2x]-[x])=2$$

(2)　(1)より，$\displaystyle \lim_{x \to 2+0}f(x)=\lim_{x \to 2-0}f(x)$

　　よって，$\displaystyle \lim_{x \to 2}f(x)$ は存在する．

(3)　$\displaystyle \lim_{x \to \frac{3}{2}}[x]=1,\ \lim_{x \to \frac{3}{2}+0}[2x]=3,\ \lim_{x \to \frac{3}{2}-0}[2x]=2$

　　よって，$\displaystyle \lim_{x \to \frac{3}{2}+0}([2x]-[x])=2,\ \lim_{x \to \frac{3}{2}-0}([2x]-[x])=1$

　　以上のことより，$\displaystyle \lim_{x \to \frac{3}{2}}f(x)$ は存在しない．

### 53

(1)　$\displaystyle \left|\sin\frac{1}{x}\right| \leqq 1$ だから，$\displaystyle 0 \leqq \left|x\sin\frac{1}{x}\right| \leqq |x|$

　　$\displaystyle \lim_{x \to 0}|x|=0$ だから，はさみうちの原理より，$\displaystyle \lim_{x \to 0}x\sin\frac{1}{x}=0$

(2)　$\displaystyle \lim_{x \to 0}\frac{1}{x}\sin x=\lim_{x \to 0}\frac{\sin x}{x}=1$ だから

$$\lim_{x \to 0}\left(x\sin\frac{1}{x}+\frac{1}{x}\sin x\right)=1$$

　　よって，$a=1$

### 54

$$\lim_{n \to \infty}x^{2n}=\begin{cases} \infty & (x^2>1) \\ 1 & (x^2=1) \quad\text{だから} \\ 0 & (0 \leqq x^2<1) \end{cases}$$

ⅰ）　$x^2>1$，すなわち，$x<-1,\ 1<x$ のとき

$$f(x)=\lim_{n \to \infty}\frac{1-\dfrac{1}{x}+\dfrac{a}{x^{2n-2}}+\dfrac{b}{x^{2n-1}}}{1+\dfrac{1}{x^{2n}}}=1-\frac{1}{x}$$

ⅱ）　$x^2=1$，すなわち，$x=\pm1$ のとき

$$f(1)=\frac{1-1+a+b}{2}=\frac{a+b}{2}$$

$$f(-1)=\frac{1+1+a-b}{2}=\frac{a-b+2}{2}$$

ⅲ）　$0 \leqq x^2<1$，すなわち，$-1<x<1$ のとき

$$f(x)=\lim_{n \to \infty}\frac{x^{2n}-x^{2n-1}+ax^2+bx}{x^{2n}+1}=ax^2+bx$$

　　$x=\pm1$ で連続であればよいので，

$$\begin{cases} \displaystyle\lim_{x \to 1+0}f(x)=\lim_{x \to 1-0}f(x)=f(1) \\ \displaystyle\lim_{x \to -1+0}f(x)=\lim_{x \to -1-0}f(x)=f(-1) \end{cases}$$

$$\therefore \quad \begin{cases} 0 = a + b = \dfrac{a+b}{2} \\ a - b = 2 = \dfrac{a-b+2}{2} \end{cases} \qquad \therefore \quad a = 1, \ b = -1$$

**55**

$z_{n+1} = iz_n + i$ ……① に対して，$\alpha = i\alpha + i$ ……② をみたす $\alpha$ を考える．

①－②より　$z_{n+1} - \alpha = i(z_n - \alpha)$

ここで，$\alpha = \dfrac{i}{1-i} = \dfrac{i(1+i)}{2} = \dfrac{-1+i}{2}$ だから

$$z_n - \alpha = (z_1 - \alpha)i^{n-1}$$

$$\therefore \quad z_n = \alpha + (1 + i - \alpha)i^{n-1} = \dfrac{-1+i}{2} + \dfrac{3+i}{2}i^{n-1}$$

**56**

$z_{n+1} = \dfrac{2+\sqrt{3}\,i}{3}z_n + 1$ ……① に対して，$\alpha = \dfrac{2+\sqrt{3}\,i}{3}\alpha + 1$ ……② をみたす $\alpha$

を考える．

①－②より，$z_{n+1} - \alpha = \dfrac{2+\sqrt{3}\,i}{3}(z_n - \alpha)$

$$\therefore \quad z_n - \alpha = (z_1 - \alpha)\left(\dfrac{2+\sqrt{3}\,i}{3}\right)^{n-1}$$

$$\therefore \quad z_n = \alpha + \left(\dfrac{2+\sqrt{3}\,i}{3}\right)^{n-1}(z_1 - \alpha)$$

ここで，$\left|\dfrac{2+\sqrt{3}\,i}{3}\right| = \sqrt{\dfrac{4}{9} + \dfrac{3}{9}} = \sqrt{\dfrac{7}{9}} < 1$ だから

$$\lim_{n \to \infty}\left(\dfrac{2+\sqrt{3}\,i}{3}\right)^{n-1} = 0$$

よって，$\displaystyle\lim_{n \to \infty} z_n = \alpha$

②より，$\alpha = \dfrac{3}{1-\sqrt{3}\,i} = \dfrac{3}{4}(1+\sqrt{3}\,i)$ だから

$$\lim_{n \to \infty} z_n = \dfrac{3}{4}(1+\sqrt{3}\,i)$$

**57**

$$\dfrac{f(a+h) - f(a-h)}{h} = \dfrac{f(a+h) - f(a) - f(a-h) + f(a)}{h}$$

$$= \dfrac{f(a+h) - f(a)}{h} + \dfrac{f(a+(-h)) - f(a)}{-h}$$

ここで，

$$\lim_{h \to 0}\dfrac{f(a+h) - f(a)}{h} = \lim_{h \to 0}\dfrac{f(a+(-h)) - f(a)}{-h} = f'(a)$$

$$\therefore \quad \lim_{h\to 0}\frac{f(a+h)-f(a-h)}{h}=f'(a)+f'(a)=2f'(a)$$

**58**

(1)　$\begin{aligned}y'&=\lim_{h\to 0}\frac{\sqrt{x+h+1}-\sqrt{x+1}}{h}\\&=\lim_{h\to 0}\frac{(\sqrt{x+h+1}-\sqrt{x+1})(\sqrt{x+h+1}+\sqrt{x+1})}{h(\sqrt{x+h+1}+\sqrt{x+1})}\\&=\lim_{h\to 0}\frac{1}{\sqrt{x+h+1}+\sqrt{x+1}}=\frac{1}{2\sqrt{x+1}}\end{aligned}$

(2)　$\dfrac{x+2}{x+1}=1+\dfrac{1}{x+1}$ だから，

$\begin{aligned}y'&=\lim_{h\to 0}\frac{\left(1+\dfrac{1}{x+h+1}\right)-\left(1+\dfrac{1}{x+1}\right)}{h}\\&=\lim_{h\to 0}\frac{1}{h}\left(\frac{1}{x+h+1}-\frac{1}{x+1}\right)\\&=\lim_{h\to 0}\frac{-h}{h(x+h+1)(x+1)}\\&=\lim_{h\to 0}\frac{-1}{(x+h+1)(x+1)}=-\frac{1}{(x+1)^2}\end{aligned}$

**59**

まず，$f(0)=0$

次に，$\displaystyle\lim_{h\to +0}\frac{f(h)-f(0)}{h}=\lim_{h\to +0}\frac{h\sin h}{h}=\lim_{h\to +0}\sin h=0$

また，$\displaystyle\lim_{h\to -0}\frac{f(h)-f(0)}{h}=\lim_{h\to -0}\frac{-h\sin h}{h}=-\lim_{h\to -0}\sin h=0$

左側極限と右側極限が一致するので

$f(x)$ は $x=0$ で微分可能.

**60**

(1)　$\begin{aligned}y'&=(x+1)(x+3)+(x-1)(x+3)+(x-1)(x+1)\\&=x^2+4x+3+x^2+2x-3+x^2-1\\&=3x^2+6x-1\end{aligned}$

(2)　$y=x+1+\dfrac{2}{x-1}$ より

$y'=1-\dfrac{2}{(x-1)^2}=\dfrac{x^2-2x-1}{(x-1)^2}$

**61**

(1)　$y=x^2+2x^{\frac{1}{2}}+x^{-1}$ より

$$y' = 2x + 2 \cdot \frac{1}{2} x^{-\frac{1}{2}} - x^{-2}$$
$$= 2x + x^{-\frac{1}{2}} - x^{-2}$$
$$= 2x + \frac{1}{\sqrt{x}} - \frac{1}{x^2}$$

(2) $y' = (2^x)' \cos x + 2^x (\cos x)'$
$$= 2^x \log 2 \cdot \cos x - 2^x \sin x$$

(3) $y = \log_2 \left| \dfrac{x-1}{x+1} \right| = \log_2 |x-1| - \log_2 |x+1|$

$$\therefore \quad y' = \frac{1}{(x-1)\log 2} - \frac{1}{(x+1)\log 2} = \frac{2}{(x^2-1)\log 2}$$

**62**

(1) $y' = \dfrac{1}{3x \log 3} \cdot (3x)' = \dfrac{1}{x \log 3}$

(2) $y' = \dfrac{1}{(x^2-4)\log 2} \cdot (x^2-4)' = \dfrac{2x}{(x^2-4)\log 2}$

(3) $y' = 3(x^3+2x)^2 \cdot (x^3+2x)' = 3(x^3+2x)^2(3x^2+2)$

(4) $y' = 3\left(x - \dfrac{1}{x}\right)^2 \left(x - \dfrac{1}{x}\right)' = 3\left(x - \dfrac{1}{x}\right)^2 \left(1 + \dfrac{1}{x^2}\right)$

(5) $y' = -\sin(\sin x) \cdot (\sin x)' = -\sin(\sin x) \cdot \cos x$

(6) $y' = \dfrac{(\cos x)'}{\cos x} = -\dfrac{\sin x}{\cos x} \quad (= -\tan x)$

(7) $y' = 2 \cdot \dfrac{x}{x^2-1} \left(\dfrac{x}{x^2-1}\right)' = \dfrac{2x}{x^2-1} \cdot \dfrac{1 \cdot (x^2-1) - x \cdot 2x}{(x^2-1)^2}$

$$= -\frac{2x(x^2+1)}{(x^2-1)^3}$$

**63**

(1) $y = x^{\sqrt{x}}$ の両辺の自然対数をとると， $\log y = \sqrt{x} \log x$
両辺を $x$ で微分すると，
$$\frac{y'}{y} = \frac{1}{2} x^{-\frac{1}{2}} \cdot \log x + \sqrt{x} \cdot \frac{1}{x}$$
$$\therefore \quad y' = \frac{x^{\sqrt{x}}(\log x + 2)}{2\sqrt{x}}$$

(2) 両辺の絶対値の自然対数をとると，
$$\log|y| = \log|x+1| + \log|x+2| + \log|x+3|$$
両辺を $x$ で微分して，
$$\frac{y'}{y} = \frac{1}{x+1} + \frac{1}{x+2} + \frac{1}{x+3}$$
$$\therefore \quad y' = \frac{3x^2+12x+11}{(x+1)(x+2)(x+3)} \cdot y = 3x^2+12x+11$$

**64**

(1)　$\dfrac{dx}{dy}=2y-2$　より　$\dfrac{dy}{dx}=\dfrac{1}{2(y-1)}$

ここで，$y^2-2y-x=0$　より

$$y=1+\sqrt{1+x}\quad(y>1\ \text{より})$$

$$\therefore\ \ \dfrac{dy}{dx}=\dfrac{1}{2\sqrt{1+x}}$$

(2)　$x=-1+\dfrac{2}{1+t^2}$　より　$\dfrac{dx}{dt}=-\dfrac{4t}{(1+t^2)^2}$

また，$\dfrac{dy}{dt}=\dfrac{2(1+t^2)-2t\cdot 2t}{(1+t^2)^2}=-\dfrac{2(t^2-1)}{(1+t^2)^2}$

$$\therefore\ \ \dfrac{dy}{dx}=\dfrac{\dfrac{dy}{dt}}{\dfrac{dx}{dt}}=\dfrac{-2(t^2-1)}{-4t}=\dfrac{t^2-1}{2t}$$

次に，$\dfrac{d^2y}{dx^2}=\dfrac{d}{dx}\left(\dfrac{dy}{dx}\right)=\dfrac{dt}{dx}\cdot\dfrac{d}{dt}\left(\dfrac{t^2-1}{2t}\right)$

$$=-\dfrac{(1+t^2)^2}{4t}\cdot\dfrac{2t\cdot 2t-(t^2-1)\cdot 2}{4t^2}$$

$$=-\dfrac{(1+t^2)^3}{8t^3}$$

**65**

$x^2-2xy+2y^2=1$　の両辺を $x$ で微分すると，

$2x-2(y+xy')+4y\cdot y'=0$　　$\therefore\ \ (x-2y)y'=x-y$

よって，$\dfrac{dy}{dx}=y'=\dfrac{x-y}{x-2y}$

次に，$\dfrac{d^2y}{dx^2}=\dfrac{d}{dx}\left(\dfrac{x-y}{x-2y}\right)$

$$=\dfrac{(x-y)'(x-2y)-(x-y)(x-2y)'}{(x-2y)^2}$$

$$=\dfrac{(1-y')(x-2y)-(x-y)(1-2y')}{(x-2y)^2}=\dfrac{xy'-y}{(x-2y)^2}$$

$$=\dfrac{\dfrac{x^2-xy}{x-2y}-y}{(x-2y)^2}=\dfrac{x^2-2xy+2y^2}{(x-2y)^3}=\dfrac{1}{(x-2y)^3}$$

**66**

(1)　接点を $\mathrm{T}(t,\ \log t)$ とおくと，$\mathrm{T}$ における接線は $y'=\dfrac{1}{x}$ より

$$y-\log t=\dfrac{1}{t}(x-t)\quad\cdots\cdots\text{①}$$

これが点 $(0,\ 2)$ を通るので，

$$2-\log t=\frac{1}{t}(0-t)$$

$$\log t=3 \qquad \therefore \quad t=e^3$$

これを①へ代入して

$$y-\log e^3=\frac{1}{e^3}(x-e^3)$$

$$\therefore \quad y=\frac{1}{e^3}x+2$$

(2)　$y'=\dfrac{1}{x}$ より，点 $(2,\ \log 2)$ における法線の方程式は，

$$y-\log 2=-2(x-2)$$

$$\therefore \quad y=-2x+4+\log 2$$

**67**

①と $l$，②と $l$ の接点をそれぞれ，

$$\mathrm{P}(p,\ -e^{-p}),\ \mathrm{Q}(q,\ e^{aq})$$

とおくと，P における接線は，$y'=e^{-x}$ より

$$y+e^{-p}=e^{-p}(x-p)$$

すなわち，$y=e^{-p}x-e^{-p}(p+1)$　……③

次に，Q における接線は，$y'=ae^{ax}$ より

$$y-e^{aq}=ae^{aq}(x-q)$$

すなわち，$y=ae^{aq}x-e^{aq}(aq-1)$　……④

③，④は，一致するので

$$\begin{cases} e^{-p}=ae^{aq} & \cdots\cdots⑤ \\ e^{-p}(p+1)=e^{aq}(aq-1) & \cdots\cdots⑥ \end{cases}$$

⑥の両辺に $a$ をかけて，$ae^{-p}(p+1)=ae^{aq}(aq-1)$

⑤より　　　　　　　　$ae^{-p}(p+1)=e^{-p}(aq-1)$

$e^{-p}\neq 0$ だから，　　　$a(p+1)=aq-1$

$$\therefore \quad aq=a(p+1)+1$$

⑤に代入して，$e^{-p}=ae^{a(p+1)+1}$　　両辺に $e^p$ をかけて，$ae^{(a+1)(p+1)}=1$

両辺の自然対数をとると，$(a+1)(p+1)=-\log a$

$$\therefore \quad p=-1-\frac{\log a}{a+1}$$

**68**

(1)　$f'(x)=e^x\sin x+e^x\cos x=e^x(\sin x+\cos x)$

(2)　関数 $f(x)$ の区間 $[\alpha,\ \beta]$ に平均値の定理を適用すると，

$$e^\beta\sin\beta-e^\alpha\sin\alpha=e^c(\sin c+\cos c)(\beta-\alpha) \quad (\alpha<c<\beta)$$

をみたす $c$ が存在する．

$$\therefore \quad |e^\beta \sin\beta - e^\alpha \sin\alpha| = e^c |\sin c + \cos c||\beta - \alpha|$$

ここで, $\quad e^c < e^\beta$

また, $\quad |\sin c + \cos c| = \sqrt{2}\left|\sin\left(c + \dfrac{\pi}{4}\right)\right| \leqq \sqrt{2}$

$\beta - \alpha > 0$ だから

$$|e^\beta \sin\beta - e^\alpha \sin\alpha| < \sqrt{2}\,(\beta - \alpha)e^\beta$$

**69**

(i)より, $y = f(x)$ のグラフは直線 $x = 1$ に関して対称.

(iii)より, $x = 3$ で極小値をもつので, $x = 1$ で極大値となる.

よって $x^4$ の係数は正で, グラフの概形は右図.

$$\therefore \quad f'(x) = 4a(x+1)(x-1)(x-3)$$
$$= 4a(x^3 - 3x^2 - x + 3)$$

$$\therefore \quad f(x) = \int f'(x)\,dx = ax^4 - 4ax^3 - 2ax^2 + 12ax + e$$

$f(1) = 4$, $f(3) = -4$ より

$$\begin{cases} 7a + e = 4 \\ -9a + e = -4 \end{cases}$$

よって, $\quad a = \dfrac{1}{2}$, $e = \dfrac{1}{2}$

$$\therefore \quad f(x) = \frac{1}{2}x^4 - 2x^3 - x^2 + 6x + \frac{1}{2}$$

$$\therefore \quad a = \frac{1}{2},\ b = -2,\ c = -1,\ d = 6,\ e = \frac{1}{2}$$

**70**

(1) $\sin\theta = u\ (-1 < u < 1)$ とおくと,

$$f(x) = \frac{x^2 + (2u+1)x - u^2 + 2u + 1}{x+1}$$

$$f'(x) = \frac{(2x + 2u + 1)(x+1) - \{x^2 + (2u+1)x - u^2 + 2u + 1\}}{(x+1)^2}$$

$$= \frac{x^2 + 2x + u^2}{(x+1)^2} = \frac{x^2 + 2x + \sin^2\theta}{(x+1)^2}$$

(2) $f'(x) = 0$ とすると, $x^2 + 2x + u^2 = 0$

$$\therefore \quad x = -1 \pm \sqrt{1 - u^2}$$

右図より, $x = -1 + \sqrt{1 - u^2}$ で極小となり, 極小値は,

$$f(-1 + \sqrt{1 - u^2})$$

(分母) $= \sqrt{1 - u^2}$

(分子) $= (\sqrt{1 - u^2} - 1)^2 + (2u+1)(\sqrt{1 - u^2} - 1) - u^2 + 2u + 1$

$$= 1 - u^2 - 2\sqrt{1 - u^2} + 1 + (2u+1)\sqrt{1 - u^2} - u^2$$

$$= \sqrt{1 - u^2}(2\sqrt{1 - u^2} - 1 + 2u)$$

$\therefore \quad 2\sqrt{1-u^2}-1+2u=-1 \quad$ すなわち, $\sqrt{1-u^2}=-u$

(左辺)$\geqq 0$ だから, $u\leqq 0$ で, このとき, 両辺を2乗して

$$1-u^2=u^2 \quad \therefore \quad u=-\frac{1}{\sqrt{2}}$$

$-\dfrac{\pi}{2}<\theta<\dfrac{\pi}{2}$ より $\theta=-\dfrac{\pi}{4}$

**71**

(1) $f(x)=x(x-1)^3$

$\quad f'(x)=(x-1)^3+x\cdot 3(x-1)^2$

$\qquad =(x-1)^2(4x-1)$

よって, 増減は右表のようになる.

ゆえに, **極小値** $-\dfrac{27}{256}$ $\left(x=\dfrac{1}{4}\text{ のとき}\right)$

| $x$ | $\cdots$ | $\dfrac{1}{4}$ | $\cdots$ | $1$ | $\cdots$ |
|---|---|---|---|---|---|
| $f'(x)$ | $-$ | $0$ | $+$ | $0$ | $+$ |
| $f(x)$ | $\searrow$ | $-\dfrac{27}{256}$ | $\nearrow$ | $0$ | $\nearrow$ |

(2) $f''(x)=2(x-1)(4x-1)+(x-1)^2\cdot 4$

$\qquad =6(x-1)(2x-1)$

よって, 凹凸は右表のようになり,

**変曲点は** $\left(\dfrac{1}{2},\ -\dfrac{1}{16}\right)$ と $(1,\ 0)$

| $x$ | $\cdots$ | $\dfrac{1}{2}$ | $\cdots$ | $1$ | $\cdots$ |
|---|---|---|---|---|---|
| $f''(x)$ | $+$ | $0$ | $-$ | $0$ | $+$ |
| $f(x)$ | $\cup$ | $-\dfrac{1}{16}$ | $\cap$ | $0$ | $\cup$ |

**72**

(1) $\cos\theta=\dfrac{1}{2}$ $(-\pi\leqq\theta\leqq\pi)$ より $\theta=\pm\dfrac{\pi}{3}$

(2) $g(x)=x-\sin 2x$ $\left(-\dfrac{\pi}{2}\leqq x\leqq\dfrac{\pi}{2}\right)$ とおくと,

$\quad f(x)=a\cdot g(x)$

$\quad g'(x)=1-2\cos 2x=0$ $\left(-\dfrac{\pi}{2}\leqq x\leqq\dfrac{\pi}{2}\right)$ を解くと $x=\pm\dfrac{\pi}{6}$

よって, 増減は表のようになる.

| $x$ | $-\dfrac{\pi}{2}$ | $\cdots$ | $-\dfrac{\pi}{6}$ | $\cdots$ | $\dfrac{\pi}{6}$ | $\cdots$ | $\dfrac{\pi}{2}$ |
|---|---|---|---|---|---|---|---|
| $g'(x)$ | | $+$ | $0$ | $-$ | $0$ | $+$ | |
| $g(x)$ | $-\dfrac{\pi}{2}$ | $\nearrow$ | $-\dfrac{\pi}{6}+\dfrac{\sqrt{3}}{2}$ | $\searrow$ | $\dfrac{\pi}{6}-\dfrac{\sqrt{3}}{2}$ | $\nearrow$ | $\dfrac{\pi}{2}$ |

また, $g(-x)=-g(x)$ であり,

$-\dfrac{\pi}{6}+\dfrac{\sqrt{3}}{2}=\dfrac{3\sqrt{3}-\pi}{6}<\dfrac{4\pi-\pi}{6}=\dfrac{\pi}{2}$ だから

$a>0$ より, $f(x)$ の最大値は

$$f\left(\frac{\pi}{2}\right)=\frac{\pi a}{2} \quad \therefore \quad \frac{\pi a}{2}=\pi \quad \therefore \quad a=2$$

(3) $g(-x)=-g(x)$ だから, $a<0$ より

最大値は　$f\left(-\dfrac{\pi}{2}\right)=-\dfrac{\pi a}{2}$

$\therefore\quad -\dfrac{\pi a}{2}=\pi\quad \therefore\quad a=-2$

**73**

$f(x)=x\log x-2x$

$f'(x)=\log x+1-2$

$\qquad =\log x-1$

$f'(x)=0$ を解くと　$x=e$

よって，増減は右表のようになり，**最小値は $-e$**

| $x$ | 0 | $\cdots$ | $e$ | $\cdots$ |
|---|---|---|---|---|
| $f'(x)$ | | $-$ | $0$ | $+$ |
| $f(x)$ | | $\searrow$ | $-e$ | $\nearrow$ |

**74**

$f(x)=e^x-ax,\ f'(x)=e^x-a$

$a>0$ だから，$f'(x)=0$ を解くと

$\qquad\qquad e^x=a$

$\qquad\qquad \therefore\quad x=\log a$

右の増減表より，**最小値は　$a(1-\log a)$**

| $x$ | $\cdots$ | $\log a$ | $\cdots$ |
|---|---|---|---|
| $f'(x)$ | $-$ | $0$ | $+$ |
| $f(x)$ | $\searrow$ | $a(1-\log a)$ | $\nearrow$ |

**75**

$f(x)=e^{-2x}$

$f'(x)=-2e^{-2x}$

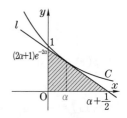

(1)　$l:y-e^{-2\alpha}=-2e^{-2\alpha}(x-\alpha)$

$\therefore\quad \boldsymbol{y=-2e^{-2\alpha}x+(2\alpha+1)e^{-2\alpha}}$

(2)　$S(\alpha)=\dfrac{1}{2}\left(\alpha+\dfrac{1}{2}\right)(2\alpha+1)e^{-2\alpha}$

$\qquad\quad =\left(\boldsymbol{\alpha+\dfrac{1}{2}}\right)^{\boldsymbol{2}}\boldsymbol{e^{-2\alpha}}$

(3)　$S'(\alpha)=2\left(\alpha+\dfrac{1}{2}\right)e^{-2\alpha}-2\left(\alpha+\dfrac{1}{2}\right)^2e^{-2\alpha}$

$\qquad\qquad =2\left(\alpha+\dfrac{1}{2}\right)e^{-2\alpha}\left(1-\alpha-\dfrac{1}{2}\right)=2\left(\alpha+\dfrac{1}{2}\right)e^{-2\alpha}\left(\dfrac{1}{2}-\alpha\right)$

$S'(\alpha)=0\ (\alpha>0)$ を解くと　$\alpha=\dfrac{1}{2}$

このαの前後で，$S'(\alpha)$ の符号は，＋から−に変化するので，**$\alpha=\dfrac{1}{2}$ で，極大か**

**つ最大.**

よって，**最大値は** $S\left(\dfrac{1}{2}\right)=\dfrac{1}{e}$

**76**

(1)　$t^2=1-2\sin x\cos x$ だから

$$\sin x \cos x = \frac{1}{2}(1-t^2)$$

$$\therefore \quad f(x) = t \times \frac{2}{5-t^2} = \frac{2t}{5-t^2} \quad (=g(t) \text{ とおく})$$

(2) $t = \sqrt{2}\sin\left(x - \frac{\pi}{4}\right)$ より $-\sqrt{2} \leqq t \leqq \sqrt{2}$

$$g'(t) = \frac{2(5-t^2) - 2t(-2t)}{(5-t^2)^2} = \frac{2(5+t^2)}{(5-t^2)^2} > 0$$

よって，$g(t)$ は単調増加．

ゆえに，　**最大値は** $g(\sqrt{2}) = \dfrac{2\sqrt{2}}{3}$，**最小値は** $g(-\sqrt{2}) = -\dfrac{2\sqrt{2}}{3}$

 **77**

$y = x - 1 + \dfrac{1}{x+3}$ より，

**漸近線は，$x = -3$，$y = x - 1$**

また，$y' = 1 - \dfrac{1}{(x+3)^2}$ だから，

$y' = 0$ とすると $(x+3)^2 = 1$

$\quad \therefore \quad x + 3 = \pm 1 \quad \therefore \quad x = -4, \ -2$

よって，増減は下表のようになる．

| $x$ | $\cdots$ | $-4$ | $\cdots$ | $-3$ | $\cdots$ | $-2$ | $\cdots$ |
|---|---|---|---|---|---|---|---|
| $y'$ | $+$ | $0$ | $-$ | | $-$ | $0$ | $+$ |
| $y$ | $\nearrow$ | $-6$ | $\searrow$ | | $\searrow$ | $-2$ | $\nearrow$ |

**極大値** $-6$ $(x = -4$ のとき$)$
**極小値** $-2$ $(x = -2$ のとき$)$
　グラフは右図．

**78**

$y = e^x x^{-2}$ より

$$y' = e^x(x^{-2} - 2x^{-3}) = \frac{e^x(x-2)}{x^3}$$

ゆえに，$y' = 0$ を解くと $x = 2$
よって，増減は右表のようになる．

| $x$ | $\cdots$ | $0$ | $\cdots$ | $2$ | $\cdots$ |
|---|---|---|---|---|---|
| $y'$ | $+$ | | $-$ | $0$ | $+$ |
| $y$ | $\nearrow$ | | $\searrow$ | $\dfrac{e^2}{4}$ | $\nearrow$ |

ゆえに，**極小値** $\dfrac{e^2}{4}$ $(x = 2$ のとき$)$

ここで，$\displaystyle\lim_{x \to +0} \frac{e^x}{x^2} = \lim_{x \to -0} \frac{e^x}{x^2} = +\infty$

また，$\displaystyle\lim_{x \to +\infty} \frac{x^2}{e^x} = 0$ より $\displaystyle\lim_{x \to +\infty} \frac{e^x}{x^2} = +\infty$

次に，$\displaystyle\lim_{x \to -\infty} \frac{e^x}{x^2} = \lim_{t \to +\infty} \frac{e^{-t}}{(-t)^2} = \lim_{t \to \infty} \frac{1}{t^2 e^t} = 0$

$(x=-t$ とおいた)

以上のことより，グラフは図のようになる．

**79**

$y=x\log x$ より $y'=\log x+1$

$y'=0$ とすると $\log x=-1$ $\therefore$ $x=\dfrac{1}{e}$

よって，増減は右表のようになる．

ゆえに，

$$極小値 -\dfrac{1}{e} \ \left(x=\dfrac{1}{e} \ のとき\right)$$

また，$y''=\dfrac{1}{x}>0$ より，**下に凸**で，**変曲点はなし**．

次に，$\displaystyle\lim_{t\to\infty}\dfrac{\log t}{t}=0$ で $t=\dfrac{1}{x}$ とおくと

$$\lim_{t\to\infty}\dfrac{\log t}{t}=\lim_{x\to+0}x\log\dfrac{1}{x}$$
$$=-\lim_{x\to+0}x\log x=0$$
$$\therefore \ \lim_{x\to+0}x\log x=0$$

よって，グラフは右図．

**80**

$x=0$ は，$2x^3-3ax^2+8=0$ の解ではないので $x\neq0$ である．

方程式の両辺を $3x^2$ で割って $\dfrac{2x^3+8}{3x^2}=a$

ここで，$f(x)=\dfrac{2x^3+8}{3x^2}$ $(0<x\leqq3)$ とおくと

$$f(x)=\dfrac{2}{3}x+\dfrac{8}{3x^2}$$

ゆえに，漸近線は，$y=\dfrac{2}{3}x$ と $x=0$

$$f'(x)=\dfrac{2}{3}-\dfrac{16}{3x^3}$$

$f'(x)=0$ を解くと $x=2$

よって，増減は右表のようになり，
グラフは右図．

このグラフと直線 $y=a$ が共有点をもつので，$\boldsymbol{a\geqq2}$

| $x$ | $0$ | $\cdots$ | $2$ | $\cdots$ | $3$ |
|---|---|---|---|---|---|
| $f'(x)$ | | $-$ | $0$ | $+$ | |
| $f(x)$ | | $\searrow$ | $2$ | $\nearrow$ | $\dfrac{62}{27}$ |

**81**

(1) $f(x)=\sqrt{x}-\log x$ $(x>0)$ とおくと

$$f'(x)=\frac{1}{2\sqrt{x}}-\frac{1}{x}=\frac{\sqrt{x}-2}{2x}$$

$f'(x)=0$ を解くと，$x=4$　よって，増減は下表のようになる．

| $x$ | 0 | $\cdots$ | 4 | $\cdots$ |
|---|---|---|---|---|
| $f'(x)$ | | $-$ | 0 | $+$ |
| $f(x)$ | | $\searrow$ | $2-2\log 2$ | $\nearrow$ |

ここで，$2-2\log 2=2(1-\log 2)$ において

$\log 2<\log e=1$ より，$1-\log 2>0$ だから

$\qquad 2-2\log 2>0$

よって，$f(x)>0$，すなわち，$\sqrt{x}>\log x$

(2) $x\to\infty$ だから，$x>1$ として考えてよい．

このとき，(1)より，$\sqrt{x}>\log x$ だから，$0<\dfrac{\log x}{x}<\dfrac{1}{\sqrt{x}}$

$\displaystyle\lim_{x\to\infty}\frac{1}{\sqrt{x}}=0$ だから，はさみうちの原理より

$$\lim_{x\to\infty}\frac{\log x}{x}=0$$

**82**

$\dfrac{dx}{dt}=2\sqrt{3}\,t,\ \dfrac{dy}{dt}=3t^2-1$

$\dfrac{dy}{dx}=0$ だから，$\dfrac{dy}{dt}=0,\ \dfrac{dx}{dt}\neq0$　$\quad\therefore\quad t=\pm\dfrac{1}{\sqrt{3}}$

よって，$\mathrm{P}\left(\dfrac{\sqrt{3}}{3}-1,\ \pm\dfrac{2\sqrt{3}}{9}\right)$

**83**

(1) $\displaystyle\int_0^1(x^{\frac{1}{3}}-x^{\frac{4}{3}})dx=\left[\frac{3}{4}x^{\frac{4}{3}}-\frac{3}{7}x^{\frac{7}{3}}\right]_0^1=\frac{3}{4}-\frac{3}{7}=\frac{9}{28}$

(2) $\displaystyle\int_{\frac{\pi}{3}}^{\frac{4\pi}{3}}(\cos x-\sin x)dx=\left[\sin x+\cos x\right]_{\frac{\pi}{3}}^{\frac{4\pi}{3}}$

$=\left(-\dfrac{\sqrt{3}}{2}-\dfrac{1}{2}\right)-\left(\dfrac{\sqrt{3}}{2}+\dfrac{1}{2}\right)=-\sqrt{3}-1$

(3) $\displaystyle 3\int_1^2 3^x dx=3\left[\frac{3^x}{\log 3}\right]_1^2=\frac{3(9-3)}{\log 3}=\frac{18}{\log 3}$

(4) $\displaystyle\frac{1}{e}\int_0^1 e^x dx=\frac{1}{e}\left[e^x\right]_0^1=\frac{e-1}{e}$

**84**

$\int \dfrac{\cos x}{\sin x} dx$ で, $\sin x = t$ とおくと

$\dfrac{dt}{dx} = \cos x$ だから, $dt = \cos x\, dx$

$\qquad \therefore$ (与式)$= \int \dfrac{dt}{t} = \log|t| + C = \boldsymbol{\log|\sin x| + C}$ (**$C$ は積分定数**)

**85**

$\int \log(x+1)dx = \int (x+1)' \log(x+1)dx$

$= (x+1)\log(x+1) - \int dx$

$= \boldsymbol{(x+1)\log(x+1) - x + C}$ (**$C$は積分定数**)

**86**

(1) $\displaystyle\int_1^2 (2x-1)^4 dx = \left[\dfrac{1}{2}\cdot\dfrac{1}{5}(2x-1)^5\right]_1^2 = \dfrac{1}{10}(3^5-1^5) = \boldsymbol{\dfrac{121}{5}}$

(2) $\displaystyle\int_0^4 (2x+1)^{\frac{1}{2}} dx = \left[\dfrac{1}{2}\cdot\dfrac{2}{3}(2x+1)^{\frac{3}{2}}\right]_0^4 = \dfrac{1}{3}(9^{\frac{3}{2}}-1^{\frac{3}{2}}) = \boldsymbol{\dfrac{26}{3}}$

(3) $\displaystyle\int_e^{2e} \dfrac{dx}{3x-1} = \left[\dfrac{1}{3}\log(3x-1)\right]_e^{2e}$

$\qquad = \dfrac{1}{3}\{\log(6e-1) - \log(3e-1)\} = \boldsymbol{\dfrac{1}{3}\log\dfrac{6e-1}{3e-1}}$

**87**

(1) $\displaystyle\int_{-1}^1 x^2(x^4+2x^2+1)\,dx$

$\quad = 2\displaystyle\int_0^1 (x^6+2x^4+x^2)dx = 2\left(\dfrac{1}{7}+\dfrac{2}{5}+\dfrac{1}{3}\right) = \boldsymbol{\dfrac{184}{105}}$

(2) $\sqrt{2x+1} = t$ とおくと, $x = \dfrac{1}{2}(t^2-1)$

$\quad x : 1 \to 2$ のとき, $t : \sqrt{3} \to \sqrt{5}$

$\quad$ また, $\dfrac{dt}{dx} = \dfrac{2}{2\sqrt{2x+1}} = \dfrac{1}{t}$ より $dx = t\,dt$

$\quad \therefore$ (与式)$= \displaystyle\int_{\sqrt{3}}^{\sqrt{5}} \dfrac{t^2+1}{2t}\cdot t\,dt = \dfrac{1}{2}\int_{\sqrt{3}}^{\sqrt{5}} (t^2+1)\,dt$

$\qquad = \dfrac{1}{2}\left[\dfrac{1}{3}t^3+t\right]_{\sqrt{3}}^{\sqrt{5}} = \dfrac{1}{2}\left(\dfrac{8\sqrt{5}}{3} - 2\sqrt{3}\right) = \boldsymbol{\dfrac{4\sqrt{5}}{3} - \sqrt{3}}$

**88**

(1) $\dfrac{1}{2}\displaystyle\int_0^{\pi} (\sin 4x + \sin 2x)\,dx = -\dfrac{1}{2}\left[\dfrac{1}{4}\cos 4x + \dfrac{1}{2}\cos 2x\right]_0^{\pi}$

$$=-\frac{1}{2}\left\{\left(\frac{1}{4}+\frac{1}{2}\right)-\left(\frac{1}{4}+\frac{1}{2}\right)\right\}=\boldsymbol{0}$$

(2) $\dfrac{1}{4}\displaystyle\int_0^{\frac{\pi}{2}}(\cos 3x+3\cos x)dx=\dfrac{1}{4}\left[\dfrac{1}{3}\sin 3x+3\sin x\right]_0^{\frac{\pi}{2}}$

$$=\frac{1}{4}\left(-\frac{1}{3}+3\right)=\frac{\boldsymbol{2}}{\boldsymbol{3}}$$

### 89

$$\frac{ax+b}{x^2-2x+3}+\frac{c}{x-1}=\frac{(ax+b)(x-1)+c(x^2-2x+3)}{(x^2-2x+3)(x-1)}$$

$$=\frac{(a+c)x^2+(b-a-2c)x+3c-b}{(x^2-2x+3)(x-1)}$$

分子が, $x^2-2x-1$ と一致するとき,

$$\begin{cases}a+c=1\\b-a-2c=-2\\3c-b=-1\end{cases}\quad\therefore\quad\begin{cases}a=2\\b=-2\\c=-1\end{cases}$$

$$\therefore\quad\int_2^3\left(\frac{2x-2}{x^2-2x+3}-\frac{1}{x-1}\right)dx$$

$$=\int_2^3\left\{\frac{(x^2-2x+3)'}{x^2-2x+3}-\frac{1}{x-1}\right\}dx$$

$$=\left[\log(x^2-2x+3)-\log(x-1)\right]_2^3=\left[\log\frac{x^2-2x+3}{x-1}\right]_2^3$$

$$=\log 3-\log 3=\boldsymbol{0}$$

### 90

(1) $x=a\tan\theta$ とおくと

$x:0\to a$ のとき, $\theta:0\to\dfrac{\pi}{4}$

また, $x^2+a^2=a^2(1+\tan^2\theta)=\dfrac{a^2}{\cos^2\theta}$

次に, $\dfrac{dx}{d\theta}=\dfrac{a}{\cos^2\theta}$ より $dx=\dfrac{a}{\cos^2\theta}d\theta$

$$\therefore\quad(与式)=\int_0^{\frac{\pi}{4}}\frac{\cos^2\theta}{a^2}\cdot\frac{a}{\cos^2\theta}d\theta=\frac{1}{a}\int_0^{\frac{\pi}{4}}d\theta=\frac{\boldsymbol{\pi}}{\boldsymbol{4a}}$$

(2) $x=\sin\theta$ とおくと

$x:\dfrac{1}{2}\to 1$ のとき, $\theta:\dfrac{\pi}{6}\to\dfrac{\pi}{2}$

また, $\sqrt{1-\sin^2\theta}=\sqrt{\cos^2\theta}=|\cos\theta|=\cos\theta$

次に, $\dfrac{dx}{d\theta}=\cos\theta$ より $dx=\cos\theta\cdot d\theta$

$$\therefore\quad(与式)=\int_{\frac{\pi}{6}}^{\frac{\pi}{2}}\cos\theta\cdot\cos\theta d\theta=\frac{1}{2}\int_{\frac{\pi}{6}}^{\frac{\pi}{2}}(1+\cos 2\theta)d\theta$$

$$= \frac{1}{2}\left[\theta + \frac{1}{2}\sin 2\theta\right]_{\frac{\pi}{6}}^{\frac{\pi}{2}} = \frac{1}{2}\left\{\frac{\pi}{2} - \left(\frac{\pi}{6} + \frac{\sqrt{3}}{4}\right)\right\} = \frac{\pi}{6} - \frac{\sqrt{3}}{8}$$

（別解） $\int_{\frac{1}{2}}^{1}\sqrt{1-x^2}\,dx$ は右図の斜線部分の面積を表すので，

$$\frac{1}{2}\cdot 1^2 \cdot \frac{\pi}{3} - \frac{1}{2}\cdot\frac{1}{2}\cdot\frac{\sqrt{3}}{2}$$
$$= \frac{\pi}{6} - \frac{\sqrt{3}}{8}$$

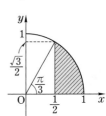

---

**91**

$$\int_0^{\frac{\pi}{3}}\sin^2 x\cdot\frac{\sin x}{\cos x}\,dx = \int_0^{\frac{\pi}{3}}\frac{1-\cos^2 x}{\cos x}\cdot\sin x\,dx$$

$\cos x = t$ とおくと，$x : 0 \to \frac{\pi}{3}$ のとき，$t : 1 \to \frac{1}{2}$

また，$\dfrac{dt}{dx} = -\sin x$ より $-dt = \sin x\,dx$

$$\therefore \quad (与式) = -\int_1^{\frac{1}{2}}\frac{1-t^2}{t}\,dt = \int_{\frac{1}{2}}^1\left(\frac{1}{t} - t\right)dt = \left[\log t - \frac{1}{2}t^2\right]_{\frac{1}{2}}^1$$
$$= -\frac{1}{2} - \left(\log\frac{1}{2} - \frac{1}{8}\right) = \boldsymbol{\log 2 - \frac{3}{8}}$$

---

**92**

$$\int_0^1\frac{dx}{1+e^x} = \int_0^1\frac{e^{-x}}{e^{-x}+1}\,dx = -\int_0^1\frac{(e^{-x}+1)'}{e^{-x}+1}\,dx$$
$$= -\left[\log(e^{-x}+1)\right]_0^1 = \log 2 - \log(1+e^{-1})$$
$$= \log\frac{2}{1+e^{-1}} = \boldsymbol{\log\frac{2e}{e+1}}$$

（別解） $1+e^x = t$ とおくと，$x : 0 \to 1$ のとき，$t : 2 \to 1+e$

また，$\dfrac{dt}{dx} = e^x = t-1$ より $dx = \dfrac{1}{t-1}\,dt$

$$\therefore \quad \int_0^1\frac{dx}{1+e^x} = \int_2^{1+e}\frac{1}{t}\cdot\frac{1}{t-1}\,dt = \int_2^{1+e}\left(\frac{1}{t-1} - \frac{1}{t}\right)dt$$
$$= \left[\log(t-1) - \log t\right]_2^{1+e} = \left[\log\frac{t-1}{t}\right]_2^{1+e}$$
$$= \log\frac{e}{1+e} - \log\frac{1}{2} = \log\frac{2e}{1+e}$$

---

**93**

$1+x^2 = t$ とおくと，$x : 0 \to 1$ のとき，$t : 1 \to 2$

また，$\dfrac{dt}{dx} = 2x$ より $\dfrac{1}{2}dt = x\,dx$

$$\therefore \quad (与式) = \int_1^2 \frac{\log t}{t} \cdot \frac{1}{2} dt = \frac{1}{2} \int_1^2 (\log t)' \log t \, dt$$

$$= \left[ \frac{1}{4} (\log t)^2 \right]_1^2 = \frac{1}{4} (\log 2)^2$$

**94**

$x = 2\sin\theta$ とおくと，$x : 0 \to 2$ のとき，$\theta : 0 \to \dfrac{\pi}{2}$

また，$\sqrt{4 - x^2} = 2\sqrt{1 - \sin^2\theta} = 2\sqrt{\cos^2\theta} = 2|\cos\theta| = 2\cos\theta$

次に，$\dfrac{dx}{d\theta} = 2\cos\theta \quad \therefore \quad dx = 2\cos\theta \, d\theta$

よって，$\displaystyle\int_0^2 x\sqrt{4 - x^2} \, dx = \int_0^{\frac{\pi}{2}} 2\sin\theta \cdot 2\cos\theta \cdot 2\cos\theta \, d\theta$

$$= 8\int_0^{\frac{\pi}{2}} \cos^2\theta \sin\theta \, d\theta = -8\int_0^{\frac{\pi}{2}} \cos^2\theta (\cos\theta)' \, d\theta$$

$$= -\frac{8}{3} \Big[ \cos^3\theta \Big]_0^{\frac{\pi}{2}} = \frac{8}{3}$$

**95**

$$\begin{cases} (e^{-x}\sin x)' = -e^{-x}\sin x + e^{-x}\cos x & \cdots\cdots ① \\ (e^{-x}\cos x)' = -e^{-x}\cos x - e^{-x}\sin x & \cdots\cdots ② \end{cases}$$

① + ② より $\quad -2e^{-x}\sin x = (e^{-x}\sin x)' + (e^{-x}\cos x)'$

$$\therefore \quad \int_0^{\frac{\pi}{4}} e^{-x}\sin x \, dx = -\frac{1}{2} \Big[ e^{-x}(\sin x + \cos x) \Big]_0^{\frac{\pi}{4}}$$

$$= \frac{1}{2} (1 - \sqrt{2}\, e^{-\frac{\pi}{4}})$$

**96**

(1) $\quad f(a) = \displaystyle\int_1^a (x^2 - 2x)(-e^{-x})' \, dx$

$$= \Big[ -(x^2 - 2x)e^{-x} \Big]_1^a + 2\int_1^a (x - 1)e^{-x} \, dx$$

$$= -(a^2 - 2a)e^{-a} - e^{-1} + 2\int_1^a (x - 1)(-e^{-x})' \, dx$$

$$= -(a^2 - 2a)e^{-a} - e^{-1} - 2\Big[ (x - 1)e^{-x} \Big]_1^a + 2\int_1^a e^{-x} \, dx$$

$$= -(a^2 - 2a)e^{-a} - e^{-1} - 2(a - 1)e^{-a} - 2\Big[ e^{-x} \Big]_1^a$$

$$= -a^2 e^{-a} + e^{-1}$$

**(別解)** （[参考] I の公式を使えば，次のようになります．）

$$\int_1^a (x^2 - 2x)e^{-x} \, dx = -\Big[ \{(x^2 - 2x) + (2x - 2) + 2\}e^{-x} \Big]_1^a$$

$$= -\Big[x^2 e^{-x}\Big]_1^a$$
$$= -a^2 e^{-a} + e^{-1}$$

(2) $f'(a)=(a^2-2a)e^{-a}$ $(a>1)$ だから,
$f'(a)=0$ を解くと, $e^{-a}>0$ より $a=2$
右のグラフより, $a=2$ の前後で,
$f'(a)$ の符号は $-$ から $+$ に変わるので,
$a=2$ で, 極小かつ最小となり
**最小値は, $-4e^{-2}+e^{-1}$**

### 97

$$\int_1^2 x^{-2}(\log x)^2 dx = \int_1^2 (-x^{-1})'(\log x)^2 dx$$
$$= -\Big[\frac{(\log x)^2}{x}\Big]_1^2 + \int_1^2 x^{-1}\cdot 2\log x\cdot\frac{1}{x}dx$$
$$= -\frac{(\log 2)^2}{2} + 2\int_1^2 x^{-2}\log x\,dx$$
$$= -\frac{(\log 2)^2}{2} + 2\int_1^2 (-x^{-1})'\log x\,dx$$
$$= -\frac{(\log 2)^2}{2} - 2\Big[\frac{\log x}{x}\Big]_1^2 + 2\int_1^2 x^{-2}dx$$
$$= -\frac{(\log 2)^2}{2} - \frac{2\log 2}{2} - 2\Big[\frac{1}{x}\Big]_1^2$$
$$= \frac{-(\log 2)^2 - 2\log 2 + 2}{2}$$

### 98

$$I_n = \int_0^{\frac{\pi}{2}} \cos^{n-1}x\cdot\cos x\,dx = \int_0^{\frac{\pi}{2}} \cos^{n-1}x\cdot(\sin x)'dx$$
$$= \Big[\cos^{n-1}x\sin x\Big]_0^{\frac{\pi}{2}} - (n-1)\int_0^{\frac{\pi}{2}}\cos^{n-2}x\cdot(-\sin x)\sin x\,dx$$
$$= (n-1)\int_0^{\frac{\pi}{2}}\cos^{n-2}x(1-\cos^2 x)dx = (n-1)I_{n-2} - (n-1)I_n$$
$$\therefore\quad nI_n = (n-1)I_{n-2}$$

よって, $I_n = \dfrac{n-1}{n}I_{n-2}$ $(n\geqq 3)$

### 99

$$I_{n+1} = \int_0^1 e^{-x}x^{n+1}dx = \int_0^1 x^{n+1}(-e^{-x})'dx$$
$$= \Big[-x^{n+1}e^{-x}\Big]_0^1 + \int_0^1 (n+1)x^n e^{-x}dx$$
$$= -\frac{1}{e} + (n+1)\int_0^1 e^{-x}x^n dx$$

よって, $I_{n+1}=-\dfrac{1}{e}+(n+1)I_n$ $(n=0, 1, 2, \cdots)$

**100**

$\displaystyle\int_0^1 f(x)dx=a$ とおくと

$$f'(x)=xe^x-2a$$
$$\therefore\quad f(x)=\int(xe^x-2a)dx=(x-1)e^x-2ax+C$$

$f(0)=0$ より $-1+C=0$ $\therefore C=1$

よって, $\displaystyle a=\int_0^1\{(x-1)e^x-2ax+1\}dx$

$$=\Big[(x-2)e^x-ax^2+x\Big]_0^1=-e-a+3$$

$\therefore\quad 2a=3-e$

ゆえに, $f(x)=(x-1)e^x+(e-3)x+1$

**101**

$$f(x)=\int_0^x(x-t)\sin^2 t\,dt=x\int_0^x\sin^2 t\,dt-\int_0^x t\sin^2 t\,dt$$
$$\therefore\quad f'(x)=\int_0^x\sin^2 t\,dt+x\sin^2 x-x\sin^2 x=\int_0^x\sin^2 t\,dt$$

よって, $f''(x)=\sin^2 x$

**102**

$-\dfrac{\pi}{4}\leqq x\leqq 0$ のとき, $\tan x\leqq 0$

$0\leqq x\leqq\dfrac{\pi}{3}$ のとき, $\tan x\geqq 0$ だから,

$$\int_{-\frac{\pi}{4}}^{\frac{\pi}{3}}|\tan x|dx=-\int_{-\frac{\pi}{4}}^0\tan x\,dx+\int_0^{\frac{\pi}{3}}\tan x\,dx$$

ここで,

$$\int\tan x\,dx=\int\frac{\sin x}{\cos x}dx$$
$$=-\int\frac{(\cos x)'}{\cos x}dx=-\log|\cos x|+C$$

だから, (与式)$=\Big[\log|\cos x|\Big]_{-\frac{\pi}{4}}^0-\Big[\log|\cos x|\Big]_0^{\frac{\pi}{3}}$

$$=\Big(0-\log\frac{\sqrt{2}}{2}\Big)-\Big(\log\frac{1}{2}-0\Big)=\frac{3}{2}\log 2$$

**103**

関数 $y=\sin t$ と直線 $y=\sin x$ のグラフは, $0\leqq t\leqq\dfrac{\pi}{2}$,

$0\leqq x\leqq\dfrac{\pi}{2}$ より右図のようになる. よって,

$0\leqq t\leqq x$ のとき, $\sin t\leqq\sin x$

$x\leqq t\leqq\dfrac{\pi}{2}$ のとき, $\sin t\geqq\sin x$

$\therefore\quad f(x)=\displaystyle\int_0^x(\sin x-\sin t)dt-\int_x^{\frac{\pi}{2}}(\sin x-\sin t)\,dt$

$\qquad=\Big[t\sin x+\cos t\Big]_0^x-\Big[t\sin x+\cos t\Big]_x^{\frac{\pi}{2}}$

$\qquad=2(x\sin x+\cos x)-1-\dfrac{\pi}{2}\sin x$

$\qquad=\Big(2x-\dfrac{\pi}{2}\Big)\sin x+2\cos x-1$

**104**

(1) 接点を $(t,\ t^3-3t)$ とおくと, $f'(x)=3x^2-3$ より

$\qquad\qquad y-(t^3-3t)=(3t^2-3)(x-t)\qquad\therefore\quad y=(3t^2-3)x-2t^3$

この直線上に $\Big(0,\ \dfrac{1}{4}\Big)$ があるので, $-2t^3=\dfrac{1}{4}$

$t$ は実数だから, $t=-\dfrac{1}{2}$

ゆえに, 求める接線は $\qquad y=-\dfrac{9}{4}x+\dfrac{1}{4}$

(2) $\qquad x^3-3x=-\dfrac{9}{4}x+\dfrac{1}{4}$

$\qquad 4x^3-3x-1=0$

$\qquad (2x+1)^2(x-1)=0\qquad\therefore\quad x=-\dfrac{1}{2},\ 1$

よって, 接点以外の交点の $x$ 座標は $1$ で, 求める面積は図の斜線部.

$\therefore\quad S=\displaystyle\int_{-\frac{1}{2}}^1\Big\{\Big(-\dfrac{9}{4}x+\dfrac{1}{4}\Big)-(x^3-3x)\Big\}dx$

$\qquad=-\displaystyle\int_{-\frac{1}{2}}^1\Big(x+\dfrac{1}{2}\Big)^2(x-1)\,dx$

$\qquad=-\displaystyle\int_{-\frac{1}{2}}^1\Big(x+\dfrac{1}{2}\Big)^2\Big\{\Big(x+\dfrac{1}{2}\Big)-\dfrac{3}{2}\Big\}dx$

$\qquad=-\displaystyle\int_{-\frac{1}{2}}^1\Big\{\Big(x+\dfrac{1}{2}\Big)^3-\dfrac{3}{2}\Big(x+\dfrac{1}{2}\Big)^2\Big\}dx$

$$=-\left[\frac{1}{4}\left(x+\frac{1}{2}\right)^4-\frac{1}{2}\left(x+\frac{1}{2}\right)^3\right]_{-\frac{1}{2}}^{1}$$

$$=\frac{1}{2}\left(\frac{3}{2}\right)^3-\frac{1}{4}\left(\frac{3}{2}\right)^4=\frac{3^3}{2^6}(4-3)=\frac{27}{64}$$

## 105

(1) $y=x^4-2x^2+a$ は $y$ 軸対称だから，接点の $x$ 座標は
 $-t,\ t\ (t>0)$ とおける．

$$\therefore\quad x^4-2x^2+a=(x+t)^2(x-t)^2$$
$$x^4-2x^2+a=x^4-2t^2x^2+t^4$$

これは，$x$ についての恒等式だから

$$t^2=1,\ a=t^4\quad\therefore\quad a=1$$

(2) 曲線と直線 $y=b$ の交点のうち，第 1 象限にある
 ものの $x$ 座標を $\alpha,\ \beta\ (0<\alpha<\beta)$ とおくと，曲線が
 $y$ 軸対称であることより

$$\int_0^{\alpha}(x^4-2x^2+1-b)dx=-\int_{\alpha}^{\beta}(x^4-2x^2+1-b)dx$$

$$\therefore\quad\int_0^{\beta}(x^4-2x^2+1-b)dx=0$$

$$\therefore\quad\frac{1}{5}\beta^5-\frac{2}{3}\beta^3+(1-b)\beta=0$$

$$\therefore\quad3\beta^5-10\beta^3+15(1-b)\beta=0$$

ここで，$\beta^4-2\beta^2+1-b=0$ より

$$3\beta^5-10\beta^3+15\beta(2\beta^2-\beta^4)=0$$

$$\therefore\quad4\beta^3(5-3\beta^2)=0$$

$\beta\neq0$ だから，$\beta^2=\dfrac{5}{3}$

よって，$b=\beta^4-2\beta^2+1=\dfrac{25}{9}-\dfrac{10}{3}+1=\dfrac{4}{9}$

## 106

(1) $a\sin x=\sin 2x$ より $2\sin x\cos x-a\sin x=0$

$$\therefore\quad\sin x(2\cos x-a)=0$$

$0<x<\dfrac{\pi}{2}$ のとき，$\sin x>0$ だから，$\cos x=\dfrac{a}{2}$

$0<\cos x<1$ より $0<\dfrac{a}{2}<1$ $\therefore$ $\boldsymbol{0<a<2}$

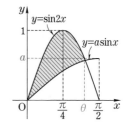

(2) $\cos\theta=\dfrac{a}{2}\ \left(0<\theta<\dfrac{\pi}{2}\right)$ とおく．

図形 $D$ の面積は

$$\int_0^{\frac{\pi}{2}}\sin 2x\,dx=-\frac{1}{2}\Big[\cos 2x\Big]_0^{\frac{\pi}{2}}=1$$

$$\therefore \quad \int_0^\theta (\sin 2x - a\sin x)dx = \frac{1}{2}$$

$$(左辺)=\left[-\frac{1}{2}\cos 2x + a\cos x\right]_0^\theta = -\frac{1}{2}\cos 2\theta + a\cos\theta + \frac{1}{2} - a$$

ここで，$\cos 2\theta = 2\cos^2\theta - 1 = \dfrac{a^2}{2} - 1$ だから，

$$-\frac{1}{2}\left(\frac{a^2}{2}-1\right) + \frac{a^2}{2} + \frac{1}{2} - a = \frac{1}{2}$$

整理して　$\dfrac{a^2}{4} - a + \dfrac{1}{2} = 0$　$\therefore$　$a^2 - 4a + 2 = 0$

$0 < a < 2$ より　$a = 2 - \sqrt{2}$

### 107

(1)　$y = \sin^2 x$ より　$y' = 2\sin x\cos x = \sin 2x$

$$\therefore \quad \sin 2x = 1 \quad (0 \le 2x \le 2\pi)$$

よって，$2x = \dfrac{\pi}{2}$　$\therefore$　$x = \dfrac{\pi}{4}$

ゆえに，接点は $\left(\dfrac{\pi}{4},\ \dfrac{1}{2}\right)$ となり，接線は

$$y - \frac{1}{2} = 1\cdot\left(x - \frac{\pi}{4}\right) \quad \therefore \quad y = x + \frac{1}{2} - \frac{\pi}{4}$$

(2)　$y = \sin^2 x = \dfrac{1}{2}(1 - \cos 2x)$ だから，

求める面積は右図の斜線部．

$$\therefore \quad S = \int_0^{\frac{\pi}{4}}\left(\sin^2 x - x - \frac{1}{2} + \frac{\pi}{4}\right)dx$$

$$= \int_0^{\frac{\pi}{4}}\left(-\frac{1}{2}\cos 2x - x + \frac{\pi}{4}\right)dx$$

$$= \left[-\frac{1}{4}\sin 2x - \frac{1}{2}x^2 + \frac{\pi}{4}x\right]_0^{\frac{\pi}{4}}$$

$$= -\frac{1}{4} - \frac{\pi^2}{32} + \frac{\pi^2}{16} = \frac{\pi^2}{32} - \frac{1}{4}$$

### 108

(1)　$f(x) = e^x + e^{1-x}$ より　$f'(x) = e^x - e^{1-x}$

$f'(x) = 0$ とすると　$e^x - e^{1-x} = 0$　$\therefore$　$(e^x)^2 = e$

ゆえに，$x = \dfrac{1}{2}$ となり，増減は右表．

| $x$ | $\cdots$ | $\dfrac{1}{2}$ | $\cdots$ |
|---|---|---|---|
| $f'(x)$ | $-$ | $0$ | $+$ |
| $f(x)$ | $\searrow$ | $2\sqrt{e}$ | $\nearrow$ |

次に，$f''(x) = e^x + e^{1-x} > 0$ より，グラフは下に凸．

また，$\displaystyle\lim_{x\to\pm\infty} f(x) = \infty$ より，概形は右図．

(2)　2つのグラフが $y$ 軸上で交わるとき，

$$g(0) = e + 1$$

よって $-2+k=e+1$ $\quad\therefore\quad k=e+3$

(3) $\quad f(x)=g(x)$ より

$e^x+e^{1-x}=-(e^x+e^{-x})+e+3$

$(e^x)^2+e=-(e^x)^2-1+(e+3)e^x$

$2(e^x)^2-(e+3)e^x+e+1=0$

$(e^x-1)\{2e^x-(e+1)\}=0$

$\therefore\quad x=0,\ \log\dfrac{e+1}{2}\ (=\alpha\ とおく)$

右図より

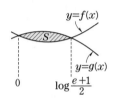

$$S=\int_0^\alpha\{-(e^x+e^{-x})+e+3-e^x-e^{1-x}\}dx$$

$$=-\int_0^\alpha\{2e^x+e^{-x}+e^{1-x}-(e+3)\}dx$$

$$=-\Bigl[2e^x-e^{-x}-e^{1-x}-(e+3)x\Bigr]_0^\alpha$$

$$=1-e-\{2e^\alpha-e^{-\alpha}-e^{1-\alpha}-(e+3)\alpha\}$$

ここで，$e^\alpha=\dfrac{e+1}{2}$，$e^{-\alpha}=\dfrac{2}{e+1}$，$e^{1-\alpha}=\dfrac{2e}{e+1}$ だから，

$$S=1-e-\left\{e+1-\dfrac{2}{e+1}-\dfrac{2e}{e+1}-(e+3)\log\dfrac{e+1}{2}\right\}$$

$$=-2e+2+(e+3)\log\dfrac{e+1}{2}$$

**109**

$$f(x)=\dfrac{\log x^2}{x}=\dfrac{2\log x}{x}$$

(1) $f'(x)=0$ とすると，$2\cdot\dfrac{1-\log x}{x^2}=0$

$\therefore\quad 1-\log x=0\quad\therefore\quad x=e$

増減表より，**最大値は** $\dfrac{2}{e}$

| $x$ | $0$ | $\cdots$ | $e$ | $\cdots$ |
|---|---|---|---|---|
| $f'(x)$ | | $+$ | $0$ | $-$ |
| $f(x)$ | | $\nearrow$ | $\dfrac{2}{e}$ | $\searrow$ |

(2) $f''(x)=0$ とすると，$2\cdot\dfrac{2\log x-3}{x^3}=0$

$\therefore\quad \log x=\dfrac{3}{2}$

$\therefore\quad x=e^{\frac{3}{2}}$

また，$x=e^{\frac{3}{2}}$ の前後で $f''(x)$ の符号が－から＋に変わるので変曲点Pは

$P(e^{\frac{3}{2}},\ 3e^{-\frac{3}{2}})$ となる.

$f'(e^{\frac{3}{2}})=-e^{-3}$ より，P における接線は

$y-3e^{-\frac{3}{2}}=-e^{-3}(x-e^{\frac{3}{2}})\qquad$ すなわち，$y=-e^{-3}x+4e^{-\frac{3}{2}}$

これが, Q($q$, 0) を通るので,
$$0=-e^{-3}q+4e^{-\frac{3}{2}} \quad \therefore \quad q=4e^{\frac{3}{2}}$$

(3) $e^{\frac{3}{2}}=\alpha$ とおくと

$$S=\int_\alpha^{4\alpha}\frac{2\log x}{x}dx-\frac{1}{2}\cdot 3\alpha\cdot\frac{3}{\alpha}$$

$$=2\int_\alpha^{4\alpha}(\log x)'\log x\,dx-\frac{9}{2}$$

$$=\Big[(\log x)^2\Big]_\alpha^{4\alpha}-\frac{9}{2}=(\log 4\alpha)^2-(\log\alpha)^2-\frac{9}{2}$$

$$=(\log 4+\log\alpha)^2-(\log\alpha)^2-\frac{9}{2}$$

$$=(\log 4)^2+2\log 4\cdot\log\alpha-\frac{9}{2}$$

$$=\mathbf{4(\log 2)^2+6\log 2-\frac{9}{2}}$$

### 110

(1) P の $x$ 座標を $t$ とすると,
$$\begin{cases}2\cos t=k-\sin 2t & \cdots\cdots① \\ -2\sin t=-2\cos 2t & \cdots\cdots②\end{cases}$$

②より $2\sin^2 t+\sin t-1=0$

因数分解して $(\sin t+1)(2\sin t-1)=0$

$0\leqq t\leqq\dfrac{\pi}{2}$ より $0\leqq\sin t\leqq 1$ よって

$\sin t+1\neq 0 \quad \therefore \quad \sin t=\dfrac{1}{2}$, すなわち, $t=\dfrac{\pi}{6}$

よって, **P の $x$ 座標は, $\dfrac{\pi}{6}$**

①より $k=2\cos\dfrac{\pi}{6}+\sin\dfrac{\pi}{3}=\sqrt{3}+\dfrac{\sqrt{3}}{2}=\dfrac{3\sqrt{3}}{2}$

(2) $S=\displaystyle\int_0^{\frac{\pi}{6}}\Big(\frac{3\sqrt{3}}{2}-\sin 2x-2\cos x\Big)dx$

$$=\Big[\frac{3\sqrt{3}}{2}x+\frac{1}{2}\cos 2x-2\sin x\Big]_0^{\frac{\pi}{6}}$$

$$=\frac{\sqrt{3}}{4}\pi+\frac{1}{2}\cdot\frac{1}{2}-2\cdot\frac{1}{2}-\frac{1}{2}=\frac{\sqrt{3}\,\pi-5}{4}$$

### 111

$$\frac{dx}{dt}=1-\cos t, \quad \frac{dy}{dt}=\sin t$$

$$\therefore \quad \frac{dy}{dx}=\frac{\sin t}{1-\cos t} \quad (0<t<2\pi)$$

(1) $\dfrac{dy}{dx}=1$ とすると

$\qquad \sin t=1-\cos t \quad \therefore \quad \sin t+\cos t=1$

合成して $\quad \sin\left(t+\dfrac{\pi}{4}\right)=\dfrac{1}{\sqrt{2}}$

$\dfrac{\pi}{4}<t+\dfrac{\pi}{4}<\dfrac{9\pi}{4}$ より $\quad t+\dfrac{\pi}{4}=\dfrac{3\pi}{4} \quad \therefore \quad t=\dfrac{\pi}{2}$

よって，P の $x$ 座標は，$\dfrac{\pi}{2}-1$

$\dfrac{dy}{dx}=-1$ より $\quad \sin t=\cos t-1 \quad \therefore \quad \sin\left(t-\dfrac{\pi}{4}\right)=-\dfrac{1}{\sqrt{2}}$

$-\dfrac{\pi}{4}<t-\dfrac{\pi}{4}<\dfrac{7\pi}{4}$ より $\quad t-\dfrac{\pi}{4}=\dfrac{5\pi}{4} \quad \therefore \quad t=\dfrac{3\pi}{2}$

よって，Q の $x$ 座標は，$\dfrac{3\pi}{2}+1$

(2) $S=\displaystyle\int_{\frac{\pi}{2}-1}^{\frac{3\pi}{2}+1} y\,dx-\left\{\left(\dfrac{3\pi}{2}+1\right)-\left(\dfrac{\pi}{2}-1\right)\right\}\cdot 1=\displaystyle\int_{\frac{\pi}{2}-1}^{\frac{3\pi}{2}+1} y\,dx-(\pi+2)$

ここで，$y=1-\cos t$ と置換すると(1)より

$\qquad x:\dfrac{\pi}{2}-1\to\dfrac{3\pi}{2}+1$ のとき，$t:\dfrac{\pi}{2}\to\dfrac{3\pi}{2}$

また，$\dfrac{dx}{dt}=1-\cos t$ より $\quad dx=(1-\cos t)dt$

$\qquad \therefore \quad \displaystyle\int_{\frac{\pi}{2}-1}^{\frac{3\pi}{2}+1} y\,dx=\displaystyle\int_{\frac{\pi}{2}}^{\frac{3\pi}{2}} (1-\cos t)^2\,dt$

$\qquad\qquad\qquad\qquad =\displaystyle\int_{\frac{\pi}{2}}^{\frac{3\pi}{2}}\left(1-2\cos t+\dfrac{1+\cos 2t}{2}\right)dt$

$\qquad\qquad\qquad\qquad =\displaystyle\int_{\frac{\pi}{2}}^{\frac{3\pi}{2}}\left(\dfrac{3}{2}-2\cos t+\dfrac{1}{2}\cos 2t\right)dt$

$\qquad\qquad\qquad\qquad =\left[\dfrac{3}{2}t-2\sin t+\dfrac{1}{4}\sin 2t\right]_{\frac{\pi}{2}}^{\frac{3\pi}{2}}=\dfrac{3\pi}{2}+4$

よって，$S=\dfrac{\pi}{2}+2$

**112**

(1) $C_1$ 上の点 $\mathrm{P}(s,\ e^s)$ における接線は，$y'=e^x$ より

$\qquad\qquad y-e^s=e^s(x-s) \quad \therefore \quad y=e^s x+e^s(1-s)$

$C_2$ 上の点 $\mathrm{Q}(t,\ e^{2t})$ における接線は，$y'=2e^{2x}$ より

$\qquad\qquad y-e^{2t}=2e^{2t}(x-t) \quad \therefore \quad y=2e^{2t}x+e^{2t}(1-2t)$

この 2 つの接線は一致するので

$\qquad\qquad \begin{cases} e^s=2e^{2t} & \cdots\cdots① \\ e^s(1-s)=e^{2t}(1-2t) & \cdots\cdots② \end{cases}$

①を②に代入して
$$2e^{2t}(1-s)=e^{2t}(1-2t), \quad 2(1-s)=1-2t$$
$$\therefore \quad 2t=2s-1$$
①に代入して, $e^s=2e^{2s-1}$
両辺の自然対数をとると
$$s=\log 2e^{2s-1}$$
$$\therefore \quad s=\log 2+(2s-1)$$

よって, $s=1-\log 2, \quad t=\dfrac{1}{2}-\log 2$

(2) $S=\displaystyle\int_t^0 e^{2x}dx+\int_0^s e^x dx-\dfrac{1}{2}(s-t)(e^s+e^{2t})$

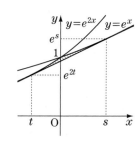

$\qquad =\dfrac{1}{2}\Big[e^{2x}\Big]_t^0+\Big[e^x\Big]_0^s-\dfrac{1}{4}(e^s+e^{2t})$

$\qquad =\dfrac{1}{2}(1-e^{2t})+(e^s-1)-\dfrac{1}{4}(e^s+e^{2t})$

$\qquad =\dfrac{3}{4}e^s-\dfrac{3}{4}e^{2t}-\dfrac{1}{2}$

ここで, $e^s=e^{1-\log 2}=e^1\cdot e^{\log\frac{1}{2}}=\dfrac{1}{2}e$

$\qquad e^{2t}=e^{1-2\log 2}=e^1\cdot e^{\log\frac{1}{4}}=\dfrac{1}{4}e$

よって, $S=\dfrac{3}{4}\cdot\dfrac{1}{2}e-\dfrac{3}{4}\cdot\dfrac{1}{4}e-\dfrac{1}{2}=\dfrac{3}{16}e-\dfrac{1}{2}$

**113**

$\displaystyle\lim_{n\to\infty}\sum_{k=1}^{n}\dfrac{n+2k}{n^2+nk+k^2}=\lim_{n\to\infty}\dfrac{1}{n}\sum_{k=1}^{n}\dfrac{n^2+2nk}{n^2+nk+k^2}$

$\qquad\qquad =\displaystyle\lim_{n\to\infty}\dfrac{1}{n}\sum_{k=1}^{n}\dfrac{1+2\left(\dfrac{k}{n}\right)}{1+\dfrac{k}{n}+\left(\dfrac{k}{n}\right)^2}$

$\qquad\qquad =\displaystyle\int_0^1 \dfrac{2x+1}{x^2+x+1}dx$

$\qquad\qquad =\displaystyle\int_0^1 \dfrac{(x^2+x+1)'}{x^2+x+1}dx$

$\qquad\qquad =\Big[\log(x^2+x+1)\Big]_0^1$

$\qquad\qquad =\log 3$

**114**

(1) $y=e^x$ は単調増加だから, $e^0 \le e^x \le e^1$
$$\therefore \quad 1\le e^x\le e$$

(2) (1)より, $0\le x\le 1$ において

$$x^{2n-1} \leqq x^{2n-1}e^x \leqq e \cdot x^{2n-1}$$

$$\therefore \int_0^1 x^{2n-1}dx \leqq \int_0^1 x^{2n-1}e^x\,dx \leqq e\int_0^1 x^{2n-1}dx$$

すなわち, $\left[\dfrac{x^{2n}}{2n}\right]_0^1 \leqq a_n \leqq e\left[\dfrac{x^{2n}}{2n}\right]_0^1$  $\therefore$  $\dfrac{1}{2n} \leqq a_n \leqq \dfrac{e}{2n}$  $(n \geqq 1)$

**115**

(1) 右図より, $k \geqq 2$ のとき

$$\int_k^{k+1}\frac{1}{x}dx < \frac{1}{k} < \int_{k-1}^{k}\frac{1}{x}dx$$

(2) (1)より

$$\int_k^{k+1}\frac{1}{x}dx < \frac{1}{k} \quad \cdots\cdots ①$$

$$\frac{1}{k} < \int_{k-1}^{k}\frac{1}{x}dx \quad \cdots\cdots ②$$

①より

$$\sum_{k=1}^{n}\int_k^{k+1}\frac{1}{x}dx < \sum_{k=1}^{n}\frac{1}{k} \quad \therefore \int_1^{n+1}\frac{1}{x}dx < \sum_{k=1}^{n}\frac{1}{k}$$

$\displaystyle\int_1^{n+1}\frac{1}{x}dx = \Big[\log x\Big]_1^{n+1} = \log(n+1)$ より

$$\log(n+1) < \sum_{k=1}^{n}\frac{1}{k} \qquad \cdots\cdots①'$$

②より, $n \geqq 2$ のとき

$$\sum_{k=2}^{n}\frac{1}{k} < \sum_{k=2}^{n}\int_{k-1}^{k}\frac{1}{x}dx \qquad 1+\sum_{k=2}^{n}\frac{1}{k} < 1+\int_1^n\frac{1}{x}dx$$

$$\sum_{k=1}^{n}\frac{1}{k} < 1+\Big[\log x\Big]_1^n \qquad \therefore \sum_{k=1}^{n}\frac{1}{k} < \log n+1 \quad \cdots\cdots②'$$

①', ②' より, $\log(n+1) < \displaystyle\sum_{k=1}^{n}\frac{1}{k} < \log n+1$

**116**

(1) $V = \pi\displaystyle\int_0^a y^2\,dx = b^2\pi\int_0^a\left(1-\sqrt{\frac{x}{a}}\right)^4 dx$

$\qquad = b^2\pi\displaystyle\int_0^a\left(1-\frac{4}{\sqrt{a}}\sqrt{x}+\frac{6}{a}x-\frac{4}{a\sqrt{a}}x\sqrt{x}+\frac{x^2}{a^2}\right)dx$

$\qquad = b^2\pi\left[x-\dfrac{8}{3\sqrt{a}}x\sqrt{x}+\dfrac{3}{a}x^2-\dfrac{8}{5a\sqrt{a}}x^2\sqrt{x}+\dfrac{x^3}{3a^2}\right]_0^a$

$\qquad = b^2\pi\left(a-\dfrac{8}{3}a+3a-\dfrac{8}{5}a+\dfrac{1}{3}a\right) = \dfrac{ab^2}{15}\pi$

(2) $V = \dfrac{\pi}{15}(1-b)b^2$  $(0<b<1)$

$\qquad f(b) = (1-b)b^2$ とおくと

$\qquad f'(b) = 2b-3b^2 = -b(3b-2)$

$f'(b)=0$ を解くと

$b=\dfrac{2}{3}$　$(0<b<1$ より）

右の増減表より　$b=\dfrac{2}{3}$,

すなわち, $a=\dfrac{1}{3}$ のとき

最大.

| $b$ | $0$ | $\cdots$ | $\dfrac{2}{3}$ | $\cdots$ | $1$ |
|---|---|---|---|---|---|
| $f'(b)$ | | $+$ | $0$ | $-$ | |
| $f(b)$ | | $\nearrow$ | | $\searrow$ | |

**117**

$$V=\pi\int_0^1(3-y)^2dy-\pi\cdot2^2\cdot1$$
$$=\pi\int_0^1(y^2-6y+9)dy-4\pi$$
$$=\pi\Big(\dfrac{1}{3}-3+9\Big)-4\pi=\dfrac{7}{3}\pi$$

**118**

(1)　接点を $(t,\ \log t)$　$(t>0)$ とおく

と, $y'=\dfrac{1}{x}$ より, 接線は

$$y-\log t=\dfrac{1}{t}(x-t)$$

これが $(0,\ 1)$ を通るので,

$1-\log t=-1$　$\therefore$　$\log t=2$

$\therefore$　$t=e^2$　　よって, $l:y=\dfrac{1}{e^2}x+1$

(2)　$y=\log x$ より　$x=e^y$

よって, $\pi\displaystyle\int_0^2(e^y)^2dy-\dfrac{\pi}{3}\cdot(e^2)^2\cdot1=\dfrac{\pi}{2}\Big[e^{2y}\Big]_0^2-\dfrac{\pi}{3}e^4=\dfrac{(e^4-3)\pi}{6}$

**119**

(1)　$y'=\cos x+1$ より

$$l:y-2\pi=2(x-2\pi)\quad\therefore\quad y=2x-2\pi$$

(2)　$f(x)=(\sin x+x)-(2x-2\pi)=\sin x-x+2\pi$

とおくと, $f'(x)=\cos x-1\leqq0$

となり, $f(x)$ は単調減少.

よって, $f(x)=0$ は高々1個しか実数解をもたない.

$f(2\pi)=0$ だから, 点P以外に共有点をもたない.

(3)　$C$ と $l$ と $x$ 軸で囲まれた部分は右図の斜線部分だから,

$$V=\pi\int_0^{2\pi}(\sin x+x)^2dx-\dfrac{\pi}{3}(2\pi)^2\pi$$

ここで, $\displaystyle\int_0^{2\pi}(\sin x+x)^2dx$

$\displaystyle=\int_0^{2\pi}(\sin^2 x+2x\sin x+x^2)dx$

$\displaystyle=\int_0^{2\pi}\left(\frac{1-\cos 2x}{2}+2x\sin x+x^2\right)dx$

$\displaystyle=\left[\frac{x}{2}-\frac{\sin 2x}{4}-2x\cos x+2\sin x+\frac{x^3}{3}\right]_0^{2\pi}$

$\displaystyle=\pi-4\pi+\frac{8}{3}\pi^3$

$\displaystyle=-3\pi+\frac{8}{3}\pi^3$

$\displaystyle\therefore\quad V=\pi\left(-3\pi+\frac{8}{3}\pi^3\right)-\frac{4}{3}\pi^4$

$\displaystyle=\pi^2\left(-3+\frac{4}{3}\pi^2\right)$

**120**

右図のように,

$$y=\cos x-1 \quad (0\leqq x\leqq 2\pi)$$

と $x$ 軸で囲まれた部分を $x$ 軸のまわりに回転すればよい.

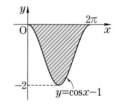

$\displaystyle\therefore\quad V=\pi\int_0^{2\pi}(\cos x-1)^2dx$

$\displaystyle=\pi\int_0^{2\pi}\left(\frac{1+\cos 2x}{2}-2\cos x+1\right)dx$

$\displaystyle=\pi\int_0^{2\pi}\left(\frac{3}{2}+\frac{1}{2}\cos 2x-2\cos x\right)dx$

$\displaystyle=\pi\left[\frac{3}{2}x+\frac{1}{4}\sin 2x-2\sin x\right]_0^{2\pi}=3\pi^2$

**121**

$\displaystyle V=\pi\int_0^{2\pi}y^2dx$ において, $y=1-\cos\theta$ と置換すると

$\displaystyle\frac{dx}{d\theta}=1-\cos\theta\geqq 0$ より

$x:0\to 2\pi$ のとき, $\theta:0\to 2\pi$

また, $dx=(1-\cos\theta)d\theta$

ゆえに, $\displaystyle V=\pi\int_0^{2\pi}(1-\cos\theta)^3d\theta$ において

$(1-\cos\theta)^3=1-3\cos\theta+3\cos^2\theta-\cos^3\theta$

$\displaystyle=1-3\cos\theta+\frac{3}{2}(1+\cos 2\theta)-\frac{1}{4}(\cos 3\theta+3\cos\theta)$

$\displaystyle=\frac{5}{2}-\frac{15}{4}\cos\theta+\frac{3}{2}\cos 2\theta-\frac{1}{4}\cos 3\theta$

$$\therefore \quad V = \pi\left[\frac{5}{2}\theta - \frac{15}{4}\sin\theta + \frac{3}{4}\sin 2\theta - \frac{1}{12}\sin 3\theta\right]_0^{2\pi}$$
$$= \mathbf{5\pi^2}$$

**122**

(1) $PQ = 2\sqrt{1-t^2}$ だから，
$$S = \frac{1}{2}\cdot PQ^2\cdot\sin\frac{\pi}{3} = \sqrt{3}\,(1-t^2)$$

(2) $\displaystyle V = \int_{-1}^{1} S\,dt = 2\sqrt{3}\int_0^1 (1-t^2)\,dt$
$$= 2\sqrt{3}\left(1-\frac{1}{3}\right)$$
$$= \frac{4\sqrt{3}}{3}$$

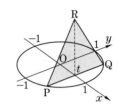

**123**

(1) 平面 $z = t$ $(0 \le t \le 1)$ による断面は，
$xy$ 平面上の連立不等式
$$\begin{cases} 0 \le x \le 1, \ y \ge 0 \\ x + y \le t + 1 \end{cases}$$
で表される図形で，これは右図の斜線部分の面積を表す．
したがって，
$$S(t) = \frac{1}{2}(t + t + 1)\times 1 = t + \frac{1}{2}$$

(2) $\displaystyle V = \int_0^1 S(t)\,dt = \int_0^1\left(t + \frac{1}{2}\right)dt = \left[\frac{1}{2}t^2 + \frac{1}{2}t\right]_0^1 = 1$

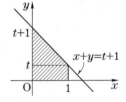

**124**

(1) $y' = \frac{1}{2}(e^x - e^{-x})$ だから，求める曲線の長さは
$$\int_0^1\sqrt{1 + \left\{\frac{1}{2}(e^x - e^{-x})\right\}^2}\,dx$$
$$= \frac{1}{2}\int_0^1\sqrt{(e^x + e^{-x})^2}\,dx$$
$$= \frac{1}{2}\int_0^1 |e^x + e^{-x}|\,dx = \frac{1}{2}\int_0^1 (e^x + e^{-x})\,dx$$
$$= \frac{1}{2}\left[e^x - e^{-x}\right]_0^1 = \frac{1}{2}\left(e - \frac{1}{e}\right)$$

(2) $\dfrac{dx}{dt} = -e^{-t}\cos t - e^{-t}\sin t = -e^{-t}(\sin t + \cos t)$

$\dfrac{dy}{dt} = -e^{-t}\sin t + e^{-t}\cos t = -e^{-t}(\sin t - \cos t)$

$$\therefore \quad \sqrt{\left(\frac{dx}{dt}\right)^2+\left(\frac{dy}{dt}\right)^2}=\sqrt{e^{-2t}\{(\sin t+\cos t)^2+(\sin t-\cos t)^2\}}$$

$$=\sqrt{2e^{-2t}}=\sqrt{2}\,e^{-t}$$

$$\therefore \quad l=\sqrt{2}\int_0^{\frac{\pi}{2}}e^{-t}dt=-\sqrt{2}\left[e^{-t}\right]_0^{\frac{\pi}{2}}=\sqrt{2}\,(1-e^{-\frac{\pi}{2}})$$

**125**

$\dfrac{T}{2}$ 秒後の体積は $2\cdot\dfrac{T}{2}=T\,(\mathrm{cm}^3)$ であるから，時刻 $\dfrac{T}{2}$ における水面の高さ $h$ は

$T=\dfrac{\pi}{2}h^2$ より $h=\sqrt{\dfrac{2T}{\pi}}$ $(h>0)$

これを $\dfrac{dh}{dt}=\dfrac{2}{\pi h}$ へ代入すると，

$$\frac{dh}{dt}=\frac{2}{\pi\sqrt{\dfrac{2T}{\pi}}}=\frac{2}{\sqrt{2\pi T}}\,(\mathrm{cm/秒})$$